U0966019

教育部高等学校轻工类专业教学指导委员会“十四五”规划教材

皮革工艺实验

（第三版）

程海明　曾运航◎主编

中国轻工业出版社

图书在版编目（CIP）数据

皮革工艺实验／程海明，曾运航主编. —3版. —北京：中国轻工业出版社，2021. 11
ISBN 978-7-5184-3637-8

Ⅰ. ①皮… Ⅱ. ①程… ②曾… Ⅲ. ①皮革—工艺学—实验 Ⅳ. ①TS5-33

中国版本图书馆CIP数据核字（2021）第169731号

责任编辑：陈　萍
策划编辑：陈　萍　　责任终审：李建华　　封面设计：锋尚设计
版式设计：砚祥志远　　责任校对：吴大朋　　责任监印：张　可

出版发行：中国轻工业出版社（北京东长安街6号，邮编：100740）
印　　刷：三河市万龙印装有限公司
经　　销：各地新华书店
版　　次：2021年11月第3版第1次印刷
开　　本：787×1092　1/16　印张：14.25
字　　数：300千字
书　　号：ISBN 978-7-5184-3637-8　定价：59.00元
邮购电话：010-65241695
发行电话：010-85119835　传真：85113293
网　　址：http://www.chlip.com.cn
Email：club@chlip.com.cn
如发现图书残缺请与我社邮购联系调换
201671J1X301ZBW

前言

“皮革生产实习”是轻化工程专业皮革工程方向的一门核心实践课程，是学生在本科阶段全面理解制革生产、毛皮加工的重要环节。其配套教材《皮革工艺实验》（第二版）出版于2008年初，至今已有13年时间。在此期间，皮革生产技术在清洁生产方面有了很多技术突破，涌现出大量的新技术、新工艺，致使原有教材的实验设置有所滞后。为了促进轻工教育改革发展，培养适应行业发展的创新型“新工科”本科人才，《皮革工艺实验》教材建设需要与时俱进，更新完善。

《皮革工艺实验》（第三版）删除了第二版中一些陈旧的实验，这些实验或者由于制革行业的发展已经不是训练的重点，如第一章中实验一（淡干皮的浸水）、实验四（包灰脱毛）、实验十四（一浴铬鞣液的配制）、实验十七（变型二浴鞣法）等；或者由于实验设备无法保证所有学生进行，如第一章中实验三十二（皮革的超声染色）、实验三十三（CO_2超临界流体做介质的皮革染色）等；另外，对原有一些实验进行了合并、更新，设计成创新型实验。在此基础上，也根据近年来的清洁生产技术成果和特殊品种皮革生产技术，补充了一些新实验，如酶法脱脂、无灰及少灰膨胀、无氨脱灰、新型非铬鞣制、蓝湿革的防水处理、蓝湿革的阻燃处理、热发泡涂饰等。此外，对于保留的原教材中的实验内容，由于一些实验条件发生了较大的变化，如实验材料的更新换代、测试方法的更新进步等，编者也对此部分实验内容进行了仔细修订，以满足目前和今后一段时间内学生实验的条件。

《皮革工艺实验》（第三版）由来自四川大学、陕西科技大学、齐鲁工业大学和嘉兴学院4所高校的11位老师编写，分别为四川大学程海明、曾运航、张金伶、张春晓、周建飞、王亚楠、何秀，陕西科技大学张辉，齐鲁工业大学付丽红、刘东磊，嘉兴学院李书卿；由程海明、曾运航任主编。全书分为四章：第一章，制革工艺实验；第二章，制革工艺生产实验；第三章，毛皮工艺实验；第四章，毛皮工艺生产实验。第一章中的实验七、八、九、十五、二十八、三十七、三十八、四十四、四十七、五十五共10个实验以及附表、参考文献由程海明修订、编写；第一章中的实验一至六、十一至十四共10个实验由曾运航修订、编写；第一章中的实验二十三、二十四、四十、四

十一、四十二、四十九、五十二、五十三、五十四，第二章中的实验一、二、六以及第四章中的实验六，共13个实验由张金伟修订、编写；第一章中的实验十、十六、十九、二十、二十一、二十二、二十五、二十六、四十三，第二章中的实验三、四，共11个实验由张春晓修订、编写；第一章中的实验二十九、三十一、三十二、三十三、三十四、三十六、三十九共7个实验由周建飞修订、编写；第一章中的实验十七、十八、二十七，第二章中的实验五，共4个实验由王亚楠修订、编写；第一章中的实验三十五由何秀修订、编写；第一章中的实验四十五、四十六、四十八、五十、五十一、五十六共6个实验由张辉修订、编写；第一章中的实验三十、第四章中的实验二至五共5个实验由付丽红修订、编写；第四章中的实验一由刘东磊修订、编写；第三章共6个实验由李书卿修订、编写。全书由程海明进行统稿。

教材在编写过程中得到了四川大学、陕西科技大学、齐鲁工业大学、嘉兴学院相关老师的大力支持，他们为本书的修订提出了很多宝贵的意见，特别是廖隆理教授、陈武勇教授，对本教材的修订出版给予了持续的关心和支持，在此表示衷心感谢！四川大学2021级研究生伍思进参与了资料的收集和书稿的整理工作，在此表示感谢！

本教材的编写得到了教育部高等学校轻工类专业教学指导委员会轻化工程专业指导组的指导和支持，得到了四川大学的资助。在教材编写过程中，参考了近年来的大量文献资料，由于篇幅原因未能一一列出，在此对所有的文献资料作者表示感谢！

由于编者水平有限，书中存在不足和不妥之处，恳请各位读者批评指正。

程海明

2021年7月

目录

第一章　制革工艺实验

实验一　碱法脱毛及其常用材料的脱毛效果对比

1. 实验目的

①掌握碱法脱毛（灰碱法）的具体操作及脱毛效果。

②认识硫化钠和硫氢化钠脱毛的实际能力及对成革质量的影响。

③理解碱法脱毛的常用材料在脱毛过程中所起的作用。

④从实践中了解碱法脱毛对环境造成的污染。

2. 实验原理

碱法脱毛（烂毛、烧毛、毁毛），是以硫化碱（如硫化钠）为主要脱毛试剂，辅以其他碱（如石灰、氢氧化钠）或盐（如氯化钙），除去毛和表皮并使皮膨胀的脱毛方法。

硫化钠溶于水，生成硫氢化钠和氢氧化钠。碱法脱毛时，硫氢化钠的还原性及氢氧化钠的碱性可以使毛和表皮中角蛋白的双硫键断裂，达到烂毛和水解表皮的目的。主要反应示意如下：

$$Na_2S + H_2O \rightleftharpoons NaHS + NaOH$$

$$2NaHS + \underset{\text{(角蛋白)}}{P{-}S{-}S{-}P'} \longrightarrow P{-}SH + P'{-}SH + Na_2S_2$$

碱法脱毛是制革行业普遍采用的经济、有效的脱毛方法，但它会导致制革废水硫离子浓度过高，并产生大量难以处理的石灰淤泥和无法回收利用的毛降解产物，增加废水的悬浮物和有机物含量。

3. 仪器、药品及材料

四联实验转鼓（Φ400mm×200mm）	1 台	温度计	1 支
烧杯（100mL，1000mL）	各 4 个	天平（精确至 0.1 g）	1 台
小药匙	4 把	玻璃棒	2 支
小刀	1 把	硫化钠（工业级，含量>60%）	适量

硫氢化钠（工业级，含量>70%）	适量	氢氧化钠（工业级，含量>99%）	适量
石灰（工业级，含量>88%）	适量	浸水、去肉后的牛皮（约500g）	4块

4. 操作步骤

将4块浸水皮分别称重（作为脱毛实验的用料依据），并装入编号$1^{\#}$、$2^{\#}$、$3^{\#}$和$4^{\#}$的小转鼓中，按表1-1的脱毛工艺进行操作。调好液比及内温，将材料①加入各自的小转鼓中，转动30min，停5min，反复4次；将材料②加入各自的小转鼓中，转动60min，停5min；补加水150%；转动10min，停30min，反复3次；停鼓过夜。次日转动30min，停鼓。脱毛总时间为16~22h。每次转动后停鼓时，检查牛皮的脱毛情况、膨胀情况等。

表1-1　　脱毛工艺

工艺条件	转鼓			
	$1^{\#}$	$2^{\#}$	$3^{\#}$	$4^{\#}$
液比	1	1	1	1
温度/℃	20~22	20~22	20~22	20~22
材料①用量/%	硫化钠3	硫氢化钠3	石灰5	氢氧化钠1
材料②用量/%	石灰5	石灰5	—	—

5. 现象观察与数据测定

将每次的检查情况，如皮块的脱毛情况、膨胀情况、切口颜色、毛的状态等，填入表1-2中。

表1-2　　脱毛实验记录表

转鼓	皮的初始厚度	检查时间	皮面状态				脱毛情况				膨胀情况				切口检查				皮的厚度				毛的状态				浴液pH			
$1^{\#}$、$2^{\#}$、$3^{\#}$或$4^{\#}$		加材料①转30min	$1^{\#}$	$2^{\#}$	$3^{\#}$	$4^{\#}$	$1^{\#}$	$2^{\#}$	$3^{\#}$	$4^{\#}$	$1^{\#}$	$2^{\#}$	$3^{\#}$	$4^{\#}$	$1^{\#}$	$2^{\#}$	$3^{\#}$	$4^{\#}$	$1^{\#}$	$2^{\#}$	$3^{\#}$	$4^{\#}$	$1^{\#}$	$2^{\#}$	$3^{\#}$	$4^{\#}$	$1^{\#}$	$2^{\#}$	$3^{\#}$	$4^{\#}$
		转30min																												
		转30min																												
		转30min																												
		加材料②转60min																												
		补水转10min，停30min																												
		转10min，停30min																												
		转10min，停30min																												
		次日转30min																												

注：脱毛情况记为①完全脱落；②大部分脱落；③部分脱落；④无脱毛作用。

膨胀情况记为①完全膨胀；②膨胀较好；③略膨胀；④几乎不膨胀。

6. 思考题

①根据实验结果将硫化钠、硫氢化钠、石灰和氢氧化钠 4 种材料的脱毛能力、膨胀作用等进行对比和归纳总结。

②试分析在碱法脱毛时，为什么除了加入硫化钠，往往还要加入其他材料，加入的这些材料的作用是什么？

③通过观察实验现象，简述碱法脱毛对环境造成的影响。

④试分析和推论，在本实验结束后，如果将 1#、2#、3#和 4#转鼓中的皮块后续采用相同的工艺条件处理制作成革，成革的质量会如何？

实验二　护毛作用

1. 实验目的

①认识什么是护毛作用，以及护毛作用产生的原因和条件。

②掌握如何避免护毛作用的发生。

③了解护毛作用对皮革质量的影响。

2. 实验原理

在碱法脱毛（烂毛）工艺中，使用的碱性物质有硫化钠、石灰和烧碱等。这些物质有的本身就是碱，有的通过水解能够产生碱，如硫化钠溶于水，会生成硫氢化钠和氢氧化钠：

$$Na_2S + H_2O \rightleftharpoons NaHS - NaOH$$

碱能使角蛋白的双硫键断裂而烂毛：

$$P—CH_2—S—S—CH_2—P' + H_2O \xrightarrow{OH^-} P—CH_2—SH + P'—CH_2—SOH \text{（次磺酸）}$$

此过程中生成的次磺酸在条件控制不当时容易生成醛类物质：

$$P'—CH_2—SOH \longrightarrow P'—CHO + H_2S\uparrow$$

醛类物质和巯基化合物与皮蛋白上的氨基、羟基起反应，会生成比双硫键更为牢固的新化学键（如—CH ═N—，—CH_2—S—CH_2—等），使毛无法水解而附着于皮上，产生护毛现象。相关反应示意如下：

$$P'—CHO + H_2N—CH_2—P \longrightarrow P'—CH═N—CH_2—P + H_2O$$

$$P'—CH_2—SH + HO—CH_2—P \longrightarrow P'—CH_2—S—CH_2—P + H_2O$$

在碱法脱毛时避免次磺酸的生成，能有效减少护毛现象的发生，其示意如下：

$$P'—CH_2—SOH + NaHS \longrightarrow P'—CH_2—SONa + H_2S\uparrow$$

由于在纯的碱性溶液中脱毛时有可能产生“护毛作用”而使毛和表皮脱不净，因此碱法脱毛时都要添加助剂（如还原剂硫化物）共同脱毛。

3. 仪器、药品及材料

四联实验转鼓（Φ400mm×200mm）	1台	温度计	1支
烧杯（1000mL）	3个	天平（精确至0.1g）	1台
小刀	1把	玻璃棒	1支
小药匙	2把	石灰（工业级，含量>88%）	适量
硫化钠（工业级，含量>60%）	适量	浸水、去肉后的牛皮（约500g）	3块

4. 操作步骤

①将3块浸水皮分别称重，作为脱毛工序用料的依据。然后将3块浸水皮分别装入编号1#、2#和3#的3个小转鼓中，各转鼓按表1-3的脱毛工艺进行操作。

表1-3 脱毛工艺

工艺条件	转鼓		
	1#	2#	3#
液比	1	1	1
温度/℃	20~22	20~22	20~22
材料①用量/%	硫化钠3	石灰5	石灰5
材料②用量/%	石灰5	硫化钠3	硫化钠10

②3个转鼓分别调好液比及内温。

③1#转鼓加入皮重3%的硫化钠，转动30min，检查皮块的脱毛及膨胀情况；再转动90min，检查皮块的脱毛及膨胀情况；补加5%石灰，转动60min，检查皮块的脱毛及膨胀情况；补水至液比3，转动30min，检查皮块的脱毛及膨胀情况；停鼓过夜。次日，转动30min，检查皮块的脱毛及膨胀情况。

④2#转鼓加入皮重5%的石灰，转动30min，检查皮块的脱毛及膨胀情况；再转动90min，检查皮块的脱毛及膨胀情况；补加3%硫化钠，转动60min，检查皮块的脱毛及膨胀情况；补水至液比3，转动30min，检查皮块的脱毛及膨胀情况；停鼓过夜。次日，转动30min，检查皮块的脱毛及膨胀情况。

⑤3#转鼓加入皮重5%的石灰，转动30min，检查皮块的脱毛及膨胀情况；再转动90min，检查皮块的脱毛及膨胀情况；补水至液比3，转动30min，检查皮块的脱毛及膨胀情况；停鼓过夜。次日，转动30min，补加2%硫化钠，转动60min，检查皮块的脱毛及膨胀情况；以后每补加2%硫化钠，转动60min，并检查皮块的脱毛及膨胀情况，直至硫化钠总用量达10%为止。

5. 现象观察及数据测定

①每次加料、转动后，仔细观察、对比各转鼓中皮块的脱毛、膨胀等情况，并认真记录观察结果。

②分析观察结果，排列出 3 块皮的脱毛难易顺序和膨胀程度。

6. 思考题

①结合实验现象，阐述产生护毛作用的条件及应如何防止护毛作用的产生。

②护毛作用产生后，可采用什么方法从皮上除去毛？试推测在大生产中发生护毛作用会产生怎样的后果？

③根据所学知识和实验结果，分析在碱法脱毛过程中需不断检查脱毛、膨胀情况的原因。

实验三　碱免疫保毛脱毛法

1. 实验目的

①认识什么是碱免疫保毛脱毛法。

②理解碱免疫保毛脱毛法的工艺流程及脱毛原理。

③初步掌握碱免疫保毛脱毛的工艺控制条件和影响因素。

④认识制革生产上使用碱免疫保毛脱毛法的目的。

2. 实验原理

毛可分为毛干和毛根两部分，毛之所以能牢固地附着在皮上，是因为毛根被毛囊紧紧包围且毛根底部的毛球与毛乳头紧密连接。毛囊由毛袋和毛根鞘组成。其中，毛袋由胶原纤维和弹性纤维编织而成；毛根鞘的化学成分与表皮相似。毛干、毛根、毛根鞘和表皮的含硫量（双硫键数量）各不相同，毛干的含硫量较高（一般>3%），而毛根、毛根鞘和表皮的含硫量较低（一般<3%）。

碱（氢氧化钙）免疫保毛脱毛法正是通过控制碱和还原剂对毛的处理条件，进一步扩大毛干与毛根、毛根鞘、表皮等含硫量（双硫键）的差异（增加毛干的抗水解能力，即对碱的“免疫”能力），从而达到保毛脱毛的目的。

用氢氧化钙处理浸水皮，角蛋白的双硫键在碱的作用下先断裂再形成新的共价键，发生如下反应：

断裂：$P—CH_2—S—S—CH_2—P + H_2O \xrightarrow{OH^-} P—CH_2—SH + P—CH_2—SOH$

护毛：$P—CH_2—SOH + Ca^{2+} + HS—CH_2—P \rightarrow P—CH_2—S—Ca—S—CH_2—P + H_2O$

形成的新键—S—Ca—S—比双硫键更稳定，耐碱能力更强，即产生了护毛作用。

与毛根、毛根鞘和表皮相比，毛干由于双硫键含量高，更容易产生护毛作用。在适当条件下，用石灰处理浸水皮可使皮上毛干的结构更加稳定，对碱“免疫”。而毛根、毛根鞘和表皮由于双硫键含量低，即使经过石灰处理，仍然容易被硫化碱破坏。毛干与毛根、毛根鞘、表皮等抗碱或抗还原剂水解能力差异的扩大，使碱免疫保毛脱毛得以顺利实施。

碱免疫保毛脱毛法可以降低毛的水解程度，因而能有效减少脱毛废液的悬浮物和有机物含量。有些碱免疫保毛脱毛法还能在一定程度上减少硫化物的用量，从而降低制革废水硫化物的污染负荷。

3. 仪器、药品及材料

四联实验转鼓（Φ400mm×200mm）	1 台	温度计	1 支
烧杯（250mL，1000mL）	各 4 个	天平（精确至 0.1 g）	1 台
试管	4 支	试管架	1 个
小药匙	2 把	玻璃棒	2 支
硫化钠（工业级，含量>60%）	适量	石灰（工业级，含量>88%）	适量
浸水、去肉后的牛皮（约 500g）	4 块		

4. 操作步骤

①将 4 块浸水皮记为 A、B、C 和 D，并分别称重，作为脱毛工序用料的依据。然后将 4 块浸水皮分别装入 4 个小转鼓中，按表 1-4 中的脱毛工艺进行操作。调好液比以及内温，加入石灰，转至规定时间。

表 1-4　　脱毛工艺

工艺条件	皮块			
	A	B	C	D
液比	1	1	1	1
温度/℃	22	22	22	30
材料用量/%	石灰 1	石灰 2	石灰 1	石灰 1
转动时间/min	60	60	120	120

②脱毛：温度 22℃，每个小转鼓中均加入硫化钠 2%，转动 90min，停鼓。

③将皮块 A、B、C 和 D 水洗干净，记为 A_1、B_1、C_1 和 D_1。收集皮块 A、B、C 和 D 脱下的毛，分别置于 4 个 250mL 烧杯中，冲洗干净、烘干并称重，记为 m_A、m_B、m_C

和 m_D。从 4 个小转鼓中，各取 5～10mL 脱毛废液，分别装入 4 个试管中，并记为 A′、B′、C′和 D′。

5. 现象观察及数据测定

①护毛后（即石灰处理后）仔细对比：皮块 A、B、C 和 D 上毛的松动情况、光泽、结实程度等。

②脱毛过程的对比：加入硫化钠后，每转动 30min 检查一次皮块 A、B、C 和 D 上毛的状态（如完整性、强度等）及松动情况。

③对比皮块 A_1、B_1、C_1 和 D_1 的外观，如毛和表皮的残留情况等。

④将 m_A、m_B、m_C 和 m_D 按照毛的轻重，从大到小排序。

⑤观察并对比浴液 A′、B′、C′和 D′的外观，如浑浊程度、悬浮物等。

6. 思考题

①从理论上分析，m_A、m_B、m_C 和 m_D 的重量排序应是什么？你的实验结果与理论排序相同吗？为什么？

②浴液 A′、B′、C′和 D′的外观有无差异？为什么？

③根据实验结果、已学知识和查阅相关资料，分析影响碱免疫保毛脱毛的因素有哪些？如何保证大生产时碱免疫保毛脱毛法的顺利实施？

④试分析碱免疫保毛脱毛与碱法脱毛的区别。

实验四　有温有浴酶脱毛

1. 实验目的

①掌握有温有浴酶脱毛的工艺操作。

②掌握有温有浴酶脱毛的影响因素和注意事项。

③熟悉有温有浴酶脱毛过程的各种现象。

④理解制革常用脱毛酶制剂的使用性能。

2. 实验原理

制革脱毛工序使用的酶制剂以蛋白酶为核心组分，可能还含有脂肪酶、糖酶等组分，以及酶激活剂、稳定剂、助渗剂、pH 调节剂、稀释剂等成分。脱毛酶制剂中的蛋白酶可催化水解生皮的表皮以及毛根与毛囊之间的连接蛋白，削弱毛根与毛囊、毛球与毛乳头以及表皮与真皮之间的联系，使毛和表皮能在机械作用下从皮上脱落，达到脱毛的目的。酶脱毛时，蛋白酶还可对胶原纤维、弹性纤维、白蛋白、球蛋白等进行水解，达到一定松散胶原纤维、去除纤维间质的目的。

有温有浴酶脱毛是指在一定条件下（温度、pH、浓度、时间等），采用脱毛酶制剂在转鼓中对生皮进行脱毛的方法。其影响因素较多，皮的状态、浴液 pH、温度、酶浓度、助剂、机械作用等均会影响酶脱毛的效果。

酶脱毛工艺脱除的毛的形状基本完整，便于回收利用，且因酶制剂本身环保，该法一直被认为是最清洁的脱毛方法。但是完全用酶制剂来达到脱毛的目的，需要蛋白酶有足够的作用强度（作用温度较高、酶用量较大或作用时间较长）。这容易损伤皮胶原，造成伤面、松面、毛穿孔等质量缺陷。另外，单独使用酶脱毛往往不能彻底去除皮上全部的毛。因此，目前酶脱毛的大规模推广应用有限。

3. 仪器、药品及材料

四联实验转鼓（Φ400mm×200mm）	1 台	温度计	1 支
烧杯（100mL，1000mL）	各 4 个	天平（精确至 0.1 g）	1 台
小药匙	2 把	玻璃棒	2 支
胰蛋白酶（工业级）	适量	AS1. 398 蛋白酶（工业级）	适量
浸水、去肉后的牛皮（约 500g）	4 块		

4. 操作步骤

①将 4 块浸水皮记为 A、B、C 和 D，并分别称重，作为脱毛工序材料用量的依据。然后将 4 块浸水皮分别装入 4 个小转鼓中，用充足的常温水闷洗 5min，排液。

②按表 1–5 的脱毛工艺进行操作，调好液比以及内温，加入酶制剂，转至毛基本脱尽。

表 1–5　脱毛工艺

工艺条件	皮块			
	A	B	C	D
液比	1	1	1	1
温度/℃	25	35	35	35
材料用量/（U/g 皮）	AS1. 398 蛋白酶 200	AS1. 398 蛋白酶 200	AS1. 398 蛋白酶 400	胰蛋白酶 200

注：蛋白酶活力单位（U）指蛋白酶在一定条件下，1min 水解酪蛋白产生 1μg 酪氨酸所需的酶量。

③脱毛操作开始后，每 30min 检查一次脱毛情况。毛开始松动后，每 15min 检查一次脱毛情况，直至脱下 80%左右毛，观察裸皮、毛和浴液的状态。继续转动转鼓，直至毛基本脱尽，再观察裸皮、毛和浴液的状态。

5. 现象观察及数据测定

①记录并对比 4 组有温有浴酶脱毛实验中，毛从皮上开始脱落的时间以及脱下 80%左右的时间。

②毛脱下 80%左右和基本脱尽时，仔细观察皮上毛和表皮的脱落情况，皮的颜色、软硬程度、指痕印是否清晰，毛的光泽、完整性、强度等，以及有无毛穿孔、毛横穿、毛结球等现象发生。

6. 思考题

①采用有温有浴酶脱毛时，为什么一般脱落 80%左右的毛就需要终止脱毛过程？余下 20%的毛能除去吗？如何除去？

②有温有浴酶脱毛的裸皮需要进行软化操作吗？为什么？

③影响有温有浴酶脱毛的因素有哪些？应如何控制？

④应如何防止毛穿孔、毛横穿、毛结球等现象的发生？

⑤有温有浴酶脱毛对毛有损伤吗？为什么？

⑥酶脱毛会对环境造成污染吗？为什么？

⑦根据实验结果、已学知识和查阅相关资料，论述酶脱毛的应用前景。

⑧试分析酶脱毛后的浴液是否还能再用于脱毛。

实验五　滚酶堆置酶脱毛

1. 实验目的

①认识、实践和基本掌握滚酶堆置酶脱毛的工艺操作。

②理解和掌握影响滚酶堆置酶脱毛的因素。

③熟悉滚酶堆置酶脱毛过程中毛和表皮的脱落过程。

2. 实验原理

滚酶堆置酶脱毛是指将皮装入转鼓中，并加入一定量的酶制剂、防腐剂和渗透剂，在转鼓内滚均匀后，再在常温或控温条件下将皮逐张码放，堆置至毛能推下（或规定时间）的一种脱毛方法。该方法主要用于猪皮脱毛。

与有温有浴酶脱毛相比，滚酶堆置酶脱毛具有控制容易、热耗低、不易松面和毛穿孔、成革质量好等优点，但是存在占地面积大、劳动强度高、脱毛时间长、车间气味难闻等缺点。与有温有浴酶脱毛类似，滚酶堆置酶脱毛也受到多种因素的影响。皮的水分和盐含量、保存温度、pH、助剂、预处理等会影响其脱毛效果。

3. 仪器、药品及材料

二联实验转鼓（Φ400mm×200mm）	1台	温度计	1支
烧杯（100mL，1000mL）	各1个	天平（精确至0.1g）	1台
塑料布（40cm×40cm）	2张	恒温设备	2台
广泛pH试纸（1~14）	适量	碳酸钠（工业级，含量>99%）	适量
氯化钠（工业级，含量>99%）	适量	AS1.398蛋白酶（工业级）	适量
部位相近的脱脂猪皮（约400g）	2块		

4. 操作步骤

①将2块脱脂猪皮标记为A、B，分别称重，作为以下操作的用料依据。然后将2块皮装入同一个小转鼓中。

②水洗：用充足的常温水闷洗5min，控水，出鼓。

③滴水：将皮块A和B滴水10min。

④滚盐：将皮块A和B装入小转鼓中，加入皮重5%的氯化钠及适量碳酸钠，转动30min。测pH，要求加入的碳酸钠能调节皮的pH至8左右，达到要求后，出鼓。

⑤滴水：将皮块A和B滴水10min。

⑥滚酶：将皮块A和B装入小转鼓中，加入皮重1.5%的AS1.398蛋白酶，转动30min。

⑦堆置：将皮块A和B分别平铺在塑料布上并包好，将A置于25℃的恒温设备中放置，将B置于35℃的恒温设备中放置，堆置时间随毛的脱落情况而定。

5. 观察现象及数据测定

①堆置4h后，开始检查脱毛情况。以后每隔30~60min检查一次，直至皮块A和B上的毛能用手轻轻推去80%以上。

②在检查脱毛情况的同时，应仔细观察表皮的脱落情况。

③堆置结束，拔3~5根较粗壮的毛，观察毛根底部的形状，并观察推毛后粒面的状况。

6. 思考题

①根据滚酶堆置酶脱毛的实际操作以及所学知识，试分析影响滚酶堆置酶脱毛的因素有哪些？应如何正确控制滚酶堆置酶脱毛？

②未脱脂的猪皮可以实施滚酶堆置酶脱毛吗？为什么？

③综合比较滚酶堆置酶脱毛与有温有浴酶脱毛。

实验六　酶助保毛脱毛

1. 实验目的

①认识酶助保毛脱毛的具体操作及脱毛效果。

②理解酶助保毛脱毛的影响因素和操作要点。

2. 实验原理

酶助保毛脱毛是在硫化物使用前、使用时或使用后添加酶制剂（以蛋白酶为主），通过酶与硫化物的协同作用达到良好脱毛效果的一种脱毛方法。旨在减少硫化物污染，同时防止蛋白酶过度损伤皮胶原或脱毛不尽等缺陷的产生。

本实验介绍的酶助保毛脱毛方法为：先用中性蛋白酶短时间处理浸水皮，以去除表皮，然后使用石灰（碱性物质）灭活中性蛋白酶，同时对毛干产生护毛作用，最后采用少量硫化钠破坏毛根，使毛全部脱落。该方法既能充分发挥蛋白酶水解去除表皮、松动毛根的优势，实现低硫条件下毛和皮垢的彻底脱除，又能通过蛋白酶的及时失活解决酶脱毛容易伤面或松面的技术问题。与碱法脱毛相比，该法所得产品粒面更洁净、平整，废水的硫化物、悬浮物、化学需氧量等污染负荷显著下降。

3. 仪器、药品及材料

四联实验转鼓（Φ400mm×200mm）	1 台	温度计	1 支
烧杯（100mL，1000mL）	各 4 个	天平（精确至 0.1 g）	1 台
小药匙	4 把	小刀	1 把
广泛 pH 试纸（1~14）	适量	中性蛋白酶（工业级）	适量
石灰（工业级，含量>88%）	适量	硫化钠（工业级，含量>60%）	适量
氯化钠（工业级，含量>99%）	适量	浸水、去肉后的牛皮（约 500g）	4 块

4. 操作步骤

①4 块浸水皮分别标记为 A、B、C 和 D，并称重，作为脱毛实验的用料依据。

②将 4 块浸水皮分别装入 4 个小转鼓中，按照表 1-6 的工艺进行脱毛操作。

表 1-6　脱毛工艺

皮块	工艺条件
A	水 100%，温度 22℃，石灰 1.0%，转 20min，停 20min，转 20min；排液 50%； 硫化钠 1.2%，转 10min；氯化钠 1.0%，转 50min；停 30min，转 30min

续表

皮块	工艺条件
B	水 100%，温度 22℃，中性蛋白酶 0.5%，转 60min； 石灰 1.0%，转 20min，停 20min，转 20min；控水 50%； 硫化钠 1.2%，转 10min；氯化钠 1.0%，转 50min；停 30min，转 30min
C	水 100%，温度 22℃，中性蛋白酶 0.5%，石灰 1.0%，转 60min；控水 50%； 硫化钠 1.2%，转 10min；氯化钠 1.0%，转 50min；停 30min，转 30min
D	水 100%，温度 22℃，石灰 1.0%，转 20min，停 20min，转 20min；控水 50%； 中性蛋白酶 0.5%，硫化钠 1.2%，转 10min；氯化钠 1.0%，转 50min；停 30min，转 30min。

③完成脱毛操作的 4 块皮继续在各自的小转鼓中进行纤维分散和膨胀处理：石灰 1.0%，转 30min，停 30min；膨胀剂 1.0%，转 20min，停 40min，共 3 次；水 100%，转 20min，停 40min；水 100%，每小时转 5min，共 3h；过夜。

④次日，各小转鼓转 30min，排液，水洗。

5. 观察现象及数据测定

①脱毛过程中，每次加料、转动后，测定浴液的 pH，观察并记录皮上毛、表皮等的松动或脱落情况。

②脱毛操作完成后，观察并对比 4 块皮上毛、表皮、皮垢等的脱落情况，皮的膨胀情况和脱除的毛的状态。

③纤维分散和膨胀过程中，每次加料或加水、转动后，以及次日转动后，测定浴液的 pH，观察并记录皮的粒面状态、切口情况和膨胀程度，以及浴液中毛的状态。

6. 思考题

①根据实验现象、已学知识和查阅相关资料，阐述酶助保毛脱毛的影响因素和控制要点有哪些。

②通过对比分析碱法脱毛（实验一）、碱免疫保毛脱毛（实验三）、有温有浴酶脱毛（实验四）和酶助保毛脱毛（实验六）后皮、毛及浴液的状态，试从皮革质量、环境影响等方面归纳总结硫化钠、石灰、蛋白酶单独或组合脱毛的优缺点。

③试自行设计一个清洁、高效、安全的脱毛工艺，并阐述设计思路。

实验七　过氧化氢氧化脱毛

1. 实验目的

①认识、实践过氧化氢氧化脱毛工艺操作。

②初步了解并掌握氧化脱毛的工艺控制条件及其影响因素。

③了解并领会氧化脱毛的原理。

2. 实验原理

氧化脱毛法是用氧化剂破坏角蛋白的双硫键，使毛脱落的一种脱毛方法。最早的氧化脱毛方法使用的氧化剂是二氧化氯，其基本原理是利用亚氯酸钠在酸性条件下分解产生的二氧化氯作用于毛和表皮的角蛋白，使双硫键被氧化断裂成半角蛋白次磺酸而使毛溶解。这种脱毛方法可使革粒面洁白，革身紧实，皮纤维能得到较好的分散，并具有一定的软化作用。但用此方法成本高，对设备要求严格，产生的二氧化氯气体有毒，对设备腐蚀性强，因此在实际应用上受到限制。近年来提出的用过氧化氢和氢氧化钠结合来脱毛，可使脱毛作用温和，既能保留氧化脱毛的优点，又不会产生有害物质，产品质量也易控制。从清洁化生产方面考虑，过氧化氢脱毛方法是一种有效的清洁脱毛技术。

过氧化氢脱毛是过氧化氢和氢氧化钠共同作用的结果。过氧化氢的氧化作用破坏毛胱氨酸的双硫键，这种作用在碱性条件下得到加强。毛的双硫键减少后，更容易在碱作用下发生溶解。

3. 仪器、药品及材料

四联实验转鼓（Φ400mm×200mm）	1台	毛盘天平（精确至0.1g）	1台
烧杯（100mL，1000mL）	各2个	温度计	1支
GJ9B1型皮革厚度测定仪	1台	广泛pH试纸（1~14）	适量
碳酸钠（工业品）	适量	硫化钠（工业品）	适量
石灰（工业品）	适量	氢氧化钠（工业品）	适量
过氧化氢（38%~40%，分析纯）	适量	硫酸铁（化学纯）	适量
非离子脱脂剂	适量	三乙醇胺（化学纯）	适量
黄牛盐湿皮相近部位（30cm×20cm）	4块	酚酞指示剂	适量

4. 操作步骤

（1）脱毛前预处理

①称重：每2块黄牛盐湿皮一组，记为A与B，分别称重，作为以下工序用料依据。

②水洗：将4块皮放在同一转鼓中，加入皮重300%的常温水（20~25℃），转动30min，控干水。

③浸水：加入200%常温水，0.5%碳酸钠，0.1%非离子脱脂剂，转停结合18h。

④称重：作为以下工序材料用量依据。

⑤脱脂：将4块皮放在同一转鼓中，加入皮重200%的水（温度30℃），0.1%非离子脱脂剂，转动30min。

⑥A、B组皮分开，分别进行氧化脱毛和硫化钠脱毛对比实验。

（2）氧化脱毛

①脱毛：将A组皮投入转鼓中，加入皮重100%的水，温度25℃，加入0.05%非离子脱脂剂，0.04%硫酸铁，转动2h；加入1.0%三乙醇胺，转动15min；加入3.5%~4.5%氢氧化钠，转动15min，pH为13；加入8%过氧化氢，转动3~4h，至毛溶解。

②浸灰：补加100% 25℃的水，加入6%石灰，转动120min，停60min，以后每小时转动10min，共18h。

（3）硫化钠脱毛（用于对比）

①脱毛：将B组皮投入转鼓中，加入皮重100%的水，温度25℃，加入0.05%非离子脱脂剂，转动15min；加入3.0%硫化钠，转动90~120min，至毛溶解。

②浸灰：补加100% 25℃的水，加入6%石灰，转动120min，停60min，以后每小时转动10min，共18h。

5. 现象观察及数据测定

①观察过氧化氢脱毛过程中毛的脱落和溶解情况，并与常规硫化钠脱毛进行比较。

②观察皮在氧化脱毛过程中的厚度变化和表面颜色变化。

③每隔30min用酚酞指示剂检查切口，观察皮内pH变化情况。

6. 思考题

①过氧化氢氧化脱毛的原理是什么？

②影响过氧化氢氧化脱毛的因素有哪些？

③试比较过氧化氢氧化脱毛与常规硫化钠脱毛的效果。

实验八 化学脱脂对制革准备及铬鞣的影响

1. 实验目的

①了解、掌握常见的化学脱脂工艺及其操作，并初步学会鉴定皮的脱脂效果。

②认识化学脱脂对酶脱毛、浸酸及铬鞣等工艺的影响。

③熟悉准备阶段及鞣制工艺的操作。

2. 实验原理

化学脱脂最常用的物质为碱类物或表面活性剂，材料不同其脱脂原理不同。

碱类物脱脂最常用的是碳酸钠，碳酸钠脱脂的基本原理是在碱性条件下，丙三醇甘油酯的酯键（常用它作为油脂分子）水解而断裂，不溶于水的油脂分子转变成可溶于水的丙三醇及脂肪酸，达到从皮上除去油脂的目的，其反应示意式如下：

$$\begin{array}{l} CH_2-COOR_1 \\ | \\ CH-COOR_2 \\ | \\ CH_2-COOR_3 \end{array} + H_2O \xrightarrow{OH^-} \begin{array}{l} CH_2-OH \\ | \\ CH-OH \\ | \\ CH_2-OH \end{array} + R_1COOH + R_2COOH + R_3COOH$$

表面活性剂分子同时具有亲水基和亲油基。当采用表面活性剂脱脂时，亲油基与油脂结合，而亲水基则与水分子结合，借助机械作用，皮上的油脂分子进入水中形成水包油乳液，从而达到从皮中除去油脂的目的，如图 1-1 所示。

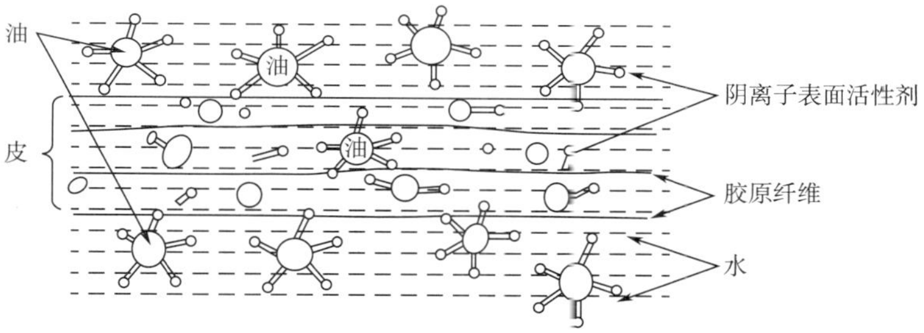

图 1-1　阴离子型表面活性剂脱脂示意图

3. 仪器、药品及材料

二联实验转鼓（Φ400mm×200mm）	1 台	玻璃棒	2 支
天平（精确至 0.1g）	1 台	收缩温度仪	1 台
量筒（10mL，250mL）	各 1 个	广泛 pH 试纸（1~14）	适量
精密 pH 试纸（0.5~5.0）	适量	温度计	1 支
甲基红指示剂	适量	洗衣粉（日用品）	适量
碳酸钠（工业纯）	适量	胰酶（25 倍）	适量
AS1.398 蛋白酶（50000U/g）	适量	氯化钠（工业品）	适量
硫酸铵（工业品）	适量	甲酸（85%）	适量
浓硫酸（98%）	适量	碳酸氢钠（工业品）	适量

铬粉（Cr_2O_3 含量≥23%）	适量	试管	10 支
相近部位去肉盐腌猪皮（30cm×20cm）	2 块	试管架	1 个

4. 操作步骤

①称重：将 2 块皮分别标记为 A 和 B，并准确称重，以此皮重作为用料依据。

②水洗：将皮块 A 与 B 装入同一转鼓中，用充足常温水闷洗 2 次，每次 20min，浸泡过夜；次日再用充足常温水闷洗 2 次，每次 20min。

③脱脂：将 A 与 B 分装于 2 个转鼓中，分别按表 1-7 条件操作脱脂。

表 1-7　　脱脂工艺

A	B
脱脂：液比 1.5，温度 38℃（内温），碳酸钠 2%，时间 60min；调好液比及内温，加入碳酸钠转动至规定时间。 水洗：用充足 35℃热水闷洗 2 次，每次 5min。 再脱脂：液比 1.5，温度 38℃（内温），洗衣粉 1.5%，碳酸钠 1%，时间 60min，操作同上一步脱脂。 水洗：用 35℃充足热水闷洗 2 次，每次 5min。 酶脱毛：同皮块 B 酶脱毛的脱毛条件及操作。 水洗：用充足常温水闷洗 2 次，每次 5min	水洗：用 35℃的充足热水闷洗 2 次，每次 5min。 酶脱毛：液比 1.5；温度 39℃（内），AS1.398 蛋白酶 1.5%，pH8～8.5；调好液比、内温，加入所需 AS1.398 蛋白酶，转动 10min，若 pH 达不到规定值应酌情补加碳酸氢钠液，使其 pH 稳定在规定范围，转动 10min 后开始检查脱毛情况，以后每转 10min 检查一次脱毛情况，直至脱毛达 80%时作为酶脱毛的终点。 水洗：用充足常温水闷洗 2 次，每次 5min

将皮块 A 与 B 并于同一转鼓中进行软化，用料以 A 与 B 皮重之和计。

④软化：液比 1.5，温度 35℃（内温），胰酶 0.5%，pH 8，时间 60min。

调好液比、内温，加入所需胰酶转动，用碳酸钠液调 pH 至规定值，转动至规定时间。

⑤水洗：将皮块 A 与 B 用充足常温水闷洗 2 次，每次 5min。

⑥浸酸：液比 1.5，温度常温，pH 2.5 左右，氯化钠 7%，硫酸 1.1%，甲酸 0.5%。

调好液比，加入所需氯化钠转动 5min 后，加入经稀释冷却后的甲酸及硫酸溶液，转动 60min，用甲基红检查皮块 A 与 B 切口渗透情况，结束浸酸，pH 达规定值。

⑦铬鞣：倒去 1/2 浸酸液，温度常温，碳酸氢钠 1%，铬粉 6%（碱度：38%，Cr_2O_3 含量≥23%）。

加入皮重 8%的铬粉，转动 60min，检查皮块 A 与 B 的切口，观察铬配合物的渗透情况。以后每转 30min，检查 A 与 B 切口渗透情况并做记录，直至皮块 A 完全渗透为止（此时无论皮块 B 是否完全渗透，均视为其完全渗透）。

⑧提碱、升温：将皮重 1%的碳酸氢钠用水充分溶解，分 3 次加入，每次间隔 15min，直至铬鞣液 pH 稳定在 4 左右为止；溶液 pH 符合要求后，再转 60min，加入皮重 2.5 倍、40℃的热水转动 60min，停鼓过夜。次日转 30min，检查 pH，若达不到 3.9，

应用碳酸氢钠调 pH 至规定值后再转 60min，测皮块 A 的收缩温度（Ts），直到皮块 A 的 Ts≥95℃为止，即此时同时作为皮块 A 与 B 的铬鞣的终点。铬鞣结束，测定皮块 B 的 Ts。

⑨出鼓、静置。

5. 现象观察及数据测定

①取皮块 A 第一次脱脂液和再脱脂刚结束时的脱脂液各 10mL，以及皮块 B 第一次 35℃热水洗结束时的水洗液 10mL，分别记为 A_1、A_2 和 B_1，对 A_1 与 B_1、A_2 与 B_1 以及 A_1 与 A_2 进行外观对比，并测定 A_1、A_2 和 B_1 的 pH。

②对比再脱脂结束后的皮块 A 与 35℃热水水洗 2 次后的皮块 B 的毛被，以及皮块 A 与 B 毛被的松动情况，对 A 与 B 的肉面感官进行对比。

③皮块 A 与 B 在酶脱毛 90min 后，每隔 10～20min 检查一次毛根松动程度、毛的脱落情况以及表皮脱落情况，直至皮块 A 80%左右的毛被脱完，以此作为 A 与 B 酶脱毛终点，并做记录。

④酶脱毛 10min 及酶脱毛结束时，从装有皮 A 与 B 的小鼓中各取 10mL 溶液分别标记为 A′、B′、A″、B″，对比 A′和 A″，B′和 B″，A′和 B′，A″和 B″以及酶脱毛 10min 和酶脱毛结束后的皮块 A 与 B 的外观及脱毛情况等。

⑤对比软化结束后的皮块 A 与 B 的感官性能和颜色（含指痕印和皮的软硬程度等）。

⑥对比浸酸结束后的皮块 A 与 B 切口甲基红检查情况。

⑦对比皮块 A 与 B 在铬鞣初期、中期及后期铬的渗透情况（渗透快慢、完全渗透所需时间等）及鞣制结束时的收缩温度及革的外观等。

6. 思考题

①制革常用原料皮（猪、牛、羊）在加工过程中，必须要有专门的化学脱脂工序吗？为什么？含脂量较高的绵羊皮、猪皮等原料皮，在加工过程中，能否省去化学脱脂工序？为什么？

②在本实验的脱脂过程中，伴随着脱毛、脱表皮及毛根松动等情况发生，你认为本实验的脱脂方法可代替制革脱毛工序吗？为什么？

③皮块 A 与 B 在酶脱毛过程中，哪一个脱毛更容易？为什么？

④皮块 A 与 B 在软化结束后其感官性能有差异吗？为什么？

⑤皮块 A、B 在浸酸过程中，酸透入皮块 A 容易，还是酸透入皮块 B 更容易？为什么？

⑥铬鞣剂中的铬配合物分子更容易透入皮块 A 还是皮块 B？铬鞣结束后，皮块 A 的收缩温度高，还是 B 的收缩温度高？为什么？

⑦根据实验归纳总结化学脱脂对制革准备和鞣制的影响。

实验九　酶法脱脂

1. 实验目的

①熟悉并掌握脂肪酶脱脂的工艺及操作。

②了解并比较脂肪酶脱脂与表面活性剂脱脂的效果。

2. 实验原理

脂肪酶（E. C. 3. 1. 13）广泛存在于动物、植物和微生物中，是一类具有多种催化功能的酶，可以催化甘油三酯及其他一些水不溶性酯类的水解、醇解、酯化、转酯化及酯类的逆向合成反应。脂肪酶的催化特性表现在对油-水界面具有亲和力，溶解于水中的脂肪酶能在油-水界面以高催化速率水解不溶于水的长链酯类化合物。脂肪酶是重要的工业酶制剂之一，在制革、油脂加工、食品、医药等领域已有广泛的应用。这些应用很多都是利用脂肪酶对甘油三酯的酯键作用，使其水解为甘油、脂肪酸、甘油二酯和甘油单酯等产物，最终可将甘油三酯完全水解为甘油和脂肪酸。脂肪酸在碱性条件下离解成可溶解的游离脂肪酸根，从而可用水洗的方式从皮内洗出，达到脱脂的目的。

酶与底物作用的活性，受温度、pH、酶液浓度、底物种类、底物浓度、酶的激活剂或抑制剂等因素的影响。理想的脱脂酶应具有下列条件：①pH 8.0~12.0 范围内稳定性好；②具有热稳定性（≥35℃）；③与表面活性剂有协同作用。

制革过程中用脂肪酶脱脂，可避免使用高价、有毒和易燃的有机溶剂，减少表面活性剂用量，减少环境污染，并可提高产品质量。

3. 仪器、药品及材料

二联实验转鼓（Φ400mm×200mm）	1 台	玻璃棒	2 支
托盘天平（精确至 0.1g）	1 台	温度计	1 支
碳酸钠（工业品）	适量	广泛 pH 试纸（1~14）	适量
碱性脂肪酶（活力 5000U/g 工业级）	适量	脱脂剂（工业级）	适量
浸水猪皮（30cm×20cm）	2 块		

4. 实验步骤

（1）酶脱脂实验

取浸水猪皮一块 A，称重，作为以下工序用料依据。投皮入鼓，加入水 200%，控制温度在 35~38℃。加入碳酸钠 0.3%，转动 15~20min，测 pH（要求 9.0~9.5）。加入碱性脂肪酶 100U/g 皮，转动 120min，期间每间隔 30min 检查 pH 并记录，脱脂结束后取 10mL 左右浴液于试管中，记为 A′。控水，加入 30~35℃，200% 水洗 5min。

（2）脱脂剂脱脂实验

另取一份浸水猪皮 B，称重，作为以下工序用料依据。投皮入鼓，加入水 200%，控制温度在 35~38℃。加入碳酸钠 0.3%，转动 15~20min；测 pH（要求 9.0~9.5）。加入脱脂剂 1%，转 120min；期间每间隔 30min 检查 pH 并记录；脱脂结束后取 10mL 左右浴液于试管中，记为 B′。控水，加入 30~35℃，200%水洗 5min。

5. 现象观察及数据测定

①观察两种方法脱脂前后皮块 A、B 的粒面状态、表面油腻感状况。

②记录脱脂过程中浴液 pH 变化情况，并进行比较。

③观察并比较两种方法脱脂后浴液 A′和 B′的外观、浑浊度、pH 等。

6. 思考题

①脂肪酶脱脂工艺中需要考虑哪些因素的影响？

②脂肪酶脱脂与化学脱脂剂脱脂相比较有哪些优点？

③如何提高脂肪酶脱脂的效果？

④如何回收酶法脱脂后废液中的脂肪酸？

实验十　无灰及少灰膨胀实验

1. 实验目的

①对比无灰及少灰膨胀对胶原纤维分散效果及成革性能的影响。

②初步了解无灰膨胀剂的使用方法及效果。

③掌握碱膨胀效果的评价方法。

2. 实验原理

浸灰是制革过程中不可或缺的工序之一。生皮在碱性条件下的膨胀分为电荷膨胀和水溶助长性膨胀。碱性条件下胶原天冬酰胺和谷酰胺的酰胺键发生水解，羧基解离形成带负电基团，相邻蛋白质链间的静电排斥力和带电基团的水合作用，使皮发生电荷膨胀。电荷膨胀使胶原纤维束变短、变粗，宏观表现为生皮的外观变透明、变硬。由于皮纤维受到纤维间交联键和皮结构的限制，皮纤维编织越紧密或胶原纤维间交联作用越强的部位，电荷膨胀后皮的硬度也越大。水溶助长性膨胀是由一些分子或离子，破坏胶原蛋白质链间氢键等次级键，使链间距离增大，皮充水膨胀，同时胶原纤维束得到分散。电荷膨胀和水溶助长性膨胀的皮状态明显不同，后者膨胀的皮较软且不透明。浸灰过程由于钙离子的存在，水溶助长性膨胀效应明显。

传统制革工艺中，为了保证灰皮的膨胀程度和皮纤维的松散效果，碱膨胀阶段的石灰用量较大（皮重5%以上，用量大的可达20%）。石灰溶解度低（0.173g/100g 水，20℃），浸灰中加入的石灰绝大部分处于未溶解状态，其与盐、脂肪、蛋白质降解物等混合，形成难以处理的污泥，因此，碱膨胀阶段减少石灰用量是必然的趋势。

近年来无灰及少灰皮膨胀-纤维分散技术是制革研究热点之一。这些技术多使用氢氧化钠、硅酸钠等无机碱部分或完全替代石灰进行碱膨胀，也在一定范围内得到工业化应用。非石灰碱膨胀碱皮的膨胀程度、表面状态及纤维分散效果与石灰浸灰皮仍有一定的差距，对成革的柔软性和丰满性等感官性能和片灰皮操作均有一定影响。

3. 仪器、药品及材料

四联实验转鼓（Φ400mm×200mm）	1 台	pHS-3C 型智能酸度计	1 台
BY-4030B 型台式皮革厚度测定仪	1 台	COVER-015 型光学显微镜	1 台
8135BNUWP 型 ROSS 平面复合电极	1 根	沿背脊线对称临近的黄牛盐湿皮（15cm×40cm）	4 块
石灰（工业级）	适量	无灰膨胀剂达威澜 CAS-B	适量
氢氧化钠（工业级）	适量	氢氧化钾（工业级）	适量
硫化钠（工业级）	适量	其他浸水-浸灰工序必需的皮革化学品	适量

4. 操作步骤

常规浸灰、少灰及无灰膨胀实验过程按表 1-8 条件操作。

表 1-8　浸灰工艺

工序	1#常规浸灰	2#无灰膨胀	3#少灰膨胀	4#氢氧化钠膨胀
称重	作为以下用料依据			
水洗	水 200%，温度 18~22℃，转 20~30min，洗 2 次			
预浸水	水 250%，温度 18~22℃，渗透剂（达威澜 SWA）0.25%，碳酸钠 0.3%~0.5%，杀菌剂（达威澜 FMG）0.2%，转 30min，停 30min，2 次，然后每 30min 转 5min，重复 5~6 次，静置过夜；pH 8.0~9.0，排水			
去肉	称量皮块质量，作为以下用料依据			

续表

工序	1#常规浸灰	2#无灰膨胀	3#少灰膨胀	4#氢氧化钠膨胀
主浸水	水 200%，温度 18~22℃，渗透剂（达威澜 SWA）0.2%，碳酸钠 0.3%~0.5%，杀菌剂（达威澜 FMG）0.2%，转 30min，停 30min，2 次，pH 9.0~9.5，然后每 30min 转 5min，重复 5~6 次，静置过夜；pH 8.0~9.0，排水			
脱毛、浸灰	水 50%，温度 18~25℃；浸灰助剂（达威澜 SP 1.0%，脱脂剂（FG-B）0.3%，硫氢化钠 0.8%；转 30min，停 30min，2 次；加硫化钠 1.0%，转 20min，停 40min，2 次			
补加	硫化钠 0.5%	硫化钠 0.5%	硫化钠 0.5%	硫化钠 0.5%
	石灰 0.5%	CAS-B 0.5%	石灰 0.5%	氢氧化钠 0.5%
	转 20min，停 40min，2 次			
补加	石灰 2.5%	CAS-B 1.5%	石灰 1.0%CAS-B 0.5%	氢氧化钠 1.5%
	转 20min，停 40min，2 次			
补加	石灰 2.0%	CAS-B 1.5%	CAS-B 1.5%	氢氧化钠 1.5%
	水 50%	水 50%	水 50%	水 50%
	转 20min，停 40min，2 次。然后补水 100%，转 10min，停 50min；补水 50%，转 5min，停 55min，重复 3~4 次，静置过夜；次日转动 30min，检测厚度、称量质量，取皮样进行分析			

5. 现象观察及数据测定

①每次转动结束后，观察碱在皮块切口的渗透情况及皮块柔软度、膨胀度、弹性等的变化。

②检测皮块的膨胀度。

$$碱皮质量增加率\ \Delta m = \frac{m_1 - m_0}{m_0} \times 100\% \tag{1-10-1}$$

$$碱皮自然厚度增加率\ \Delta t = \frac{t_1 - t_0}{t_0} \times 100\% \tag{1-10-2}$$

$$碱皮压缩厚度增加率\ \Delta \delta = \frac{\delta_1 - \delta_0}{\delta_0} \times 100\% \tag{1-10-3}$$

$$碱皮可压缩率 = \frac{t_1 - \delta_1}{t_0 - \delta_0} \times 100\% \tag{1-10-4}$$

式中　m_1——灰皮质量，g；

m_0——去肉后浸水皮质量，g；

t_1——灰皮自然厚度，mm；

t_0——去肉后浸水皮自然厚度，mm；

δ_1——50kPa 下压缩 60s 后的灰皮厚度，mm；

δ_0——50kPa 下压缩 60s 后的去肉浸水皮厚度，mm。

③不同浸灰方法对坯革性能的影响。灰皮剖层后，按照沙发革工艺进行脱灰、软

化、浸酸、铬鞣、复鞣、染色、加脂、干燥、摔软等处理后，分析坯革的柔软度、撕裂力、断裂力等力学性能，并对比其丰满性、平细度等感官性能。

6. 思考题

①如何理解“好皮出在灰缸里”这句俗语？

②对比4种浸灰方法所制备的坯革性能的差异，并分析原因。

③浸灰工艺对铬在动物皮内渗透吸收效果有影响吗？为什么？

实验十一　脱灰条件对脱灰效果的影响

1. 实验目的

①掌握脱灰工艺的具体操作和影响因素。

②学会观察脱灰过程裸皮的变化。

③熟悉脱灰程度的检查方法。

2. 实验原理

脱灰工序的主要目的是部分或全部去除浸灰裸皮内的碱性物质，使裸皮的pH从12~13降至8~9，基本消除裸皮的膨胀状态，为软化、浸酸等工序的顺利进行创造适宜的条件。脱灰过程一般以化学脱灰为主，水洗脱灰为辅。根据酸碱中和反应的原理，采用酸性化合物（HA）将游离的和与皮胶原纤维结合的灰碱从裸皮中除去。涉及的典型化学反应方程式如下：

$$NaOH + HA \longrightarrow NaA + H_2O$$

$$Ca(OH)_2 + 2HA \longrightarrow CaA_2 + 2H_2O$$

$$H_2N—P—COONa + HA \rightleftharpoons {}^{+}H_3N—P—COO^{-} + NaA$$

$$H_2N—P—COO—Ca—OOC—P—NH_2 + 2HA \rightleftharpoons 2{}^{+}H_3N—P—COO^{-} + CaA_2$$

硫酸铵、氯化铵等铵盐具有pH缓冲性好、渗透快、操作方便、价格低廉等优点，是脱灰工序中最常用的脱灰材料。但是铵盐脱灰会释放大量刺激性、有害人体健康的氨气，并大幅增加制革废水中的氨氮浓度。

3. 仪器、药品及材料

四联实验转鼓（Φ400mm×200mm）	1台	温度计	1支
烧杯（1000mL）	4个	天平（精确至0.1g）	1台
小刀	1把	滴管	1支

广泛 pH 试纸（1~14）	若干	精密 pH 试纸（5.5~9.0）	若干
酚酞指示剂	适量	硫酸铵（工业级，氮含量>21%）	适量
浸灰裸皮（厚 2.2mm，约 500g）	3 块	浸灰裸皮（厚 4.0mm，约 500g）	1 块

4. 操作步骤

将 3 块厚 2.2mm 的浸灰裸皮记为 A、B、C，将厚 4.0mm 的浸灰裸皮记为 D，然后分别称重，作为脱灰工序用料依据。将 4 块浸灰裸皮分别装入 4 个小转鼓中，按表 1-9 的脱灰工艺进行操作。调好液比以及内温，加入硫酸铵，转动 90min。每转动 15min，观察并手摸裸皮状态的变化，检测浴液的 pH，同时用酚酞检查裸皮的切口，记录脱灰程度。

表 1-9　脱灰工艺

工艺条件	皮块			
	A	B	C	D
液比	1	1	1	1
温度/℃	32	32	22	32
材料用量/%	硫酸铵 1.5	硫酸铵 3	硫酸铵 3	硫酸铵 3

5. 现象观察及数据测定

①观察并记录脱灰过程中裸皮膨胀状态、软硬程度、颜色、厚度、手感等的变化。

②记录不同脱灰条件下浴液 pH 与脱灰时间的关系。

③记录不同脱灰条件下裸皮的脱灰程度与脱灰时间的关系。

6. 思考题

①根据脱灰实验结果以及所学知识，分析影响脱灰的因素有哪些，应如何正确设计脱灰工艺？

②试分析正常的脱灰裸皮应有哪些状态。

③请阐述如何进行脱灰终点的检查。

实验十二　不同脱灰材料的脱灰效果比较

1. 实验目的

①认识各类脱灰剂的实际脱灰效果。

②了解各类脱灰剂具有不同脱灰效果的原因。

③基本掌握铵盐脱灰和无氨脱灰的优缺点。

2. 实验原理

脱灰材料的 pK_a 值是影响脱灰浴液 pH 变化幅度、材料渗透速度、裸皮柔软程度等的关键因素。硫酸铵和氯化铵（pK_a9.26）作为脱灰材料，具有 pH 缓冲性好、渗透快、价格低廉等优点，但会给制革废水带来严重的氨氮污染。少氨脱灰剂和含硼脱灰剂因分别含有铵盐（pK_a 9.26）和硼酸组分（pK_a 9.24），pH 缓冲性较好，在浸灰裸皮内渗透较快，且能显著降低氨氮污染。然而少氨脱灰剂中因仍有少量铵盐，并未受到制革厂青睐。含硼脱灰剂在一段时间内被用于替代铵盐脱灰，但是由于硼酸作为 CMR2 类致生殖毒性物质被欧洲化学品管理局（ECHA）列入了第三批高度关注的物质（SVHC）清单，因此使用量也在逐渐减少。无氨无硼脱灰剂，如二氧化碳、镁盐、有机酸和有机酸的酯类等，能从源头上消除氨氮污染，可是却普遍存在 pH 缓冲性差或渗透慢的问题。目前仍需继续开发 pH 缓冲性好、渗透快、价格低廉的低毒或无毒性清洁脱灰材料。

3. 仪器、药品及材料

四联实验转鼓（Φ400mm×200mm）	1 台	温度计	1 支
烧杯（1000mL）	4 个	天平（精确至 0.1 g）	1 台
广泛 pH 试纸（1~14）	若干	精密 pH 试纸（5.5~9.0）	若干
小刀	1 把	滴管	1 支
酚酞指示剂	适量	硫酸铵（工业级，氮含量>21%）	适量
硼酸（工业级，含量>99%）	适量	己二酸（工业级，含量>99%）	适量
相近部位的浸灰裸皮（厚 2.2mm，约 500g）	4 块		

4. 操作步骤

将 4 块浸灰裸皮记为 A、B、C 和 D，分别称重，作为脱灰工序用料的依据。然后将 4 块浸灰裸皮分别装入 4 个小转鼓中，按表 1-10 的脱灰工艺进行操作。调好液比以及内温，加入材料，转动 90min。每转动 15min，检测浴液的 pH，并用酚酞指示剂检查裸皮切口，记录脱灰程度，同时对比 4 块裸皮的膨胀状态、软硬程度等。

表 1-10 脱灰工艺

工艺条件	皮块			
	A	B	C	D
液比	1	1	1	1

续表

工艺条件	皮块			
	A	B	C	D
温度/℃	32	32	32	32
材料用量/%	硫酸铵 3	硼酸 3	己二酸 1	己二酸 1，硫酸铵 1

5. 现象观察及数据测定

①记录不同组脱灰浴液的 pH 与脱灰时间的关系。

②记录不同组裸皮的脱灰程度与脱灰时间的关系。

③记录各组裸皮在脱灰过程中膨胀状态、软硬程度、厚度等的变化。

6. 思考题

①从理论上分析，裸皮 A、B、C 和 D 的脱透时间应如何排序？实验结果与理论排序相同吗？为什么？

②试从脱灰效果和环境影响等方面，综合比较铵盐脱灰和无氨脱灰。

③根据实验结果、已学知识和查阅相关资料，论述无氨脱灰的应用前景。

实验十三　软化实验

1. 实验目的

①掌握软化工艺的具体操作、影响因素和注意事项。

②通过感受软化前后裸皮的感官变化，熟悉软化终点的判定。

③理解铵盐软化和无氨软化技术的优缺点。

④认识什么是软化不足和软化过度，各自的产生原因及防止方法。

2. 实验原理

制革软化用酶制剂中的酶在多数情况下是胰酶，即胰蛋白酶、胰淀粉酶、胰脂肪酶等的混合物。软化用酶制剂对胶原纤维、纤维间质、表皮和毛根鞘等进行水解，可以除去部分纤维间质、毛根、皮垢和色素等制革不需要的皮组织，并对胶原纤维进行适当的分散，保证最终成革柔软、丰满而富有弹性。同时，软化可以进一步消除裸皮的膨胀，并有助于增加成革的透气性和透水汽性。

原料皮的状态和成革的要求决定了所需的软化程度。软化程度受到软化温度、pH、时间、酶用量、助剂等因素的影响。胰酶通常与软化助剂——铵盐一同加入浴液中进行软化。铵盐有利于胰酶去除皮中的非胶原蛋白质和变性的胶原，但会给制革废水带来氨氮污染。无氨软化酶制剂及无氨软化技术的应用，能在制革生产过程中减少氨氮的产生，从源头削减氨氮污染。

3. 仪器、药品及材料

四联实验转鼓（Φ400mm×200mm）	1台	温度计	1支
烧杯（100mL，1000mL）	各4个	天平（精确至0.1g）	1台
广泛pH试纸（1~14）	适量	小药匙	2把
胰酶（工业级）	适量	硫酸铵（工业级，氮含量>21%）	适量
相近部位的脱灰裸皮（约500g）	4块		

4. 操作步骤

将4块脱灰裸皮记为A、B、C、D，并分别称重，增重50%作为软化工序用料依据。然后将4块脱灰裸皮分别装入4个小转鼓中，按表1-11的软化工艺进行操作。调好液比以及内温，加入材料，转动30min后，检测浴液的pH。之后每转动30min检查裸皮的膨胀状态和颜色、粒面的发滑程度和指痕情况、皮心的软硬程度以及浴液的状态（如浑浊程度、颜色）。软化120min后，将裸皮A、B和C充分水洗，出鼓；皮块D继续延长软化时间，直至软化过度。

表1-11 软化工艺

工艺条件	皮块			
	A	B	C	D
液比	1	1	1	1
温度/℃	30	35	35	35
材料用量/%	胰酶1 硫酸铵1	胰酶1 硫酸铵1	胰酶1	胰酶2

5. 现象观察及数据测定

①观察并记录软化过程中裸皮粒面、身骨、肉面等的变化以及浴液外观的变化，体会软化对裸皮的作用。

②对比不同软化条件产生的软化效果。

③仔细观察软化过度时裸皮的状态。

6. 思考题

①试从裸皮颜色、膨胀状态、粒面手感、指痕情况、软硬程度等方面对脱灰裸皮

与软化裸皮进行比较，得出正常软化裸皮应有的质量要求。

②根据实验体会和已学知识，分析软化效果的影响因素有哪些。

③试推论软化不当会对成革质量带来哪些影响。

④根据实验结果、已学知识和相关文献，综合分析铵盐软化与无氨软化的异同。

实验十四　裸皮的酸肿及消肿

1. 实验目的

①观察酸肿时裸皮的状态，认识什么是酸肿。

②分析裸皮产生酸肿的原因。

③掌握防止裸皮酸肿的方法。

2. 实验原理

皮的主要组成成分是胶原，通常用 $^{+}H_3N—P—COO^{-}$ 表示。皮在酸、碱溶液中发生膨胀，酸、碱或盐能抑制膨胀的原因一般用静电排斥理论或唐南平衡理论来解释。

（1）静电排斥理论

皮在酸溶液中带正电荷，在碱溶液中带负电荷，同种电荷相互排斥，增加了皮胶原肽链间的距离，水分子更多地进入到皮内，使皮充水而膨胀。如图 1-2 所示。

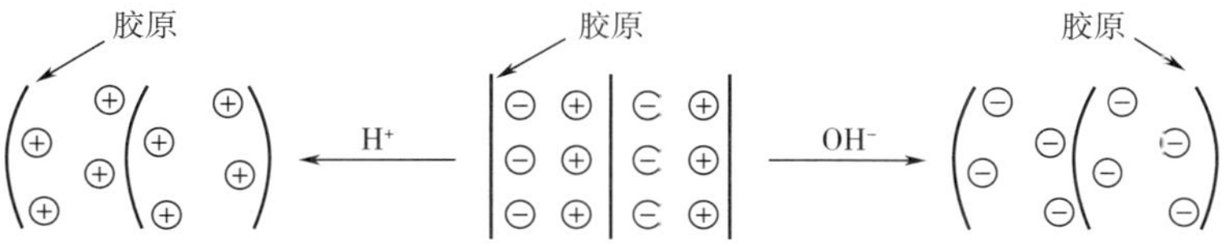

图 1-2　静电排斥示意图

（2）唐南平衡理论

当皮处于酸或碱溶液中（如在 HCl 溶液中），可以将皮看成一种半透膜，将皮胶原看成一种高分子电解质（$^{+}H_3N—P—COO^{-}$）。根据唐南平衡理论，皮胶原（大分子）不能通过皮（半透膜），水分子和小分子电解质（如 HCl）可以自由通过半透膜，但受到不能透过半透膜的皮胶原的影响，小分子电解质在膜内外分布不均匀。达到平衡时，膜两边（即皮内外）的电解质浓度不相等，但阴阳离子浓度的乘积相等。

在酸中：

$HOOC—P—NH_3^+$	z	x	H^+
Cl^-	z	x	Cl^-
H^+	y		
Cl^-	y		
皮内	皮（半透膜）		皮外

x 为平衡后皮外溶液中酸的浓度，y 为皮内溶液中酸的浓度，z 为皮内与酸结合的皮胶原离子的浓度。由唐南平衡理论可得：

$$y\ (y+z)\ =x\cdot x \qquad (1-14-1)$$

若将式 1-14-1 中 $y\ (y+z)$ 看成是一个长方形两条边长的乘积，$x\cdot x$ 看成是一个正方形两条边长的乘积，则长方形的面积与正方形的面积相等，这就需要长方形的两边之和大于正方形的两边之和，即

$$2y+z>2x \qquad (1-14-2)$$

设皮内外可扩散离子的浓度差为 e，则：

$$e=2y+z-2x \qquad (1-14-3)$$

联解式 1-14-1 与式 1-14-3 得：

$$e=2x\cdot\left[\sqrt{1+\frac{z^2}{4x^2}}-1\right] \qquad (1-14-4)$$

在上述平衡中，z 为定值，当 x 很小（$[z]>>[x]$）时，$e>0$，水进入皮内，皮膨胀；当 x 增加，z 随之变大，e 增加，皮的膨胀程度增加；当 x 增至与 z 完全相等，e 达到最大值，皮的膨胀程度达到最大。此时，若继续增加皮外酸（或盐）的浓度 x，当膜外离子浓度之和大于膜内离子浓度之和，即 $2y+z<2x$，则 e 反而随 x 的增加而减小，皮的膨胀程度下降。

3. 仪器、药品及材料

二联实验转鼓（Φ400mm×200mm）	1 台	烧杯（2000mL，1000mL，250mL）	各 2 个
天平（精确至 0.1 g）	1 个	玻璃棒	2 支
浓硫酸（工业级，含量>98%）	适量	甲酸（工业级，含量>85%）	适量
氯化钠（工业级，含量>99%）	适量	相近部位浸酸裸皮（约 200g）	2 块
相近部位软化裸皮（约 500g）	2 块		

4. 操作步骤

①将浸酸裸皮标记为 A 和 B，软化裸皮标记为 C 和 D，分别称重，并各增重 50%，作为以下操作的用料依据。

②将浸酸裸皮 A（质量 m_{A_1}）置于 2000mL 烧杯中，加入皮重 3 倍的水，搅动

15min，静置15min，取出皮块，挤水，称量，质量记为m_{A_2}。将皮块放回原烧杯中，向烧杯中加入皮重10%的氯化钠，用玻璃棒搅动15min，取出皮块，挤水，称量，质量记为m_{A_3}；另一块酸皮B不作任何处理，置于另一个2000mL烧杯中作为对比样。

③将软化裸皮C和D置于小转鼓中。称取0.5%的甲酸（1∶10稀释）和0.5%的硫酸（1∶20稀释），冷却备用。向小转鼓中加入水（至液比为1）以及冷却的甲酸和硫酸溶液，转动60min，取出裸皮C置于1000mL空烧杯中；向小转鼓中加入软化裸皮C和D总皮重8%的氯化钠，转动30min，取出皮块D置于另一个1000mL空烧杯中待用。

5. 现象观察及数据测定

①观察操作步骤②中用玻璃棒搅动15min并静置15min后的皮块A的状态，手摸其软硬程度，并与另一块浸酸裸皮B的感官性能进行对照；观察加入氯化钠并搅动15min后的皮块A的状态，再次与浸酸裸皮B进行比较。

②计算：

$$增重率=\frac{m_{A_2}-m_{A_1}}{m_{A_1}}\times100\%，消肿率=\frac{m_{A_2}-m_{A_3}}{m_{A_1}}\times100\% \quad (1-14-9)$$

③观察操作步骤③结束后，皮块C和D的软硬、颜色、厚度等的变化。

6. 思考题

①什么是裸皮的酸肿？产生酸肿的条件是什么？应如何防止酸肿？

②用酸肿又消肿的裸皮制成的革与没有酸肿按正常工艺制成的革相比，成革质量有差异吗？为什么？

③盐可以防止酸肿，酸可以防止酸肿吗？为什么？请根据有关知识，设计一个用酸防止酸肿的实验并实施。试推论用酸防止酸肿的皮制成的革质量会如何？

④浸酸工艺必须用盐吗？请根据已学知识并查阅相关文献，设计一个无盐浸酸工艺并实施。

实验十五 常规浸酸与无盐浸酸

1. 实验目的

①了解不膨胀酸的种类。

②比较无盐浸酸与常规浸酸的效果。

③了解制革过程中中性盐对环境的污染问题。

2. 实验原理

皮胶原纤维在常见的无机和有机酸体系中会发生充水膨胀，一定量的中性盐如氯化钠可以抑制皮胶原的这种酸膨胀。制革生产过程中的浸酸工序即是将酸和中性盐按一定比例配成溶液处理经软化后的裸皮。

所谓无盐浸酸是指软化裸皮不用盐而直接用不膨胀酸性物或合成物处理来达到其不膨胀及常规有盐浸酸目的的操作。实现无盐浸酸必备基本条件：一是保证浸酸时在无盐条件下裸皮不发生膨胀和肿胀；二是裸皮经无盐浸酸材料处理后应该达到常规有盐浸酸的目的，不造成新的污染。

使裸皮在无盐存在下不发生膨胀的酸有重铬酸、苯磺酸、乙萘磺酸、磺基苯二甲酸、没食子酸以及一些人工合成的有机酸类物质，如图 1-3 所示。

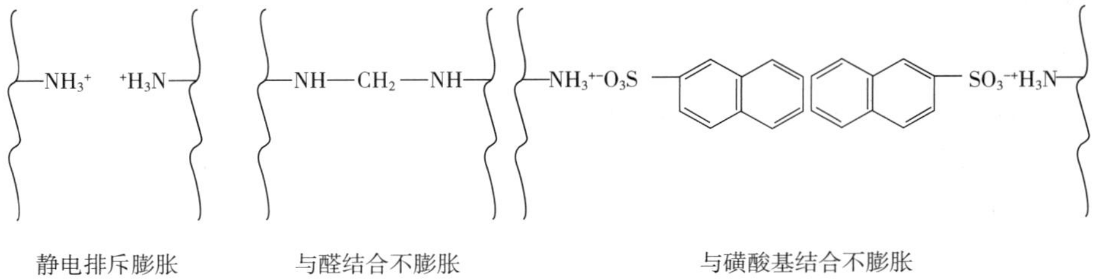

图 1-3 不膨胀

3. 仪器、药品及材料

二联实验转鼓（Φ400mm×200mm）	1 台	玻璃棒	2 支
天平（精确至 0.1 g）	1 台	精密 pH 试纸（0.5~5.0）	适量
滤纸	若干	广泛 pH 试纸（1~14）	适量
氯化钠（工业级）	适量	温度计	1 支
甲酸（85%）	适量	乙萘磺酸（工业级）	适量
浓硫酸（98%）	适量	铬粉（碱度 33%）	适量
溴甲酚绿指示剂	适量	碳酸氢钠（工业级）	适量
软化裸皮（30cm×20cm）	4 块		

4. 操作步骤

（1）常规浸酸工艺操作

①称重：取 2 块软化裸皮编为 A 组，称重，增重 30%作为以下工序用料依据。

②投皮入鼓，加入 80%的常温水，8%氯化钠，转动 10min。

③从鼓轴孔加入甲酸 0.5%（5~10 倍水稀释），转动 30min。

④从轴孔加入硫酸 1.0%（10~15 倍水稀释冷却），转动 60min。

⑤用溴甲酚绿指示剂检查裸皮切口，要求浸酸全透，终点 pH 2.5~2.8。

（2）无盐浸酸工艺操作

①称重：取 2 块软化裸皮编为 B 组，称重，增重 30%作为以下工序用料依据。

②投皮入鼓，加入 80%的常温水，8%氯化钠，转动 10min。

③从鼓轴孔加入乙萘磺酸 1.5%（5~10 倍水稀释），转动 60min；测 pH。

④从轴孔加入乙萘磺酸 1.5%（5~10 倍水稀释），甲酸 0.4%（5~10 倍水稀释），转动 60min。

⑤用溴甲酚绿指示剂检查裸皮切口，要求浸酸全透，终点 pH 2.8~3.0。

（3）铬鞣工艺操作

在浸酸浴中进行。

①浸酸达到终点后，加入铬粉 6%，转动 90min，检查铬粉渗透情况，要求全透。

②提碱：1.5%碳酸氢钠（用 20 倍 30℃水溶解），从鼓轴分 5 次缓慢加入，每次间隔 20min，在每次加入碳酸氢钠溶液前，测浴液的 pH，当 pH 达到 4.0~4.2 时，即不再加入，继续转动 30min；补充 45℃热水 150%，转动 120min，测 pH，达到 3.8~4.0，停鼓过夜；次日晨转 30min，pH 达到 3.6~3.8，出鼓。

5. 现象观察及数据测定

①检查不同浸酸条件下裸皮 A 和 B 的外观和手感。

②观察不同浸酸条件下裸皮 A 和 B 铬鞣后的外观，并测定收缩温度。

③记录浸酸前后裸皮的重量变化情况，并进行比较。

6. 思考题

①使用什么材料可以实现裸皮的无盐浸酸？

②与常规浸酸相比，无盐浸酸有哪些优点？

③《制革及毛皮加工工业水污染物排放标准》（GB 30486—2013）规定的制革废水中氯离子排放标准是多少？有哪些方法可以减少制革废水中氯离子的排放？

④如果要测定浸酸皮块的收缩温度，需要在何种介质中进行？为什么？

实验十六　铬鞣与自动碱化

1. 实验目的

①掌握碱化与自动碱化的实际操作。

②掌握自动碱化与普通提碱过程中 pH 的变化规律及对成革的影响，体会自动碱化的优点。

③熟练掌握铬鞣实际操作。

④了解常用碱化剂及其性质。

2. 实验原理

在铬鞣进行 1~2h 后，鞣液中的铬配合物分子已大量渗透进裸皮，此时鞣液的 pH 比较低，为 2.5~3.0，继续延长时间，对铬盐的结合无多大帮助。因此，在鞣制的中末期应向鞣浴中加碱，以促进铬配合物水解配聚，使分子变得更大，有利于它们与胶原的结合，这个操作称为提碱。提碱是铬鞣的重要组成部分，如果操作不当，则可能在铬革上造成色花、表面过鞣，甚至使铬鞣革松面或裂面。

提碱忌用强碱或碱性较强的盐，一般采用强碱弱酸盐，如碳酸氢钠、碳酸氢铵、甲酸钠、醋酸钠。提碱时，将它们溶于自重 20 倍温水（小于 40℃），从轴孔分次缓慢加入，一般分为 4~6 次，每次间隔 20~30min。每次加入碱液均可能使鞣浴的 pH 产生跳跃，然后会降下来，如图 1-4 所示，因此提碱不当会对铬革的粒面造成不良影响，如粗面、铬花等。

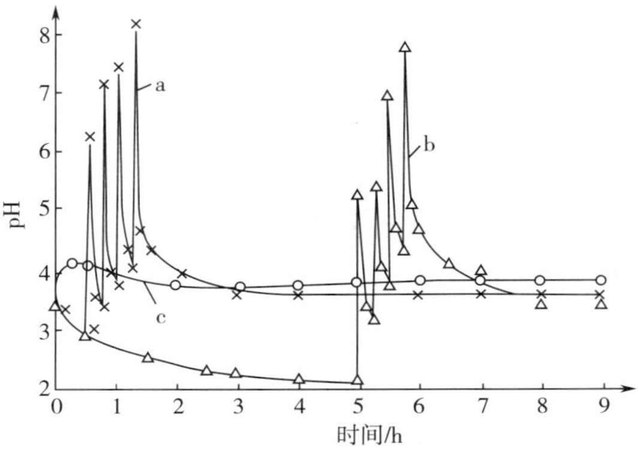

图 1-4 铬鞣液的提碱与自动碱化

a—早期提碱 b—后期提碱 c—自动碱化

使用自动碱化剂，可以消除每次加碱带来的 pH 跳跃而使铬革粒面受影响，同时，由于一次加入自动碱化剂，可使操作简化。

所谓自动碱化剂是指碱土金属的碳酸盐类，如白云石、碳酸钙、碳酸镁和氧化镁等。它们在酸溶液中的溶解度随酸的浓度增加而增加，故溶液的 pH 越低越易溶解。当 pH 在 4.5 以上，则难以溶解。在铬鞣的初期阶段，鞣液的 pH 一般小于 3.0，故这些碳酸盐可以溶解，但溶解较慢。随着鞣液 pH 的缓慢上升，它们的溶解度越来越小，根据实验，pH 上升到 4.1~4.2 时，不再发生明显的变化，如图 1-5 所示。

碳酸钙和氧化镁在溶液中的反应分别如下所示：

$$CaCO_3+H_2SO_4 \xlongequal{} CaSO_4+CO_2\uparrow+H_2O$$

$$MgO+H_2SO_4 \xlongequal{} MgSO_4+H_2O$$

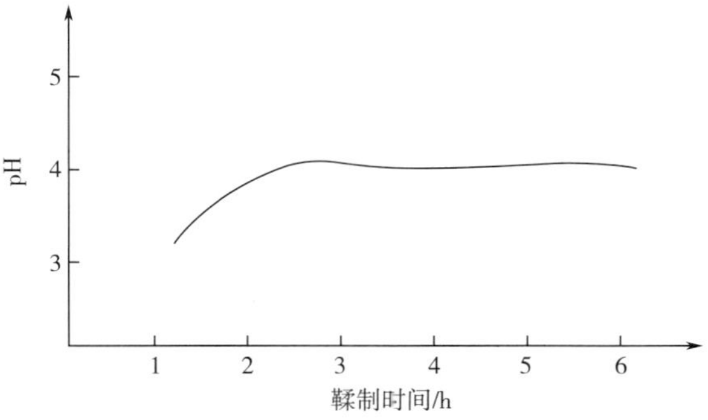

图 1-5　加入碳酸钙后鞣液 pH 的变化

白云石的主要成分为钙镁的碳酸盐，其在溶液中的反应如下：

$$CaMg(CO_3)_2+2H_2SO_4 = CaSO_4+MgSO_4+2CO_2\uparrow+2H_2O$$

方解石的主要成分为 $CaCO_3$，其反应式类同。

在常规铬鞣法中，可在鞣透之后一次加入所需的自动碱化剂继续鞣制，直到革耐煮沸为止。自动碱化剂的用量可以根据酸碱中和等物质的量算出，如 1g 碳酸氢钠相当于 0.6g 白云石，相当于 0.29g 氧化镁。

使用自动碱化剂，由于鞣液中有不溶性的硫酸盐形成，打破了鞣制系统中硫酸根的平衡，有利于阴铬配合物向阳铬配合物转化的过程。此外，它还有轻微填充作用，使鞣成的革更显洁白。

本实验基于以上反应原理，要求根据实际操作、观察到的现象及测定数据来加深对自动碱化原理的学习和应用。

3. 仪器、药品及材料

pHS-3 型酸度计	1 台	二联实验转鼓（Φ400mm×200mm）	1 台
收缩温度测定仪	1 台	精密 pH 试纸（3.0~8.0）	适量
铬粉（Chromosal B）	适量	碳酸氢钠	适量
$CaCO_3$ 粉（可用白云石、氧化镁代替）	适量	浸酸皮（20cm×25cm）	6 块

4. 操作步骤

①取部位相近的 20cm×25cm 的浸酸皮（pH 为 2.8~3.0）6 块，每 3 块一组，称重（作为以下用料依据）、做记号。分别放入 2 个小转鼓中，同时加入浸酸液 50%，小转鼓编号为 1# 和 2#。

②分别加入 6.0%的铬粉，转动 2h。

③在 1#鼓内分 5 次，每次间隔 20min，加入 1.4%的碳酸氢钠，碳酸氢钠应预先用自重 20 倍水（30~35℃）溶解。

④在 $2^{\#}$鼓内一次加入自动碱化剂 $CaCO_3$ 或白云石或氧化镁，加入量需根据 $1^{\#}$鼓加入的碳酸氢钠量计算。

⑤提碱后继续转动 4h，每小时测一次溶液 pH，直到 pH 达到 3.8~4.0。如不在此 pH 范围，则在 $1^{\#}$鼓内补加碳酸氢钠，在 $2^{\#}$鼓内补加自动碱化剂。加入量为每升高 0.1 个 pH 单位，约需补加 0.1%~0.15%的碳酸氢钠；自动碱化剂量以此为基准计算。

⑥当 pH 达到 3.8~4.0 时，补加 2.5 倍、温度为 50℃的热水于鼓内，转动 1h，停鼓过夜。

⑦次日取出，静置。

5. 现象观察及数据测定

① pH 测定：按规定时间测定鞣液 pH 并记录入表 1-12，根据表 1-12 数据绘制 pH 与鞣制时间的关系图。

表 1-12　　pH 变化记录表

$1^{\#}$ 常规提碱		$2^{\#}$自动碱化	
测定时间	pH	测定时间	pH
加入铬鞣剂		加入铬鞣剂	
转动 1h		转动 1h	
转动 2h		转动 2h	
第一次加碱后 3min		加入提碱剂 20min	
第一次加碱后 20min		加入提碱剂 40min	
第二次加碱后 3min		加入提碱剂 60min	
第二次加碱后 20min		加入提碱剂 80min	
第三次加碱后 3min		加入提碱剂 100min	
第三次加碱后 20min		加入提碱剂 120min	
第四次加碱后 3min		加入提碱剂 140min	
第四次加碱后 20min		……	
第五次加碱后 3min		补加热水后 20min	
第五次加碱后 20min		补加热水后 40min	
补加热水后 20min		补加热水后 60min	
补加热水后 40min		补加热水后 90min	
补加热水后 60min		次日结束鞣制	
补加热水后 90min			
次日结束鞣制			

②收缩温度的测定：按表 1-13 规定时间取样测定革的收缩温度（Ts）。

表 1-13　Ts 测定表

测定时间	1#常规提碱 Ts/℃	2#自动碱化 Ts/℃
加碱前		
加碱后		
加热水转 2h		
结束鞣制		

③革外观对比：鞣制结束后应仔细观察常规提碱（1#）与自动碱化（2#）的铬鞣革外观，按表 1-14 要求填入。

表 1-14　革外观对比

观察项目	样品	
	1#常规提碱	2#自动碱化
颜色		
粒面情况		

6. 思考题

①铬鞣后期为什么要提碱？

②自动碱化剂为什么能起自动碱化作用？

③常规提碱时如何避免 pH 跳跃对成革的影响？

④根据酸碱中和等物质的量反应规则，推导出 1g 碳酸氢钠相当于 0.6g 白云石、相当于 0.29g 氧化镁的关系式。

⑤固体自动提碱剂的粒度对提碱效果有什么影响？

实验十七　轻革表面过鞣

1. 实验目的

①认识什么是轻革的表面过鞣，并掌握表面过鞣形成的条件。

②了解如何防止轻革的表面过鞣。

2. 实验原理

鞣制过程是铬配合物分子由皮外向皮内渗透和结合的过程。在鞣制前期，当铬配合物分子过大（鞣液碱度过高）、鞣制条件不当（如酸皮处理不当、表面 pH 过高等）或鞣前皮纤维分散不够时，容易引起铬配合物分子过快、过多地在皮的表面结合甚至沉淀，将皮纤维间的空隙阻塞，而使铬配合物分子无法继续向皮内渗透，形成“外熟内生”的状态，即鞣剂分子仅在皮的表面层结合，而皮的内层结合太少或没有结合，皮无法转变成革，这种状态称为表面过鞣，又称为死鞣，如图 1-6 所示。

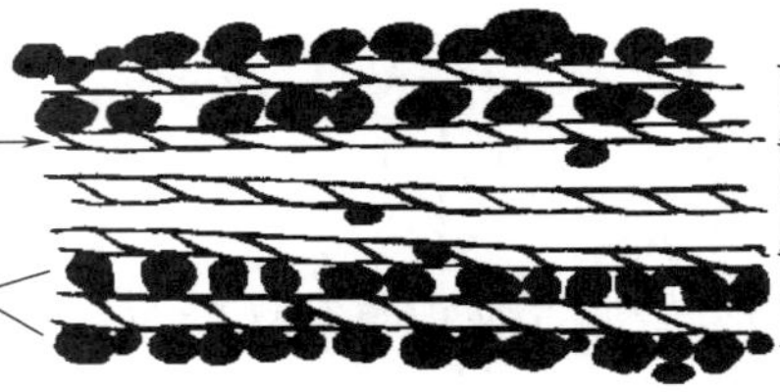

图 1-6 皮革表面过鞣示意图

3. 仪器、药品及材料

小转鼓（Φ400mm×200mm）	3 个	铬粉（碱度 45%）	适量
不锈钢小刀	1 把	氯化钠（工业级，含量>99%）	适量
精密 pH 试纸（0.5~5.0）	适量	烧杯（100mL）	4 个
广泛 pH 试纸（1~14）	适量	碳酸氢钠（工业级，含量>94%）	适量
收缩温度测定仪	1 台	浸酸液（pH 2.5~3.0）	适量
浸酸裸皮（500g）	1 块	酶脱毛裸皮（500g）	1 块
脱灰裸皮（500g）	1 块	软化裸皮（500g）	1 块

注：要求以上皮尽可能部位相同或相近。

4. 操作步骤

①将 4 块皮分别标记如下：浸酸裸皮标记为 A，酶脱毛裸皮标记为 B，软化裸皮标记为 C，脱灰裸皮标记为 D。分别从皮块 A、B、C 和 D 上取样，测定和记录其 Ts。

②分别将 4 块裸皮称重，并各增量 30%作为以后各工序的用料依据。

③将 3 个小转鼓分别标记为 1#、2#和 3#转鼓。将皮块 A 装入 1#转鼓，B 和 C 装入 2#转鼓，D 装入 3#转鼓，1#、2#和 3#转鼓按表 1-15 所示条件进行操作。

表 1-15 鞣制工艺

工艺条件	1#（A）	2#（B、C）	3#（D）
液比	1.5（浸酸液）	1.5（自来水）	1.5（自来水）
温度	常温	常温	常温
铬鞣剂（以 Cr_2O_3 计）	2%	2%	2%
氯化钠	—	5%	5%

操作：向3个转鼓中加入所需液比及氯化钠转5min，分别测定和记录其pH，加入铬鞣剂转30min，停鼓，从皮块上各取样，记为小样1，测定和记录其Ts，分别测定和记录浴液的pH；再转60min（此时转动总时间为90min），停鼓，从每个皮块上再取样，记为小样2，测定和记录其Ts，测定和记录各鼓中浴液的pH；再转动60min（此时转动总时间为150min），停鼓，分别取小样3，测定和记录Ts以及各鼓中浴液的pH，直至皮块A全透为止。

各加入100%的50℃热水，转30min，并使内温达40℃，分别取样并测定和记录皮块Ts和溶液pH（同前）。

若各转鼓pH达不到3.9，则向pH低于3.9的转鼓中加入适量碳酸氢钠（1∶10稀释）提碱，每间隔15min提碱一次，直到pH达到3.9，停鼓过夜。过夜前，各鼓取样，测定和记录皮块Ts及溶液pH（同前）。次日，各鼓转动30min后，取样并测定、记录Ts和pH（同前）。

5. 现象观察及数据测定

①对比每次取样时4块皮的粒面颜色、平细度及铬鞣剂渗透情况。

②测定每次取样时4块皮的收缩温度和浴液的pH。

③将测定的pH、铬鞣剂的渗透情况等填入表1-16。

表1-16　　表面过鞣的实验记录

取样时间		加铬鞣剂前	小样1 30min	小样2 90min	小样3 150min	小样4 210min	加热水后 30min	提碱结束	次日转30min
浴液pH	A								
	B								
	C								
	D								
铬鞣剂的渗透情况	A								
	B								
	C								
	D								
Ts/℃	A								
	B								
	C								
	D								
皮块颜色	A								
	B								
	C								
	D								

续表

取样时间		加铬鞣剂前	小样 1 30min	小样 2 90min	小样 3 150min	小样 4 210min	加热水后 30min	提碱结束	次日转 30min
粒面平细度	A								
	B								
	C								
	D								

注：颜色最浅为①，最深为④，按①~④排序；粒面最细为①，最粗为④，按①~④排序。

6. 思考题

①通过观察本实验的现象，请回答什么是表面过鞣？哪些皮块产生了表面过鞣？

②通过分析实验结果，并结合已学知识，试对 4 块皮块在鞣制过程中颜色、铬鞣剂渗透及 Ts 等的不同进行解释。

③产生表面过鞣的原因是什么？应如何防止表面过鞣？

④已经产生表面过鞣的革有补救办法吗？通过已学知识和鞣制的基本原则，设计一个对已经产生表面过鞣的革的补救工艺方案，并用实验验证此补救方案的可行性。

⑤试分析正常鞣制的铬鞣革与产生表面过鞣但经补救措施处理的铬鞣革在产品质量上有差异吗？为什么？

实验十八　铬鞣与铝-锆鞣的对比

1. 实验目的

①了解并熟悉铬鞣剂、铝-锆鞣剂及其鞣制工艺和操作。

②对比铬鞣剂及铝-锆鞣剂的鞣制效果。

2. 实验原理

在适宜的条件下进行铬鞣或铝-锆鞣，胶原的羧基能够顺利地进入铬配合物或铝-锆配合物的内界，形成配位结合，即铬或铝-锆配合物在胶原多肽链间或肽链内形成单点、双点及多点结合。

制革常将铬鞣剂与胶原的双点结合称为“缝合作用”，并认为铬鞣剂对胶原的所有作用中“缝合作用”是最主要的。铬鞣时，胶原羧基与铬配合物的结合反应示意图如图 1-7 所示。

铬鞣法至今仍是轻革的主要鞣制方法，其地位是目前任何一种无铬鞣法无法取代的，原因是铬鞣具有成革性能稳定、方法简单、经济和实用性强等综合优势。尽管如

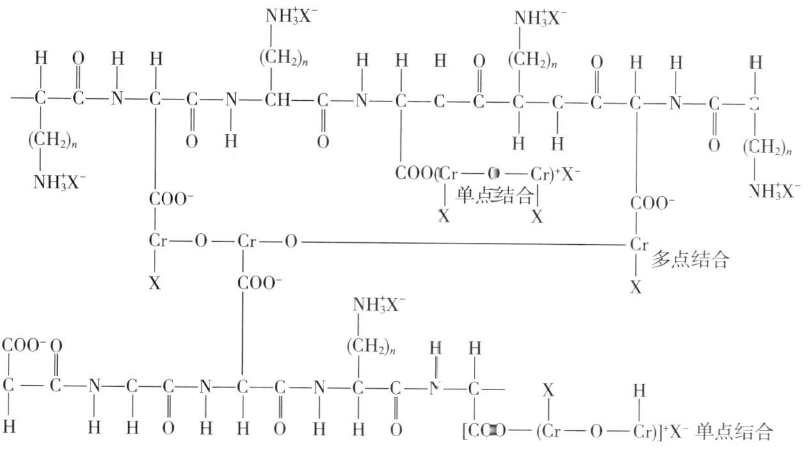

图 1-7　铬鞣时胶原羧基与铬配合物的结合示意反应式

此，由于含铬废水和含铬固体废弃物的排放问题，传统铬鞣法正受到当今环保政策的制约。实施无铬鞣法，从制革源头避免铬的输入，是制革工业未来发展的必然趋势。

铝-锆鞣剂与铬鞣剂具有相似的与胶原结合的方式，能体现出铝鞣成革粒面平细、染色鲜艳以及锆鞣成革粒面紧实、对腹肷部松软部位填充性好的优点。本实验铝-锆鞣剂中含有的深度氧化淀粉配体，由淀粉经过氧化氢深度氧化和降解制得，具有羧基含量高、相对分子质量较大等结构特点。该配体的引入可有效调控铝-锆配合物与皮胶原纤维的反应活性，促进配合物在皮中的渗透和均匀分布，从而体现出良好的鞣制效果。所得白湿革在纤维分散程度、电荷性质（等电点）和储存稳定性等方面均与常规蓝湿革相似。

3. 仪器、药品及材料

二联实验转鼓（Φ400mm×200mm）	2 个	天平（精确至 0.1 g）	1 台
收缩温度测定仪	1 台	量筒（250mL）	1 个
烧杯（80mL，400mL）	各 1 个	玻璃棒	2 支
不锈钢小刀	1 把	浸酸液（pH 2.5~3.0，自配）	适量
铬鞣剂（碱度 33%）	适量	铝-锆鞣剂（TWLZ）	适量
碳酸氢钠（工业品）	适量	自动提碱剂	适量
相近部位浸酸牛皮（500g）	4 块		

4. 操作步骤

①将 2 块浸酸皮编为一组，分别标记为 A 组与 B 组，每组单独称重，并各自增重 1 倍，作为以后各工序的用料依据。

②将 A 与 B 两组皮块分别装入 2 个小转鼓中，以浸酸液作为鞣制操作的浴液，2 个小转鼓分别按表 1-17 所示条件进行鞣制操作。

表 1-17　　鞣制对比

A 组皮块		B 组皮块	
液比	0.7	液比	0.7
温度	常温	温度	常温
铝-锆鞣剂用量	7%	铬鞣剂用量	7%
自动提碱剂用量	1.1%	碳酸氢钠用量	1.2%
调好液比，加入所需浸酸液，常温下转动 3h 至皮全透后提碱			

A 组的自动提碱剂直接加入，B 组用碳酸氢钠 10 倍重的水将其充分溶解，分 4 次加入，每次加 1/4，每次间隔 20min。每加一次碳酸氢钠液应检查浴液的 pH，直至 pH 达到 3.9。若加完第 4 次碱并转动 20min 后，pH 仍小于 3.9，应视 pH 的高低酌情补加碳酸氢钠，直至浴液 pH 稳定在 3.9。当 pH 稳定在 3.9 后，再转 60min，然后补加 45℃ 热水 200%，转 60min，停鼓过夜。次日，转动 30min 后，测定浴液的 pH 以及 2 个小鼓内皮块的收缩温度（Ts）。

5. 现象观察及数据测定

将鞣制过程中所检查的相关情况和数据填入表 1-18。

表 1-18　　鞣制实验记录表

测定时间	皮块 A			皮块 B		
	切口渗透情况	鞣液 pH	Ts/℃	切口渗透情况	鞣液 pH	Ts/℃
加鞣剂转 60min 后 加鞣剂转 120min 后 加鞣剂转 180min 后						
提碱转 20min 后 提碱转 40min 后 提碱转 60min 后 提碱转 80min 后 提碱转 140min 后 补加热水 60min 后 次日转 30min 后 鞣制结束时						
革的颜色						

6. 思考题

①根据鞣制过程中革的收缩温度、鞣液 pH 以及革颜色的变化，阐述皮是如何转变成革的。

②在铬鞣过程中加热水及扩大液比的目的是什么？

③从鞣制过程中鞣剂的渗透、鞣液 pH 及皮 Ts 的变化，革的颜色、厚度和粒面感官等方面对铬鞣与铝-锆鞣进行全面对比，并扼要回答引起这些差异的主要原因。

④根据实验结果和你对制革的感悟，试推论铬鞣、铝-锆鞣小实验和大生产成革在感官性能上将有何不同，为什么？

实验十九　钛鞣实验

1. 实验目的

①了解并掌握钛鞣工艺的操作要求。

②了解钛鞣革的特点，并与铬鞣革进行对比。

2. 实验原理

根据鞣制化学的观点，鞣制作用即鞣剂分子在胶原分子链间形成交联作用，提高胶原纤维蛋白耐湿热稳定性的过程，因此鞣剂分子结构必须具备两个条件：一方面要含有两个及以上能与胶原分子侧链活泼基团发生作用的官能团；另一方面，鞣剂分子要具有一定的大小，能满足其在皮内渗透和在胶原分子链间形成交联所需要的尺寸。对金属盐的鞣革理论一般认为是水溶液中大分子的多核物分子与胶原侧链的活泼基团（如羧基等）形成配位作用而产生交联，因此金属盐鞣剂鞣性的好坏取决于其在水溶液中的状态和与胶原分子形成的化学键的稳定性。

钛［Ti^{4+}］的次外层 d 轨道处于空的状态，它们的电子层分布情况与惰性气体元素原子的电子层分布情况相同，缺少了过渡金属离子具有的能广泛形成配合物的化学性质。它们形成的配合物主要是通过金属离子和带负电荷的配体或者具有偶极矩的配体以静电吸引产生电价配位键，形成电价配合物，也即外轨型配合物。从热力学角度而言，显然电价配合物的稳定性不如共价配合物。所以，钛等非铬金属鞣剂的鞣革耐湿热稳定性一般比铬鞣剂鞣革的耐湿热稳定性低。

与 Cr^{3+} 离子相似，Ti^{4+} 离子在水溶液中首先进行水合作用形成水合离子。已经证明 Ti^{4+} 主要形成配位数为 6 的正八面体配合物，在水溶液中首先形成［$Ti(H_2O)_6$］$^{4+}$ 的水合离子。水合离子中的水分子配套受金属离子的作用，容易发生质子转换，水分子配体变成 OH^-，溶液水分子变成 H_3O^+，即发生水解反应；与［$Cr(H_2O)_6$］$^{3+}$ 的水解反应类似，$[Ti(H_2O)_6]^{4+}$的水解反应也是分步进行的：

$$[Ti(H_2O)_6]^{4+} \xrightarrow{-H^+} [Ti(OH)(H_2O)_5]^{3+} + H_3^+O$$

$$[Ti(OH)(H_2O)_5]^{3+} \xrightarrow{-H^+} [Ti(OH)_2(H_2O)_4]^{2+} + H_3^+O$$

$$[Ti(OH)_2(H_2O)_4]^{3+} \xrightarrow{-H^+} [Ti(OH)_3(H_2O)_3]^{+} + H_3^+O$$

$$[Ti(OH)_3(H_2O)_3]^{+} \xrightarrow{-H^+} [Ti(OH)_4]^{0} + H_3^+O$$

在水溶液中，Ti^{4+}比Cr^{3+}水解程度更高，容易产生沉淀。

当$[Ti(H_2O)_6]^{4+}$水解成$[Ti(OH)(H_2O)_5]^{3+}$时，可以进一步通过羟基、氧基等桥键形成多核配聚物，能实现Ti^{4+}在动物皮内的渗透、结合，并在胶原纤维间形成配位键而产生鞣制效应。但是若配聚物不断增大，将生长成比分子大的聚集体，形成胶体或沉淀，从而影响鞣制效果。

3. 仪器、药品及材料

四联实验转鼓（Φ400mm×200mm）	1 台	pHS-3C 型智能酸度计	1 台
收缩温度测定仪	1 台	铬鞣剂	适量
硫酸钛（工业级）	适量	氯化钠（工业级）	适量
氧化镁（工业级）	适量	HPZ 助鞣剂（工业级）	适量
其他必需的皮革化学品	适量	沿背脊线对称临近的黄牛浸酸裸皮（15cm×40cm，灰皮厚 2.2~2.5mm）	4 块

4. 操作步骤

（1）常规浸酸钛鞣

①称重：按常规工艺进行浸酸工艺处理的黄牛粒面浸酸裸皮，轻拧干表面流动的水分，然后称重，增重 100%作为以下用料依据。

②鞣制：水 40%～50%，温度 22～25℃，加入 7%氯化钠，转动 5～10min 直至完全溶解，把 2 块酸皮投进鼓中，转动 30min，检查 pH 直至 2.8～3.0；加入 1.0%钛鞣剂［以Ti^{4+}计］和 1.0%HPZ 助鞣剂，转动 180min，检查渗透情况；然后加入 0.8%氧化镁（分 3～4 次加入，每次间隔 20～30min），然后补加适量碳酸氢钠溶液，控制 pH 3.8～4.0，补温度 60℃的热水 150%，将温度提高到 40℃左右，继续转动 120min，停鼓过夜；次日，转动 30min，检查 pH 直至 3.8～4.0，出鼓，搭马，静置。

（2）常规浸酸铬鞣

①称重：按常规工艺进行浸酸工艺处理的黄牛粒面浸酸裸皮，轻拧干表面流动的水分，然后称重，增重 100%作为以下用料依据。

②鞣制：水 40%～50%，温度 22～25℃，加入 7%氯化钠，转动 5～10min 直至完全

溶解，把2块酸皮投入鼓中，转动30min，检查pH直至2.8~3.0；加入6.0%铬鞣剂和0.5%甲酸钠，于常温下转动180min，铬鞣剂渗透均匀后，分5~6次加入1.2%~1.4%碳酸氢钠，控制提碱pH为4.0~4.2，补加65℃的热水至总液比为200%，于40℃条件下继续转动120min，检查pH直至4.0~4.2，停鼓过夜；次日转动30min，检查浴液pH 3.8~4.0，出鼓，搭马，静置。

分别将钛鞣革和铬鞣革挤水、削匀后，按照相同的工艺进行回软、中和、填充、染色-加脂、干燥、摔软。

5. 现象观察及数据测定

①观察钛鞣革与铬鞣革的颜色、丰满性、粒面平细度等感官状态的差异。

②分别测定Ts，对比钛鞣与铬鞣的鞣制效果。

③分别测定加脂、干燥后的钛鞣坯革和铬鞣坯革的力学性能、感官性能，对比两种鞣制方法对坯革性能的影响。

6. 思考题

①钛鞣革收缩温度与铬鞣革收缩温度相比，哪个更高？为什么？

②分析钛与铬的水解性能、配位原理等的异同，分析如何改进钛鞣工艺。

③钛鞣革与铝鞣革相比，哪种方法的耐水洗性更强？为什么？

实验二十　稀土盐鞣革和铬-稀土结合鞣革

1. 实验目的

①认识稀土盐的鞣性及稀土盐在铬-稀土结合鞣革中所起的作用，了解铬-稀土结合鞣革的意义。

②了解掌握铬-稀土结合鞣革工艺技术与生产管理中的关键。

2. 实验原理

稀土盐（RE）的鞣性很差，经稀土鞣制的革收缩温度很低，不耐水洗。但稀土盐却有很好的助鞣作用，在铬鞣中加入少量轻稀土盐，可促进铬盐的分布与结合，使铬用量减少30%左右；废鞣液中铬含量（以Cr_2O_3计）从常规铬鞣的1.5~4.0g/L下降至0.7g/L以下，且铬-稀土鞣成的革粒面更平细、更丰满柔软，延伸率较低，得革率提高3%~5%。鞣革所用的稀土盐无污染，微量的轻稀土盐对农作物、植物生长还有益处。铬-稀土结合鞣革是现有无机结合鞣法中效果较好的一种。

3. 仪器、药品及材料

精密 pH 试纸（0.5~5.0）	适量	四联实验转鼓（Φ400mm×200mm）	1 台
收缩温度测定仪	1 台	制革专用稀土盐或混合氯化轻稀土盐（工业品）	适量
氯化钠（工业品）	适量	甲酸（85%）	适量
浓硫酸（95%以上）	适量	阳离子油	适量
KMC 铬鞣剂或铬粉（碱度 33%，Cr_2O_3 含量 21%~23%）	适量		
醋酸钠或甲酸钠	适量	碳酸氢钠或白云石粉（工业品）	适量
沿背脊线对称临近部位的软化裸皮（20cm×25cm）	4 块		

4. 操作步骤

将 4 块软化裸皮记为 A、B、C、D，称重，增重 40%作为用料依据，A、B、C 皮块按表 1-19 实验条件进行。

表 1-19　　稀土盐鞣革和铬-稀土结合鞣革工艺

工序	A	B	C
浸酸	水 40%~60%，温度常温，氯化钠 6%，转 10min；甲酸 0.5%（1∶10 稀释后加入，下同），硫酸 1.2%（1∶10 稀释冷却后加入，下同），转 3~4h，要求 pH 2.5~2.8		
鞣制	在浸酸液中进行，温度常温，阳离子加脂剂 1.0%，转 30min；专用稀土盐或氯化混合轻稀土盐 3.0%（以 RE_2O_3 计），转 3~4h；醋酸钠或甲酸钠 1.0%，转 1h	在浸酸液中进行，温度常温，阳离子加脂剂 1.0%，转 30min；KMC 铬鞣剂 5.0%，转 2h；稀土盐 0.4%（用 20 倍 40℃水溶化），转 1h；醋酸钠或甲酸钠 1.0%，转 1h	在浸酸液中进行，温度常温，阳离子加脂剂 1.0%，转 30min；KMC 铬鞣剂 5.0%，转 2h；稀土盐 0.4%（用 20 倍 40℃水溶化），甲酸 0.4%，转 1h；醋酸钠或甲酸钠 1.0%，转 1h
提碱	碳酸氢钠 1.0%~1.2%（用 20 倍常温水溶解），分 5~6 次加入，间隔 20~30min，加完后转 60min，要求 pH 4.0~4.2	碳酸氢钠 1.0%~1.2%（用 20 倍常温水溶解），分 4~6 次加入，间隔 20~30min，加完后转 60min，要求 pH 4.0~4.2	
升温	加 60~65℃热水至液比 1.5~2.0，内温 40~42℃，转 3~4h		

裸皮 D 的处理，除不加稀土盐外，其他条件完全同 B。若实验条件有限，可只做 A、B、C 或 B、C、D。

5. 现象观察及数据测定

①浸酸结束后测 pH 及浸酸皮的 Ts。

②鞣制结束时测废液 pH 及革坯的 Ts，用试管取样，观察比较废鞣液浓度（颜色深浅）。

③用相同工艺染色-加脂后，评定各实验方案鞣制的革样粒面粗细度、色泽、力学性能及柔软丰满性，仔细观察革粒面有无异常情况。

6. 思考题

①方案 B 与方案 C 有什么不同？结果如何？

②在铬-稀土结合鞣革中加入甲酸的作用是什么？

③在实验 B、C、D 中，结果最好的是哪一个？为什么？

④铬（Cr^{3+}）与稀土（RE^{3+}）形成的配合物有何不同？

⑤试用配合物化学价键理论解释铬、稀土配合物鞣革性能的差异。

实验二十一　预处理对快速植鞣的影响

1. 实验目的

①加深巩固快速鞣法原理的学习，了解预处理对快速鞣法的影响。

②初步掌握植物鞣法工艺的基本操作条件、控制因素、检查标准等。

2. 实验原理

为了提高鞣液透入裸皮的速度，可在植鞣前增加适当的预处理或预鞣工序。通过预处理（预鞣）的作用，使胶原纤维得到进一步分散，纤维走向初步定形，进一步增大、增多纤维间的间隙，以利于鞣质的渗透。如用铬、铝、锆鞣剂预鞣，则能活化皮蛋白质反应的官能团，便于鞣质渗透到皮内，提高鞣制速度，防止粒面产生皱纹、表面过鞣和生心。根据成革要求，可选用预处理或预鞣。如果预处理（预鞣）作用不足，则可能延长鞣制时间，甚至发生死鞣；若预处理过度，则成革扁薄、松软。目前，常用的预处理方法有硫酸钠预处理和浸酸去酸预处理。预鞣方法有铬预鞣、铝预鞣、油预鞣、醛预鞣、合成鞣剂预鞣等。

3. 仪器、药品及材料

四联实验转鼓（Φ400mm×200mm）	1 台	收缩温度测定仪	1 台

精密 pH 试纸（0.5~5.0）	适量	浸酸皮（15cm×30cm）	6 块
脱灰软化皮（15cm×30cm）	2 块	草酸（工业品）	适量
硫酸化油	适量	硫代硫酸钠（工业品）	适量
乳化锭子油	适量	氯化钠（工业品）	适量
杨梅栲胶、荆树皮栲胶、橡椀栲胶	适量		

4. 操作步骤

本实验采用两种处理方法，浸酸去酸法和油预处理法，两种方法同时进行。

（1）油预处理法

①预处理：浸酸皮 3 块，称重，作为以下用料依据。液比 1，温度常温，氯化钠 10%，乳化锭子油 4%，时间 3h。将氯化钠、水按用量加入转鼓中，转动 5min，投皮入鼓，再转动 15min，加入乳化锭子油转动至规定时间。

检查：测浸酸皮的收缩温度和油预处理后皮的收缩温度，加乳化锭子油前测溶液的 pH。

②植鞣：脱灰软化裸皮 1 块做好标记，在加栲胶前加入鼓中，以比较渗透情况，以下用料以 3 块浸酸皮和 1 块脱灰软化裸皮重之和计。

杨梅栲胶 20%，荆树皮栲胶 20%，橡椀栲胶 20%，时间转停 40~48h，温度常温。直接在油预处理液中加入栲胶，第 1 次加杨梅栲胶，转动 4h 后，加入荆树皮栲胶，转动 12h 后加入橡椀栲胶，并补加皮重 5%的水。转至规定时间，停鼓，将革平放在鼓内静置 24h。

注意：加栲胶后，如鼓内泡沫太多，则加数滴硫酸化油消泡。如皮贴在鼓壁上，可用玻璃棒将皮赶下，以利搅动均匀。

③漂洗：液比 2，温度 45℃，草酸 0.5%（以植鞣革重计），硫代硫酸钠 1.0%，时间 40min。

将革投入鼓内，调好液比和温度后，加入草酸和硫代硫酸钠，转至规定时间，出鼓，自然干燥，测干革的收缩温度。

（2）浸酸去酸预处理法

①去酸预处理：浸酸皮 3 块，称重，作为以下用料依据。液比 1.0，温度常温，氯化钠 10%，硫代硫酸钠 6%，时间 3h。将氯化钠、水按用量加入鼓内，转动 5min，投皮入鼓，转动 15min 后，加入硫代硫酸钠，转动至规定时间，去酸后 pH 3.5~4.0。

②植鞣：植鞣前加入脱灰软化皮 1 块，用于对比。植鞣用料以 3 块浸酸皮重和 1 块脱灰软化皮重之和计。

植鞣、漂洗的操作、用料、条件、注意事项均与油预处理法相同。

5. 现象观察及数据测定

①测浸酸皮和预处理后皮的 Ts，植鞣透后革和干革的 Ts。

②观察从浸酸、预处理到植鞣过程中皮的厚度、色泽变化。
③切口观察油预处理、浸酸去酸预处理、不预处理的皮在植鞣过程中的渗透情况。
④测预处理前后、植鞣前后浴液的 pH。
⑤比较两种预处理方法成革的 Ts 和软硬坚实性。

6. 思考题

①为什么快速鞣法前要进行预鞣或预处理？
②为什么要分次加栲胶？为什么要加不同品种的栲胶？
③为什么植物鞣剂的用量比铬鞣剂大，而 Ts 却比铬鞣革低得多？
④讨论影响植鞣的因素。
⑤根据鞣制系数的定义，讨论其与鞣制的哪些因素有关？

实验二十二 有机膦盐的无金属鞣制

1. 实验目的

①了解无金属鞣制技术发展趋势与要求。
②掌握有机膦盐无金属鞣制工艺的基本要点。
③熟悉有机膦盐鞣制过程控制与质量要求。
④了解无铬鞣坯革的基本特点。

2. 实验原理

利用有机膦盐（即四羟甲基硫酸膦）分子结构中活泼的羟甲基与胶原肽链的侧链氨基间的反应性。

$$胶原—NH_2+P(CH_2OH)_4 \longrightarrow 胶原—NH—CH—P—(CH_2OH)_3$$

由于有机膦分子结构中含有 4 个羟甲基，故其可能实现肽链间交联，从而产生鞣制作用，或易于与其他有机鞣剂（如栲胶），发生结合鞣制作用。

3. 仪器、药品及材料

四联实验转鼓（Φ400mm×200mm）	1 台	收缩温度测定仪	1 台
GranofinFCCliq（Clariant 公司）	适量	硝酸（化学纯）	适量
DLA 无铵脱灰剂*	适量	硒粉（化学纯）	适量
塔拉栲胶**	适量	多种加脂剂	适量

酚酞指示剂	适量	浓硫酸（工业品，98%）	适量
硒指示剂（自配）	适量	硫酸铵（工业品）	适量
甲酸（85%）	适量	乳酸（工业品）	适量
软化酶 BL*	适量	浸灰羊裸皮（20cm×25cm）	4 块

注：硒指示剂的配制：称取 1g 硒粉，用 9g 浓硝酸溶解后，加 90mL 蒸馏水稀释，备用。

* 四川达威科技股份有限公司。

* * Clariant 公司。

4. 操作步骤

裸皮的准备：为观察有机膦盐的渗透情况，本实验可采用常规铵盐脱灰和非铵盐脱灰裸皮。将 4 块皮块分别做标记（A_1、A_2、B_1 和 B_2），并分别称重（作为以后材料用量依据）。将 A_1 和 A_2 进行常规铵盐脱灰，而 B_1 和 B_2 则采用非铵盐脱灰，按表 1-20 实验条件进行（各种材料用量以灰皮重为基准）。

表 1-20　　脱灰工艺

工序	铵盐脱灰方案（A）	非铵盐脱灰方案（B）
水洗	复灰裸皮，水洗 3 次，每次水用量 200%、时间 25~30min、温度 30~33℃	
脱灰	水 200%，30℃，硫酸铵 2.5%，转 90min，酚酞检查切口呈无色	水 200%，30℃，DLA 脱灰剂 1.5%，转 60min 加乳酸 0.3%，转 30~45min，酚酞指示剂检查切口呈无色
水洗	水洗 2 次，每次水用量 200%、时间 25~30min、温度 30~33℃	
软化	水 50%~100%，温度 34℃，低温软化酶 BL1%，转 120min	
水洗	水洗 1 次，水用量 200%、时间 25~30min、温度 20~25℃	
浸酸	水 30%~50%，温度常温，氯化钠 6%，转 15min，甲酸 0.5%（1∶10 稀释），转 30min，硫酸 0.2%（1∶20 稀释），转 60min，终点 pH 3.5~3.7	

鞣制方案：将经脱灰软化后的皮坯，重新按 A_1 和 B_1 组合，作为方案 I 和方案 II 鞣制用皮坯，按表 1-21 进行鞣制（各种材料用量以灰皮重为基准）。

表 1-21　　鞣制工艺

工序	方案 I（有机膦盐鞣）	方案 Ⅱ（植鞣-有机膦盐结合鞣）	
鞣制	在浸酸液中直接加入 GranofinFCCLiq 2.5%，转 120min，用硒指示剂检查切口全透（呈黄色）	植鞣	水 50%（含 NaCl 6.0%），温度 30℃，硫代硫酸钠 0.6%，转 30min，pH 5.0；塔拉栲胶 15%，转 180min；甲酸 0.4%，转 60min，pH 3.5
提碱	加碳酸氢钠 1.0%，转约 120min，pH 5.5，控浴	膦鞣	液比 1.0，温度常温，GranofinFCCliq 2.5%，转 120min，硒指示剂检查全透

续表

工序	方案Ⅰ（有机膦盐鞣）	方案Ⅱ（植鞣-有机膦盐结合鞣）	
水洗	充足水闷洗 5min，再流水洗 10min	提碱	碳酸氢钠 1.0%，转 60～90min，pH 5.5，控浴
氧化	液比 1.0，温度 40℃，过氧化氢 1%，转 60min，硒指示剂检查切口氧化完全（呈无色），加水 100%（30℃），塔拉栲胶 15%，转 180min	水洗	充足水闷洗 5min，再流水洗 10min
植鞣	多种混合加脂剂 12%～15%，转 60～90min	氧化	液比 1.0，温度 40℃，过氧化氢 1%，60min，硒指示剂检查氧化完全
加脂	甲酸 0.4%（1∶10 稀释），转 30min，加水 150%（30℃），草酸 0.4%，转 30min	加脂	液比 1.0，温度 45℃，多种混合加脂剂 12%～15%，转 90min，甲酸 0.6%（1∶10 稀释），转 30min
水洗	闷水洗 5min，再流水洗	水洗	闷水洗 5min，再流水洗

5. 现象观察及数据测定

①不同脱灰方案对有机膦鞣剂的渗透性有哪些影响？

②测定两种鞣制方案的成革收缩温度的变化。

③观察坯革的柔软性及颜色变化。

④测定加脂坯革的物理力学性能，并做比较。

6. 思考题

①铵盐脱灰为什么会影响有机膦盐的渗透？

②鞣剂加入顺序为什么会影响成革的收缩温度？

③有机膦盐鞣革的特点是什么？

实验二十三　戊二醛和改性戊二醛鞣制

1. 实验目的

①掌握戊二醛和改性戊二醛鞣制的工艺操作和控制要点。

②掌握戊二醛和改性戊二醛鞣制的机理。

③了解改性戊二醛鞣制技术的发展趋势和要求。

2. 实验原理

醛类物质的醛基一般可与含有氨基的有机化合物发生反应，产生共价交联，这是醛鞣的基本机理。甲醛和戊二醛与皮胶原蛋白的反应活性较强，鞣制效果较明显，甲醛鞣制的皮革收缩温度可达 90℃，成革洁白，但存在革身扁薄、不耐陈化和对湿热作用稳定性较小等缺点，更重要的是甲醛对人体的危害较大，目前已很少用作鞣剂。戊二醛含 2 个醛基，鞣性良好，成革耐汗、耐水洗，综合鞣制效果和成革品质高于甲醛，但成本高昂，成品呈现黄色甚至棕黄色，限制了其在浅色皮革上的应用。为改善乃至消除戊二醛鞣革色泽发黄的缺陷，同时降低鞣制成本，改性戊二醛的使用越来越广泛。

改性戊二醛鞣制所得皮革色泽相对洁白，较耐黄变，适合于浅色皮革和裘皮产品的生产。与戊二醛相比，改性戊二醛在裸皮内的渗透速度更快，鞣制过程中吸收率更高，鞣制末期提碱 pH 终点在 4.5 左右时皮革收缩温度即可达 80℃以上，相较于甲醛和戊二醛提碱终点需达中性或弱碱性，操作更加简单。

本实验基于戊二醛和改性戊二醛的性能特点，通过对比两种醛的鞣制操作和成革性能，加深对醛鞣机理、醛鞣操作以及对戊二醛和改性戊二醛的认识。

3. 仪器、药品及材料

四联实验转鼓（Φ400mm×200mm）	1 台	收缩温度测定仪	1 台
加脂剂 PEM *	适量	改性戊二醛 PTW *	适量
戊二醛 GT 50 * *	适量	碳酸钠（工业品）	适量
碳酸氢钠（工业品）	适量	浸酸黄牛皮（20cm×30cm）	2 块
氯化钠（工业品）	适量	85%甲酸（工业品）	适量
精密 pH 试纸（0.5~5.0）	适量	精密 pH 试纸（5.5~9.0）	适量

注：* 汤普勒公司。

* * 斯塔尔（Stahl）公司。

4. 操作步骤

按照常规鞋面革工艺加工得到浸酸黄牛皮，厚度约 1.1mm。浸酸黄牛皮搭马静置 30min 后称重，增重 100%作为以下用料依据，进行改性戊二醛鞣和戊二醛鞣制。

（1）改性戊二醛鞣制

液比：80%，温度 22~24℃，氯化钠 6%，甲酸适量，加脂剂 PEM 1%，改性戊二醛 PTW 4%，碳酸氢钠 1.5%。

调好液比，加入氯化钠转动至完全溶解后投皮，转 10min 后测浴液 pH，加入适量甲酸，调节浴液 pH 至 3.0 左右，继续转 20min；加入加脂剂 PEM（5 倍 60℃热水乳化后鼓轴加入），转 30min；加入改性戊二醛 PTW（3 倍冷水稀释后加入），转 180min；将碳酸氢钠用 20 倍冷水溶解后分 5 次从鼓轴加入，每次加入后转 20min，将浴液 pH 调整至4.5左右，如pH不到规定值，则继续补加碳酸氢钠，提碱到位后继续转动30min，出鼓搭马。

（2）戊二醛鞣制

液比：80%，温度22~24℃，氯化钠6%，甲酸适量，加脂剂PEM 1%，戊二醛GT50 4%，碳酸氢钠1.0%，碳酸钠1.5%。

调好液比，加入氯化钠转动至完全溶解后投皮，转10min后测浴液pH，加入适量甲酸，调节浴液pH至3.0左右，继续转20min；加入加脂剂PEM（5倍60℃热水乳化后鼓轴加入），转30min；加入戊二醛GT 50（3倍冷水稀释后加入），转180min；将碳酸氢钠用20倍冷水溶解后分3次从鼓轴加入，每次加入后转动20min；将碳酸钠用20倍冷水溶解后分4次从鼓轴加入，每次加入后转20min，将浴液pH调整至7.5~8.0，如pH不到规定值，则继续补加碳酸钠，提碱到位后继续转30min，出鼓搭马。

5. 现象观察及数据测定

①观察改性戊二醛和戊二醛鞣制所得皮革的颜色、丰满性和粒面平细度。

②观察鞣制废液的颜色。

③测定改性戊二醛和戊二醛鞣制皮革的收缩温度。

④提碱过程中观察改性戊二醛和戊二醛鞣制皮革切口颜色的变化情况。

6. 思考题

①为什么改性戊二醛鞣制的终点pH较戊二醛低？

②改性戊二醛鞣制过程中能否使用碳酸钠提碱？为什么？

③戊二醛鞣制过程中能否只采用碳酸氢钠提碱？为什么？

④戊二醛使皮革发黄的机理是什么？为什么改性戊二醛鞣制的皮革颜色较浅淡？

实验二十四　活性鞣剂鞣制

1. 实验目的

①掌握活性鞣剂的鞣制机理。

②掌握活性鞣剂鞣制操作的工艺要点。

③了解活性鞣剂技术的发展趋势。

2. 实验原理

为了进一步松散胶原纤维，并防止鞣剂在裸皮表面快速结合而导致抓面、鞣制不透等缺陷，大多数鞣剂鞣制之前都需要对裸皮进行浸酸操作。浸酸过程中为了避免裸皮发生酸肿，需要添加大量的氯化钠，这些氯化钠是制革污水中氯离子的重要来源。为减少制革过程中的氯离子排放，同时简化鞣制操作流程，斯塔尔公司（Stahl）推出新型无铬活性鞣剂 Granofin Easy F-90 liq（以下简称 F-90）。F-90 是一种两性复合物，主要活性组分为对-［（4，6-二氯-1，3，5-三嗪-2-基）氨基］苯磺酸钠，其结构示意式如下：

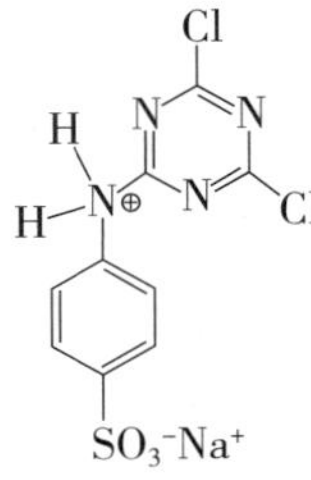

F-90 鞣剂中两个活性氯的反应活性与温度有关，第一个氯可以在 30～50℃下与胶原侧链的氨基产生共价交联，而第二个氯的反应温度需在 80℃以上，这样的温度在鞣制过程中是不可能达到的。F-90 鞣制所得皮革的收缩温度可达 75～80℃，鞣制工艺简单，无须浸酸与提碱，并且可与多种鞣剂结合使用，配伍性好。

基于 F-90 的使用特点，本实验首先进行活性鞣剂鞣制，然后采用不同溶液对鞣制所得皮革进行浸泡洗脱，观察皮革外观和收缩温度的变化，以便更深入地了解活性鞣剂的鞣制机理。

3. 仪器、药品及材料

四联实验转鼓（Φ400mm×200mm）	1 台	收缩温度测定仪	1 台
活性鞣剂 F-90*	适量	软化黄牛皮（40cm×30cm）	1 块
烧杯（250mL）	5 个	玻璃棒	5 根
氢氧化钠（工业品）	适量	浓硫酸（工业品，98%）	适量
丙酮（分析纯）	适量	氯化钠（工业品）	适量
尿素（工业品）	适量	精密 pH 试纸 5.5~9.0	适量

注：* 斯塔尔（Stahl）公司。

4. 操作步骤

（1）鞣制操作

按照常规鞋面革工艺加工得到软化黄牛皮，厚度约 1.2mm。软化黄牛皮称重，并增重 30%作为以下用料依据。将软化黄牛皮投入转鼓，进行活性鞣剂鞣制。

活性鞣剂鞣制：液比 80%，温度 22～24℃。调好液比，加入 F-90 10%，转

240min；加入 40℃热水 50%，升温至 30℃，转 60min；加入 50℃热水 50%，升温至 35℃，转 120min；加入 60℃热水 50%，升温至 40℃，转 120min，出鼓搭马。

（2）F-90 鞣制皮革稳定性检验

将 F-90 鞣制所得皮革切割为约 5cm×5cm 的小块，在 5 个 250mL 烧杯中各放入 2 块小革块，分别加入 1%氢氧化钠溶液（质量分数，下同）、1%硫酸溶液、10%尿素溶液、10%氯化钠溶液、50%丙酮溶液 100mL，用玻璃棒搅拌后浸泡 60min，浸泡过程中每隔 10min 将革块取出观察。

5. 现象观察及数据测定

①F-90 鞣制过程中每隔 1h 用试纸测定浴液 pH，并观察鞣制过程中皮革状态的变化。

②测定鞣制废液的氯离子含量和 COD 值。

③测定 F-90 鞣制皮革的收缩温度。

④观察用氢氧化钠、硫酸、尿素、氯化钠和丙酮溶液浸泡后 F-90 鞣制皮革的状态，并测定处理后皮革的收缩温度。

6. 思考题

①为什么 F-90 鞣制过程中浴液 pH 会降低？

②在 F-90 鞣制过程中能否使该鞣剂中的第二个氯与皮胶原蛋白结合？为什么？

③根据氢氧化钠、硫酸、尿素、氯化钠和丙酮溶液浸泡后 F-90 鞣制皮革的变化，阐述 F-90 鞣剂的鞣制机理。

实验二十五　植-铝结合鞣鞋面革工艺

1. 实验目的

①掌握植-铝结合鞣法的实际操作。

②掌握植-铝结合鞣法的工艺原理。

③了解植鞣、铝鞣、植-铝结合鞣的特点。

2. 实验原理

纯植鞣法成革的收缩温度一般在 75~85℃，因而不能用于鞋面革和服装革等轻革的生产，并且纯植鞣法栲胶用量大，成革坚实、延伸性小，难以满足轻革对柔软度的要求。纯铝鞣法成革的收缩温度在 80℃左右，成革扁薄、不耐水洗，用于鞣制轻革时也受到限制。将植物鞣质和铝盐巧妙结合鞣制皮革，可获得收缩温度高于 110℃ 的皮革，满足鞋面革等轻革对收缩温度和成革性能的要求。

植物鞣质与 Al^{3+} 的配合作用是植-铝结合鞣法的基础。在植-铝结合鞣法中，水解类鞣质成革的收缩温度一般高于缩合类鞣质，这是因为水解类鞣质的酚羟基是以棓酰基形式存在，属吸电子基团的连苯三酚结构，这种结构易于与 Al^{3+} 配位。而缩合类鞣质是以儿茶素为基本结构单元，以 B 环酚羟基与 Al^{3+} 配位，B 环不含吸电子基团，并且多数情况下以邻苯二酚形式存在，因而与 Al^{3+} 的配位结合不牢。

植物鞣质和铝盐的结合鞣可以有 3 种方法：①同时用栲胶和铝盐鞣制；②先用铝预鞣，再用栲胶复鞣；③先用栲胶预鞣，再用铝盐复鞣。方法①因栲胶和铝盐混合以后极易产生沉淀，不宜采用。后两种方法相比，方法③先植鞣后铝鞣成革的收缩温度较高，这是因为先让相对分子质量较大的植物鞣质与胶原纤维充分形成多点氢键结合，再通过 Al^{3+} 与鞣质的配合在胶原纤维间形成交联的方式利于 Al^{3+} 与胶原和鞣质的结合。因而，植-铝结合鞣宜采用先植鞣后铝鞣的方式。

在植-铝结合鞣法中，植物鞣质首先以氢键形式与皮胶原结合，用铝盐复鞣时，Al^{3+} 与鞣质的酚羟基配合，同时也可以与相邻胶原肽链侧基上的羧基发生配位，从而在胶原纤维间形成交联，示意如下：

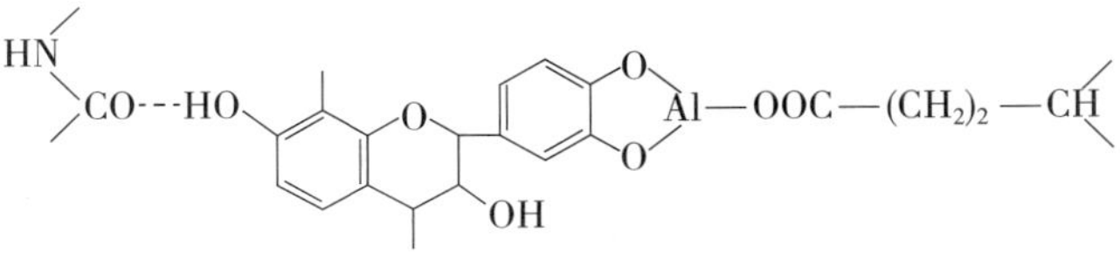

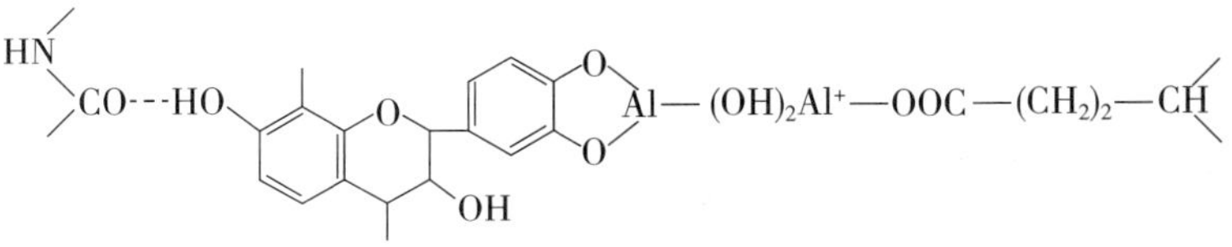

在植-铝鞣法中，栲胶用量应保证鞣质完全渗透，一般为 10%～15%；铝盐用量（以 Al_2O_3 计）一般为碱皮重的 1.0%～1.2%。

3. 仪器、药品及材料

收缩温度测定仪	1 台	四联实验转鼓（Φ400mm×200mm）	1 台
pHS-2 型酸度计	1 台	精密 pH 试纸（0.5～5.0）	适量
黑荆树皮栲胶或进口橡椀栲胶	适量	硫酸铝（工业品）	适量
甲酸钠（工业纯）	适量	硫酸（工业纯）	适量
无水硫酸钠（工业纯）	适量	亚硫酸化鱼油（工业纯）	适量
草酸（工业纯）	适量	醋酸钠（工业纯）	适量

碳酸氢钠（工业纯）　适量　甲基红和溴甲酚绿指示剂　适量

沿背脊线对称部位软化黄牛皮（灰皮厚度 2.2~2.5mm，20cm×25cm）2 块

4. 操作步骤

浸酸前按常规方法进行，以下工序以碱皮重为用量依据。

①浸酸：水 50%，氯化钠 8%，甲酸钠 1%，转 5min，硫酸 1%（稀释 10 倍冷却后加入），转 1h，pH 3.8。

②预处理：在浸酸液中进行，10%无水硫酸钠，转 2h，pH 4.2。

③植鞣：在预处理液中进行；2%亚硫酸化鱼油，转 30min；15%黑荆树皮栲胶，转至全透（3~4h）；50%常温水，转 2h，pH 4.2，然后水洗、挤水、削匀、称重（作为以下用料依据）。

④漂洗：水 150%，温度 35℃，草酸 0.3%，转 20min，水洗。调整 pH：水 100%，甲酸 0.5%，转 30min，pH 3.0。

⑤铝鞣：水 50%~70%，温度 30℃，无水硫酸铝 10%，转 1h；醋酸钠 1%，转 30min，碳酸氢钠提碱至 pH 3.8，转 2.5h，水洗。

⑥中和：水 100%~150%，温度 30℃，1%甲酸钠，0.5%碳酸氢钠，转 1h，pH 4.5。中和全透（用溴甲酚绿检查），中和后坯革应耐沸水煮 2min。

染色加脂按常规方法进行（注意：酸固定时 pH 应不低于 4.0）。

5. 现象观察及数据测定

①记录植鞣和铝鞣前后成革颜色、手感及身骨情况。

②分别测定植鞣、铝鞣结束及中和后坯革的收缩温度。

③分别取植鞣、铝鞣结束后坯革，水洗、1%~5%甲酸溶液水洗 1~5 次，测每次水洗后坯革的收缩温度。

6. 思考题

①植鞣、铝鞣结束后水洗和酸洗对坯革收缩温度有什么影响？为什么？

②为什么在植-铝结合鞣法中水解类鞣质比缩合类鞣质鞣制坯革的收缩温度高？

③为什么在植-铝结合鞣法时，栲胶用量应保证鞣质完全渗透？用什么方法可以检查鞣质是否渗透完全？

④试设计先铝后植鞣制造牛鞋面革的工艺，并与先植后铝鞣方法就收缩温度、成革性质进行对比。

实验二十六　不浸酸高吸收铬鞣工艺

1. 实验目的

①了解不浸酸高吸收铬鞣的技术关键。

②熟悉现有高吸收铬鞣助剂的特性及特点。

③掌握高吸收铬鞣技术的基本实施工艺及控制。

2. 实验原理

本实验的基本思路是基于以制革废弃物的水解产物为基础原料，合成制备一种含有多种活性基团，包括醛基、羧基、羟基和氨基等的不浸酸高吸收铬鞣助剂。利用其中的醛基与皮胶原纤维上的氨基发生反应生成 Shiff 碱，从而对裸皮进行适当的化学修饰改性，在胶原纤维链上增加羧基数量，并适度降低裸皮的 pH。在保证铬鞣剂正常渗透情况下，促进和增加铬的吸收与结合。可节省铬鞣剂的用量，大幅度减少铬鞣废液中 Cr_2O_3 的含量。

ECTA 铬鞣助剂的特点如下：

①该产品应用于铬鞣过程，可以不浸酸，铬鞣后也无须提碱，既消除了浸酸过程所带来的中性盐污染，也简化了铬鞣工艺过程，缩短工艺时间。

②减少了铬鞣剂用量，与常规铬鞣工艺相比，铬鞣剂用量减少 1/3。

③铬的吸收利用率大大提高，鞣制废液的铬含量（以 Cr_2O_3 计）降低至 200mg/L 以下，是常规铬鞣工艺的 1/15~1/10。

④蓝湿革坯的收缩温度大于 100℃，面积得率无变化。

3. 仪器、药品及材料

四联实验转鼓（Φ400mm×200mm）	1 台	ECTA 铬鞣助剂	适量
收缩温度测定仪	1 台	冷冻干燥机	1 台
精密剖层机	1 台	甲酸（85%）	适量
铬粉（碱度 33%，Cr_2O_3 含量≥22%）	适量	软化牛裸皮（20cm×25cm）	1 块
软化羊或猪裸皮（20cm×25cm）	1 块		

4. 操作步骤

（1）不浸酸高吸收铬鞣

本工艺技术主要适用于皮坯较薄的羊服装革、鞋面革和猪服装革等的铬鞣。

①皮坯：软化裸皮（较常规酶软化要求更强一些，以保证成革的柔软性），如使用

低温软化酶软化，可延长软化时间 2h 或适度提高软化温度 1~2℃。

②称重：软化皮增重 50%，作为以下用料依据。

③预处理：水 50%，温度常温，2.0%~2.5% ECTA 生态铬鞣助剂（以 20%固含量计），0.2%甲酸（1∶10 稀释）。

调好液比，加入助鞣剂，转动，从鼓轴加入稀释后的甲酸，转 40~60min（视裸皮厚度而定），检查浴液 pH 4.6~4.8。

④铬鞣：4%铬粉，转 3~5h（视裸皮厚度，检查铬渗透完全）；0.5%甲酸钠，转 40~60min；补加热水（60℃）100%，保持鼓内温度 45℃，转 3h，停鼓过夜，次日转 30min，出鼓。

测定铬鞣废液中的 Cr_2O_3 铬含量和革坯的收缩温度。

（2）常规浸酸铬鞣

本工艺技术主要适用于皮坯较厚的牛皮，包括鞋面、家具革等的铬鞣。

调整水用量为灰皮重（下同）的 50%，温度 23℃，加入 6.0% 氯化钠，转动 10min，加入 0.5%甲酸（用 10 倍水稀释、冷却后鼓轴加入），转动 30min；然后分两次加入 1.1%硫酸（用 10 倍水稀释、冷却后鼓轴加入），转动 180min，静置过夜，控制总浸酸时间为 18h，检查 pH 约 2.8；加入 6.5% 铬鞣剂及 0.5%甲酸钠，于常温下转动 180min，铬鞣剂渗透均匀后，分 5~6 次加入 1.2%~1.4%碳酸氢钠，控制提碱 pH 4.0~4.2，补加 65℃的热水至总液比为 200%，于 40℃条件下继续转动 120min，检查 pH 4.0~4.2，停鼓过夜；次日转动 30min，检查浴液 pH 4.0~4.2，出鼓，搭马，测定铬鞣废液中的铬含量和革坯的收缩温度。

5. 现象观察及数据测定

①观察铬鞣革坯的颜色和粒面平细度。

②观察铬鞣废液的颜色。

③与常规铬鞣革比较收缩温度的差异。

④分析废液中铬含量，并与常规铬鞣比较。

⑤取蓝湿革冷冻干燥后，用精密剖层机平均分成 3~5 层，用酸消解，待充分消解后，测定每层铬含量，并与常规铬鞣革比较。

6. 思考题

①ECTA 铬鞣助剂对铬鞣过程有什么影响？

②与二羧酸盐蒙囿铬鞣技术相比，ECTA 铬鞣助剂有何突出特点？

③废液的颜色与铬含量、铬鞣助剂的化学结构有何关系？

④铬配合物的渗透与结合对成革的收缩温度有何影响？

实验二十七　皮革表面电荷和等电点的测定

1. 实验目的

①掌握皮革的两性电荷性质以及等电点的概念。

②掌握皮革表面电荷和等电点的测定方法。

2. 实验原理

皮革是由胶原纤维编织而成的天然高分子材料，其主要成分——胶原是典型的聚两性电解质（Polyampholyte）。皮胶原中含有的谷氨酸和天冬氨酸残基的侧链羧基能够释放质子，使其带负电荷（H_2N—R—COO—）。赖氨酸、羟赖氨酸和精氨酸等残基的侧链碱性基团能够接受质子，使其带正电荷（$^+NH_3$—R—COOH）。因此，皮革具有两性电荷性质和等电点（Isoelectric point）。

皮革等电点的值是其在 Zeta 电位等于零或者无电动现象发生时溶液的 pH。其中，Zeta 电位是指双电层（Electrical double layer）理论中，固液两相发生相对运动的滑动面与溶液内部的电位差。Zeta 电位可定量反映胶体或固体的表面电荷，还能用于研究（聚）电解质的相互作用，当胶体或固体的 Zeta 电位绝对值减小时，表明它与带相反电荷的（聚）电解质发生了结合，其表面电荷被屏蔽。因此，测定皮革的 Zeta 电位既能够定量表征皮革表面的带电状态，获得皮革的等电点，还可以研究皮革与染整化学品的非均相结合反应。例如，在 pH 低于等电点时，皮革带正电荷，易于与阴离子材料（植物鞣剂、合成鞣剂、阴离子染料、阴离子加脂剂等）作用；而在 pH 高于等电点时，皮革带负电荷，易于与阳离子材料（碱式硫酸铬、铝鞣剂、阳离子树脂鞣剂、碱性染料、阳离子加脂剂和助剂等）作用。

本实验所用的 Zeta 电位仪可测定皮革等固体样品的 Zeta 电位，其测试原理是皮革固体被分散于水中形成悬浮液，然后被真空抽吸到装有筛网和两根环形电极的测量室内形成皮革柱塞，通过改变真空度产生脉冲液体流，利用液体流的剪切力剥离柱塞表面的反离子，由环形电极测得流动电势，并结合电导率和压力差等数值，用 Helmholtz-Smoluchowski 公式计算出 Zeta 电位。

3. 仪器、药品及材料

固体 Zeta 电位仪（图 1-8）	1 台	粉碎机	1 台
天平（精确至 0.1 g）	1 台	pH 计	1 台

摇床	1台	热风干燥箱	1台
1 mol/L HCl 溶液	适量	1 mol/L NaOH 溶液	适量
铬鞣坯革（300g）	1块	锆鞣坯革（300g）	1块
醛鞣坯革（300g）	1块	植鞣坯革（300g）	1块
软化裸皮（300g）	1块	脱灰裸皮（300g）	1块

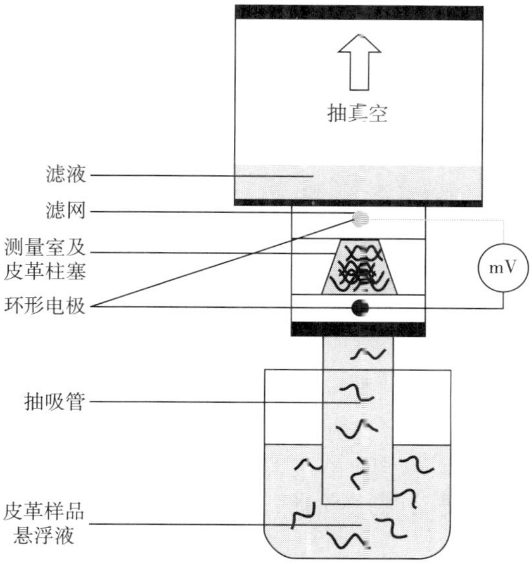

图 1-8 固体 Zeta 电位仪示意图

4. 操作步骤

①将裸皮和坯革试样水洗后，于 30～50℃ 干燥，直至试样的水分含量低于 20%（质量分数），然后切割、粉碎，得到粒径 2mm 的待测样品。

②将 10g 待测样品与 400mL 水混合，形成悬浮液，置于锥形瓶中。

③分别用 HCl 溶液或 NaOH 溶液调节悬浮液的 pH 3～8；然后将锥形瓶置于摇床中，于 30℃、150r/min 振荡 30min，使悬浮液的 pH 达到平衡。

④用 pH 计准确测定上述悬浮液的 pH。

⑤将上述悬浮液放在 Zeta 电位仪下，然后真空抽吸到装有筛网和两根环形电极的测量室内形成样品柱塞，抽吸时间为 50s，稳定时间为 44s，测得样品的 Zeta 电位。

⑥重复上述③④⑤步骤，得到不同 pH 时样品的 Zeta 电位。

5. 现象观察及数据测定

①测定试样悬浮液的 pH。

②测定试样悬浮液的 Zeta 电位。

③根据测得的试样悬浮液 pH 和 Zeta 电位，绘制 pH 与 Zeta 电位的关系曲线，找出 Zeta 电位等于零时的 pH，计为该试样的等电点。

6. 思考题

①测量皮革的表面电荷和等电点有何意义？

②为什么不同鞣制方法制得的皮革等电点差别较大？

实验二十八　常用复鞣剂复鞣效果的对比

1. 实验目的

①熟悉常见的复鞣工艺及操作。

②初步认识和体会不同复鞣剂如铬复鞣剂、栲胶复鞣剂和树脂复鞣剂等复鞣的效果。

2. 实验原理

复鞣是铬鞣的补充，不同的鞣剂具有各自不同的性能，因此复鞣剂所赋予的成革性能也各不相同。

铬复鞣所使用的铬鞣剂多为高碱度的商品化铬粉，其分子比作为主鞣的铬配合物的更大，在胶原羧基间的交联作用更强，其鞣制机理以阳铬配合物与羧基成配位结合为主，示意如下：

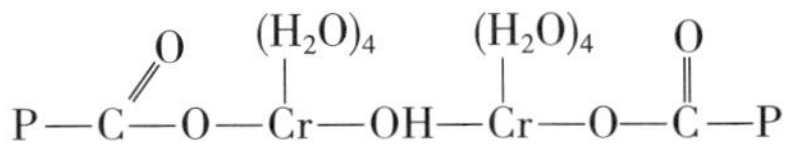

或：

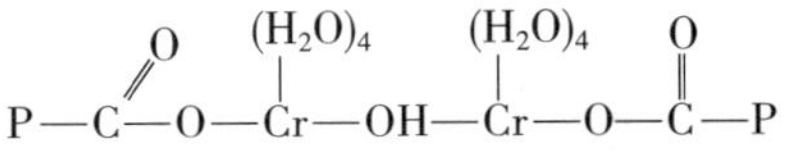

植物鞣质分子与皮胶原之间的结合形式主要有三种：胶原活性基对鞣质分子的吸附作用（结合），鞣质分子在胶原中的凝聚作用以及胶原与鞣质的化学结合（氢键、电价键甚至共价键等）。铬鞣革通过栲胶复鞣能明显改善成革的手感（如丰满性等），不过过多的栲胶复鞣，将使成革发脆，撕裂强度明显下降。

树脂鞣剂的结合机理目前被认为是树脂鞣剂与皮胶原纤维上的活性基的结合和树脂鞣剂与胶原形成配位结合的铬离子的结合；有的树脂鞣剂填充于纤维束之间，而使成革具有丰满感；填充于纤维束间的某些树脂鞣剂还具有离散胶原纤维束的作用，从而提高成革的柔韧性等综合性能。

3. 仪器、药品及材料

四联实验转鼓（Φ400mm×200mm）	4个	温度计	1支
烧杯（80mL，100mL）	各3个	天平（精确至0.1g）	1台
烧杯（500mL）	2个	收缩温度测定仪	1台
电炉（500W或800W）	1个	玻璃棒	2支
精密pH试纸（0.5~5.0）	适量	铬粉（碱度≥40%，Cr_2O_3含量≥23%）	适量
美工刀	一把	碳酸氢钠（工业品）	适量
杨梅栲胶	适量	丙烯酸树脂鞣剂	适量
中和复鞣剂	适量	植物性加脂剂	适量
动物性加脂剂	适量	甲酸（85%）	适量
合成加脂剂	适量	甘油	适量
甲基红指示剂	适量	部位相近铬鞣革（30cm×20cm）	5块

4. 操作步骤

①将5块革分别标记为A、B、C、D和E，称重，以此革重作为以下用料依据。将革块A、B、C和D分别装入1#、2#、3#和4#转鼓，将革块E取1cm×6cm小样，标记为E_1，放入烧杯中，备用。将取样后革块E装入100mL烧杯中，用水湿润，待用。

②水洗：分别用充足常温水闷洗5min A、B、C、D革块。

③复鞣：分别按表1-22进行复鞣操作。

表1-22 复鞣工艺条件

转鼓	1#（革块A）	2#（革块B）	3#（革块C）	4#（革块D）
工艺条件	液比 1.5 温度 38℃ 铬粉 3%	液比 1.5 温度 38℃ 铬粉 3% 杨梅栲胶 3%	液比 1.5 温度 38℃ 丙烯酸树脂 3% 铬粉 3%	液比 1.5 温度 38℃ 丙烯酸树脂 3%
操作	调好液比、内温，加入铬粉转动120min；调pH稳定在4左右后再转20min。取1cm×6cm小样，标记为A_1，置于烧杯中，待用	调好液比、内温，加入铬粉转动40min后加入栲胶，转动80min，调pH稳定在4左右后再转20min。取1cm×6cm小样，标记为B_1，置于烧杯中，待用	调好液比、内温，加入丙烯酸树脂鞣剂转40min，加入所需铬粉转动80min，调pH稳定在4左右后再转20min。取1cm×6cm小样标记为C_1，置于烧杯中，待用	调好液比、内温，加入丙烯酸树脂鞣剂转60min，调pH稳定在4左右后再转20min。取1cm×6cm小样标记为D_1，置于烧杯中，待用

④水洗：将 A、B、C 和 D 做好标记，革块 A 与 B 合并于 1#转鼓，革块 C 与 D 合并于 3#转鼓中（1#转鼓以革块 A 与 B 的总革重，3#转鼓以革块 C 和 D 的总革重作为以下用料依据），用充足的常温水各闷洗 5min。

⑤中和：液比 1.5，温度 32℃，中和复鞣剂 2%，碳酸氢铵 1%，碳酸氢钠 0.3%。

操作：分别调好液比和内温，先各自加入中和复鞣剂转 20min，再加入溶解后的碳酸氢铵转 20min，视情况分次补加充分溶解的碳酸氢钠液，直至革块分别用甲基红检查其切口全黄作为各自鼓内革块中和的终点。

⑥水洗：各自用充足常温水分别闷洗 5min，并反复 1 次。

⑦加脂：液比 2，温度 55℃，动物性阴离子加脂剂 2%，植物性阴离子加脂剂 2%，合成加脂剂 2%，甲酸（85%）1.0%。

操作：分别调好液比、温度，加入事先充分乳化后的加脂剂转 60min，加入适当稀释后的甲酸转 20min，测溶液 pH 3.8 左右作为终点，否则应酌情补加酸。

⑧水洗：各自用充足常温水闷洗 5min。分别在革块 A、B、C 和 D 上取 1cm×6cm 的小样，标记为 A_2、B_2、C_2 和 D_2，放入烧杯中，备用。

⑨挂晾干燥：在通风阴凉处将革块 A、B、C、D 和 E 挂晾至干。

⑩搓软：用手工将 5 块革样采用同样方式努力使之至软。

5. 现象观察及数据测定

①分别在甘油中测定 A_1、B_1、C_1、D_1 和 E_1 革样的 Ts，按其收缩温度的高低排序。

②分别以甘油作介质，测量 A_2、B_2、C_2 和 D_2 革样的 Ts，根据其收缩温度从高至低排序。

③对比干燥后的革块 A、B、C、D 和 E 的外观（如颜色和厚薄等）。

④对比革块 A、B、C、D 和 E 的柔软度、粒面平细度，根据其软硬度和粒面的细度分别排序。对比 5 个革块的手感、丰满性、弹性及增厚感等。

6. 思考题

①根据实验结果简单归纳、体会铬鞣剂、植物鞣剂及树脂鞣剂复鞣对成革性能所起的作用。

②从理论学习可知用植物鞣剂来复鞣铬鞣革，将降低成革的撕裂强度，设计一个工艺方案验证之。

③应用所学知识，分析、解释 A_1、B_1、C_1、D_1 和 E_1 以及 A_2、B_2、C_2 和 D_2 其 Ts 从高至低排序的原因。

④在对比革块 A、B、C、D 和 E 的成革感官性能基础上，试回答哪一块最硬？哪一块最软？哪一块增厚感最强？哪一块手感最好？

⑤铬鞣革的复鞣，铬复鞣是必不可少的吗？为什么？

⑥复鞣可在中和后进行吗？根据本实验和已学知识，结合中和、复鞣工艺特点，归纳总结哪些复鞣剂宜在中和前进行？哪些宜在中和后进行？其成革将有何特点？对复鞣效果将有何影响？

实验二十九　阴离子染料染色基本性能的鉴定

1. 实验目的

①初步鉴定染料的溶解性、渗透性及着色强度。

②对不同厂家生产的同类型、同种类染料和同一生产厂家生产的同类型、同种类而不同生产批号的染料的质量（溶解性、渗透性及着色强度等）进行比较。

③初步鉴定染料是否存在拼混。

2. 实验原理

染料对被染物的着色力、均匀性、强度等除与染色条件、被染物等有关外，也与染料分子的结构、大小、活性基团和溶解性等有关。皮革染色原理一般被认为：

①在染浴中首先发生的是皮革的表面对染料极迅速的吸附和平衡。

②由于皮革内外染料浓度的极大差异，导致染料分子自皮革表面向革内迅速地浸透、扩散，及皮革表面从染浴中吸附染料分子，建立皮革表面染料分子与染浴中染料分子间的平衡，并不断重复着扩散吸附及平衡，直至皮革内外染料基本平衡为止，该过程主要发生在染色的前期和中期。

③染料分子在皮革表面的吸附及向皮革内层扩散、渗透的同时，也发生着染料分子与革纤维的物理与化学结合与固着，该过程贯穿于整个染色期，主要发生在染色后期。

铬鞣革与植鞣革的染色，由于被染物不同，其染色原理各不相同，对铬鞣革而言其染色原理被主要认为：

①带正电荷的铬鞣革的氨基与阴离子染料形成离子键结合：

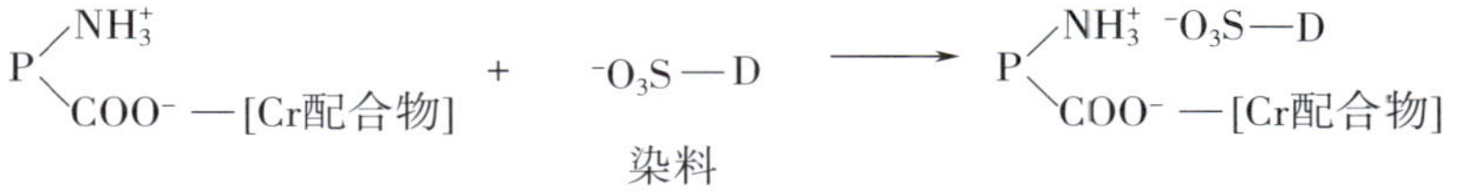

②铬鞣革胶原上的肽键、羧基、氨基等活性基团与染料分子上的活性基团如氨基、羧基等形成氢键结合。

③成聚集态的染料分子在皮革内外的吸附。

注：由于皮革染色的复杂性，本实验以滤纸代替皮革作为被染物，采用纸层析进行染色操作，对阴离子染料及其基本性能的鉴定变得简单，易于操作。尽管纸纤维与皮革纤维在结构、性能上存在着差异，纸层析与皮革的染色过程有着质的不同，但在用以考查染料的成分、溶解性、渗透性和着色性等方面具有参考意义。

3. 仪器、药品及材料

烘箱	1个	电子秤（精确至0.1g）	1台
电炉（5000W）	1个	电子天平（1/1000）	1台
玻璃板（25cm×20cm）	3块	酸性染料A	适量
胶带纸	1卷	酸性染料B	适量
滤纸（中速）	适量	酸性染料C	适量
温度计（100℃）	1支	直接性染料A	适量
烧杯、量筒、试管	若干	直接性染料B	适量

4. 操作步骤

①各量取500mL水分别倒入15个烧杯中，将水加热至40℃，维持此温度。

②准确称取5种染料各1、2、3g，分别倒入15个烧杯中，用玻璃棒连续搅动，直至全部溶解为止。

③将滤纸修剪成4cm×7cm长方形块，取长方形滤纸15张，将每张滤纸的一半迅速插入每个烧杯的溶液中，并静置2s，取出。

④将经染料液静泡2s的15张滤纸按染料用量分为三组，用胶带纸贴在同一玻璃板上，滤纸底线距玻璃板底部边缘线2.5cm，并与边缘线平行，15张滤纸平行贴牢。

⑤从烧杯中各取8mL染料液装入试管中，并标记存放于试管架上，备用。

⑥任取5张滤纸在70℃温度下烘烤60min，在干燥器中平衡1h后，用电子天平准确称重，记为：m_1、m_2、m_3、m_4和m_5。将染料用量为1g的5个烧杯中的染料溶液分别搅匀，滤在经恒量和标记的滤纸上，将各自的滤纸放入表皿中，在70℃烘箱中烘烤60min，并在干燥器中平衡1h，电子天平上分别称重，其质量记为m_1'、m_2'、m_3'、m_4'和m_5'。

对染料用量为2g和3g的染液进行同样操作并记录。

5. 现象观察及数据测定

①观察15支试管中染料的溶解情况，并做对比，得出各染料溶解性的好坏。

②将酸性染料实验中以及直接性染料实验中每一对应浓度下（1g/500mL，

2g/500mL 和 3g/500mL）层析纸上的染料的多少用观察法做直接鉴定。

③测量出 3 个浓度下染料的纸层析高度，并仔细观察层析纸上的颜色，特别是层析浸润顶端处的颜色是否均匀一致等。

④计算出 5 种染料在过滤、干燥后不溶物的净重（$m_1'-m_1$，$m_2'-m_2$……），并与相应观察结果对比，验证其观察的准确性。

6. 思考题

①从实验中，你能对甲、乙两厂生产的同类型染料的渗透性、拼混性以及染料分子的大小和溶解性等做出初步评判吗？

②你能对本实验条件下染料的综合性能做出初步评判吗？

③将实验中所用的酸性染料和直接性染料各自称取后，混拼备用，按本实验操作步骤中①~⑤操作程序进行，将会在层析纸上出现什么现象？试做初步预测，并通过实验来验证你预测的准确性。

④你认为该实验与实际皮革的染色有多大差距？应用相关知识设计一个染铬鞣革实验，来验证你的分析结果。

⑤你认为该实验对初步鉴定染铬鞣革的酸性和直接性染料的溶解性、拼混性等有借鉴作用吗？为什么？应如何改进？

实验三十　皮革色相明度推移法染色

1. 实验目的

①理解颜色的色相（深浅）和颜色的明度（浓淡）两个概念之间的不同。

②了解色相明度推移染色法赋予皮革的丰富变化及其独特的艺术效果。

③掌握不同色相明度推移法的染色技巧。

2. 实验原理

颜色的色相（又称色调、色名或色别）是通常所说的颜色的深浅，是颜色最基本的属性，用以区别各种颜色，例如红、黄、蓝等。色调由射入人眼光线的波长和光谱组成决定。如果射入人眼的光为单色光，则该颜色的色调取决于该单色光的波长；如果射入人眼的光为混合光，则该颜色的色调取决于混合光中各单色光的波长及其相对含量。色调以光谱色或光的波长表示。

明度（又称亮度）是通常所说的颜色的浓淡。由于物体单位面积上对光的反射或透过的光线不同，因而对人眼视觉产生刺激的强弱程度不同。物体反射或透射入人眼的光量越多，对视神经细胞的刺激程度越大，则亮度就越大。亮度可以用物体表面对光的反射率来表示。

利用同一种染料浓度的逐渐变化，由浓到淡或由淡到浓（或两种不同染料，由浅色到深色或由深色到浅色）进行过渡染色，从而形成同色相不同明度或不同色相同明度的染色效果。

此法适用于服装革、鞋面革和装饰家具革、毛皮染色等。

3. 仪器、药品及材料

烧杯（100mL，500mL）	各 3 个	恒温水浴锅	1 台
可控温电炉（1000W）	1 台	电子天平（0.1g）	1 台
温度计	1 支	量筒（100mL，50mL）	各 2 个
移液管（10mL，5mL）	各 1 支	棉线绳	适量
容量瓶（250mL）	2 个	甲酸（分析纯）	适量
酸性黄染料和直接红染料	适量	阴离子加脂剂和合成加脂剂	适量
中和后的皮革革坯，猪、牛或羊革（20cm×25cm）	4 块		

4. 操作步骤

（1）同色相明度推移染色法

①取中和水洗后的相邻革坯 2 块，称重，作为以下用料依据。

② 2%酸性黄染料的配制：精确称量 5g 酸性黄染料于 100mL 的小烧杯中，加少量冷水充分润湿，再加入 50℃左右的热水，在搅拌下使染料完全溶解，冷却到室温后定容到 500mL 待用。

③染色

A. 由浓至淡的染色：将皮革的一端用棉线吊在空中，另一端浸入 100mL 2%的酸性黄染液中，在 45℃的恒温水浴中染色 20min；然后加入 50mL 的水，将染液稀释，搅匀，并将皮革往染浴中多浸入一段，继续染色 20min；再加入 50mL 的水，将染液进一步稀释，搅匀后将革坯全部浸入染浴中，再继续染色 20min。

B. 由淡到浓的染色：与由浓至淡的染色相反，即先将皮革全部投入淡染浴中，染色 20min；然后将皮革上部分向上吊出一部分，加入一定量的染液继续染色 20min，再将皮革从染浴中向上吊出一部分，再加入一定量的染液，继续染色 20min。注意，每次加入染液后要充分搅匀。

A 与 B 方案按表 1-23 操作条件进行。

表 1-23　同色相明度推移染色工艺（皮重 100g，染色温度 45℃）

时间/min	A 方案（浓—淡）			B 方案（淡—浓）		
	溶液种类	染浴中皮革（↘）	液比	溶液种类	染浴中皮革（↗）	液比
0	2%染料 100mL	浸入 1/3	3.0	2%染料 50mL 水 100mL	浸入全部	1.5
20	水 50mL	浸入 2/3	2.3	2%染料 25mL	浸入 2/3	2.7
20	水 50mL	浸入全部	2	2%染料 25mL	浸入 1/3	6.1

注：（↘）和（↗）分别代表空中皮向染浴中放入和将染浴中的皮向浴外空中提。

④加脂：10%的阴离子加脂剂和 5%的合成加脂剂充分乳化后，加入染色后的染浴中，将革坯全部浸入浴液中，在 45℃的恒温水浴中处理 40min。

⑤固色：0.5%的甲酸（1∶10 稀释），分 3 次加入，间隔 10min，调到溶液的 pH 为 3.6，处理 30min，后将皮取出，用水洗去浮色，即可在皮革上出现由浓至淡（或由淡到浓）3 个层次的不同颜色。

（2）两（多）种色相染色法

①取中和水洗后的革坯 1 块，称重，作为以下用料依据。

②分别配制 1%的酸性黄染料、1%的直接红染料待用。

③染色：液比 2，温度 45℃，染料 2%。

调好液比及水温，加入染料，将皮革的上半部分用棉线绳吊在空中，下半部分浸入酸性黄染液中，染色 30min。再将皮革的上半部分以同样方法浸入直接红染液中，染色 30min。

④加脂：在各自染色后的染浴中加入乳化好的 10%的阴离子加脂剂和 5%的合成加脂剂乳液，将皮块浸入加脂处理 40min。

⑤固色：0.5%的甲酸（1∶10 稀释），分 3 次加入，间隔 10min，调到溶液的 pH 为 3.6，处理 30min，将皮取出，用水洗去浮色，即可在同一块皮革上出现两种或两种以上不同的颜色效果。

（3）叠色法染色（不同明度、不同色相染色）

①取中和水洗后的革坯 1 块，称重，作为以下用料依据。

②分别配制 2%的酸性黄染料和 1%的直接红染料待用。

③将皮革的一端用棉线吊在空中，另一端浸入 100mL 的 1%直接红染料中，染色 20min；再向染浴中加入 50mL 的 1%直接红染料，并将皮革往染浴中浸入一个层次，染色 20min。

将革坯的另一端用同样的方法，先浸入 100mL 的 2%酸性黄染液中，染色 20min；再向染浴中加入 50mL 的水稀释染料，同样将皮革向染浴中浸入一个层次，染色 20min。

④加脂：在染色后的染浴中加入乳化好的加脂剂乳液（10%的阴离子加脂剂和5%的合成加脂剂），将皮块全部浸入，加脂处理40min。

⑤固色：1.0%的甲酸（1∶10稀释），分3次加入，间隔10min，调到溶液的pH为3.6，处理30min后将皮取出，水洗浮色，即可在同一块皮革上呈现多种色彩。一般先染浅色，再染中间色，后染深色。

5. 现象观察及数据测定

①观察同一色相明度推移染色过程中皮革和染浴的颜色变化，并记录在表1-24中。

表1-24　同色相明度推移染色过程的颜色变化

观察项目		A方案（浓—淡）		B方案（淡—浓）	
色调变化	时间/min	染液	皮革	染液	皮革
	0				
	20				
	20				
皮革颜色	色调				
	色相				

②观察两种色相同明度染色法所染皮革颜色的变化。

③观察叠色法染色的皮革在两种色相间的变化现象。

6. 思考题

①根据实验现象，试分析影响皮革颜色浓淡的因素有哪些。

②颜色的深浅与什么有关？深色效应和浅色效应有何不同？

③试分析同色相不同明度染色法和不同色相同明度染色法的不同。

④你认为叠色法最适合什么种类皮革的染色？试说明理由。

⑤通过本实验，你认为日常生活中所说的颜色的深浅含义是什么？

⑥采用叠色法染色，要使皮革达到比较理想的染色效果，在染料的选择、坯革的处理和染色工艺操作上应注意哪些问题？

实验三十一　中和对染色加脂的影响

1. 实验目的

①掌握中和工序的实际操作。

②加深对中和工序目的、意义及原理的理解。

③通过对比实验，掌握中和对复鞣、染色、加脂工序的影响。

④了解各种中和剂的性质及其对革的中和效应。

2. 实验原理

中和的目的主要有：①最大限度除去与革结合的酸，使成革稳定；②通过中和，降低铬革正电性，以达到控制复鞣、染色、加脂的目的。

裸皮的主要成分——胶原是一种两性离子聚合物，鞣制时，胶原的极性基团与不同鞣剂作用，使革表面带上不同的电荷，铬鞣革带阳电荷示意如下：

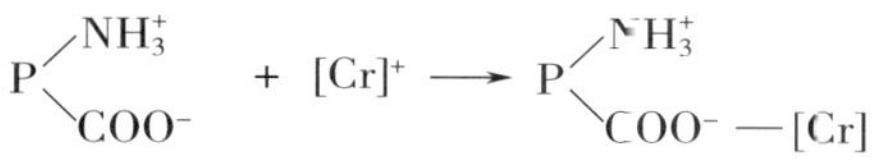

铬鞣革复鞣时所用的复鞣剂多为阴离子型复鞣剂，染色所用的酸性染料和直接性染料多属于阴离子型染料，加脂所用的加脂剂也多为阴离子型加脂剂。如果不经过中和，革表面的正电性较强，则阴离子型复鞣剂、阴离子型染料会在革表面上结合太快而造成填充、染色不匀或染色不透；乳液加油时，由于乳液破乳，油脂聚集表面，使革面油腻和加油不均匀。

铬鞣的中和反应示意如下：

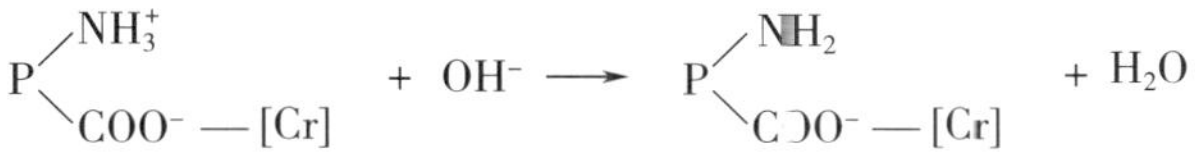

铬鞣革中和的深度决定着复鞣剂、染料和油脂渗透的深度，油脂渗透深度可用指示剂检查。

不同中和剂的中和效应是不一样的，常用中和剂的中和效应如表 1-25 所示。

除用碱式盐和具有蒙囿作用的盐中和外，也常用中和复鞣剂进行中和，它们是一些萘、酚磺酸盐类，能够与胶原氨基正离子结合，降低革的正电荷，有利于染色、加油的深透。

不同品种的皮革，要求的中和程度不同，例如服装革等软革需中和 pH 高且深透，修面革则需中和 pH 低，甚至只需表面中和。一般多采用几种中和剂配合使用。

表 1-25　　不同中和剂的中和效应

指标	不洗不中和	洗后不中和	中和剂（用量各为削匀革重的 2%）			
			NH_4HCO_3	$NaHCO_3$	CH_3COONa	HCOONa
革外层的 pH	4.4	4.4	6.2	5.8	5.4	4.6
革内层的 pH	4.2	4.4	6.2	5.8	5.4	4.2

3. 仪器、药品及材料

pH 计	1 台	二联实验转鼓（Φ400mm×200mm）	2 个
精密 pH 试纸（3.0~8.0）	适量	直接耐晒黑	适量
醋酸钠（工业品）	适量	直接棕	适量
酸性嫩黄	适量	酸性黑	适量
碳酸氢钠（工业品）	适量	各种加脂剂	适量
酸性大红	适量	溴甲酚绿指示剂	适量

部位相近的削匀铬鞣革（牛革或猪革，厚度为 1.2mm，10cm×15cm）　6 块

加脂剂渗透指示剂（0.2%苏丹黑和 70%的工业酒精配成的溶液）

4. 操作步骤

①6 块削匀铬鞣革，每 2 块为一组，分成 3 组（A、B、C），分别称重，作为以下用料依据，做记号。

②将 6 块铬鞣革加入同一小转鼓，加脱脂剂 0.1%和 40℃热水 300%，洗 15min。

③A 组 2 块铬鞣革留样，为不中和革样。B、C 组革按以下要求进行中和：液比 1，温度 35℃，醋酸钠 1.0%，碳酸氢钠 1.0%。B 组 20~30min（中和透 1/2）；C 组 60~90min（中和全透）。

按工艺操作，转动 20min 后检查，若溴甲酚绿检查尚有 1/2 黄心时，取出 B 组样。继续转动至革切口溴甲酚绿检查全蓝为止。

④倒去中和废液，B、C 组革样放入同一鼓内，用 35℃、250%热水洗 10min。

⑤将 A、B、C 组革合并，各取 1 块组成一组，共 2 组（记为 a，b）。a 组做染色实验，b 组做加油实验。

⑥染色（a 组革）

工艺条件：液比 2，温度 45℃，染料 3.5%，时间 60min。

调好内温及液比，加入所需染料，转动 60min；加甲酸 1.5%，分 3 次加入，每次间隔 10min，pH 4.0 左右。排液，常温水洗 15min，出鼓，挂晾干燥。

⑦加油（b 组革）

工艺条件：液比 2，温度 55℃，油脂总用量 12%，时间 45min。

调好内温及液比，转动，加入所需染料和油脂。转动 60min，分 3 次加甲酸 1.5%，每次间隔 10min，pH 4.0 左右。排液，充足常温水洗 15min，出鼓，挂晾干燥。

5. 现象观察及数据测定

①肉眼观察样品染料渗透深度。

②在加脂革样 A、B 和 C 上，用刀片切取 1cm×2cm 的试样，将试样浸入加脂剂渗透指示剂中，浸泡 2min。然后在 70%的酒精中，洗 2min 以除去多余的染料。在适当光线下肉眼观察革的横切面，在皮革截面上有加脂剂的地方将显蓝黑色或黑色，记下加脂剂在样品 A、B 和 C 的渗透深度。

将染料和加脂剂渗透的程度记录在表 1-26 中。

表 1-26　中和对染色和加脂的影响

样品编号	染色程度	加油程度	表面颜色	成革柔软性
A				
B				
C				

6. 思考题

①试讨论中和对染色、加脂的影响。

②为什么不同的中和程度会导致染料和油脂的不同渗透程度？

③为什么中和剂配合使用效果较好？

实验三十二　电解质对离子型加脂剂乳液的影响

1. 实验目的

①掌握滴加电解质对离子型加脂剂乳液分散效果的影响。

②掌握不同离子型加脂剂乳液对电解质的耐受性。

③认识皮革加脂过程中盐及其电解质的危害。

2. 实验原理

根据胶体化学研究双电层的有关理论——DLVC 理论，胶体稳定性高，其体积的势能能垒高。而电解质浓度大或电解质价数高，都会使胶体系统的势能曲线下降得很快。因此，电解质达到一定浓度会对双电层起破坏作用，这个浓度称为临界絮凝浓度，用CFC（Critical Flocculation Concentration 的缩写）表示。

3. 仪器、药品及材料

饱和氯化钠溶液	适量	甲酸（工业品）	适量
去离子水	适量	具塞量筒（100mL）	2 支
二联实验转鼓（Φ400mm×200mm）	2 台	温度计（100℃）	1 支
削匀中和水洗后的牛蓝湿革	1 张	可调温电炉	1 个
纯离子型加脂剂（无其他非离子表面活性剂）	适量		

4. 操作步骤

①乳液稳定性检验：将去离子水加热至 55~60℃后，取 80mL 注入一支具塞量筒中，再加入 10mL 饱和氯化钠溶液（有条件的应该利用其他电解质价数高的，例如 Ca^{2+}、Cr^{3+}等水溶性的盐，在相同的条件下重复实验），另一支具塞量筒中注入 90mL 同样的去离子水；分别向 2 支具塞量筒中加入离子型加脂剂 10mL。两手平握两端，一上一下摇匀，时间 1 min，摇动次数不少于 30 次，然后在室温下静置。

②加脂操作：将已削匀、中和、水洗后的牛蓝湿革沿背脊线两侧对称部位取样，裁成 10cm×15cm 革样 4 块，分左右称量后放入 2 个实验转鼓中。加入皮重 2~3 倍 55℃的水，一个鼓加入水重 5%的氯化钠（或其他水溶性盐），另一个不加氯化钠，同时转动 15min 左右。将已乳化好的离子型加脂剂按各皮重的 20%加入 2 个转鼓中，转 1h 后，加入适量甲酸，使其 pH 3.5~3.8，转动 30min，停止转动，检查。

5. 现象观察及数据测定

①观察具塞量筒中乳液的分散状况，若分层则记录其数据。

②观察玻璃转鼓中加脂液的状况，与具塞量筒中有电解质的乳液比较，比较革块的加脂效果、手感。

6. 思考题

①电解质的影响（作用）说明了什么？

②观察转鼓里不加酸时，电解质对加脂剂乳液的影响，与具塞量筒中有电解质的乳液比较，其结果有无变化？

③如果在浸酸、鞣制时加脂，如何选用加脂剂或采取相应措施？

实验三十三　加脂剂耐酸性实验

1. 实验目的

①了解不同类型加脂剂的耐酸性。

②通过对硫酸基（$—OSO_3H$）和磺酸基（$—SO_3H$）型两种加脂剂的实验对比，加深对加脂剂耐酸性的认识。

2. 实验原理

①对于常见的硫酸化动、植物油加脂剂，它们的亲水基是相同的，在酸性条件下会发生如下反应：

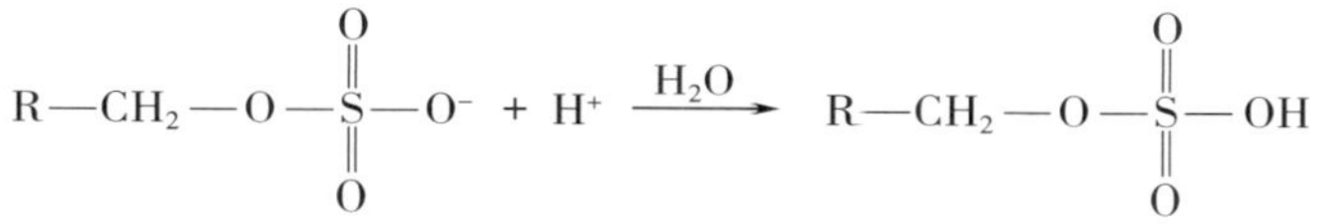

或者

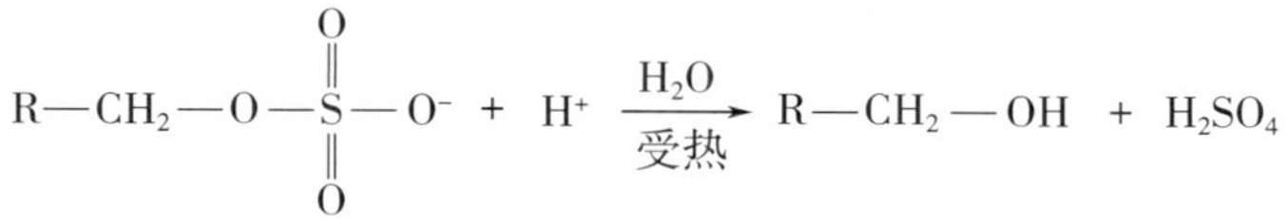

R 代表长链脂肪烃，在酸性系统中 H^+ 使硫酸酯盐还原成长链硫酸酯，其表面活性就大大地降低了；如果当系统中酸性很强时，又受热的作用，还会导致式中的 C—O—S 键断裂，水解生成醇和硫酸，完全失去活性。

②由磺酸化或者氧化亚硫酸化合成的动、植物油加脂剂其亲水基是$—SO_3H$，引入的位置主要是油脂双键邻位的亚甲基上，酯基的 α—CH，以及顺脂的双键上。在酸性条件下会发生如下反应：

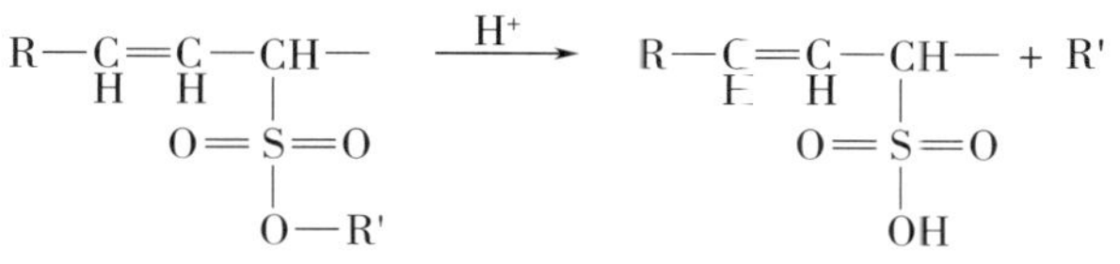

由于是 C—S 键直接相连，硫与氧相比具有更强的亲核性，硫原子的亲核性强，形成的 C—S 键很稳定，与其他阴离子表面活性剂相比，$—SO_3H$ 在酸性条件下 K_a 值大，

仍具有极好电离性，不会发生乳液破乳。

3. 仪器、药品及材料

1mol/L 的 H_2SO_4 或 HCl 溶液	适量	去离子水	适量
硫酸化加脂剂	适量	氧化 - 亚硫酸化加脂剂	适量
二联实验转鼓（Φ400mm×200mm）	1 台	甲酸（工业品）	适量
具塞量筒（100mL）	2 个	可调温电炉	1 个
削匀中和水洗后牛蓝湿革	1 张	温度计	1 支

4. 操作步骤

①将去离子水加热至 55~60℃后，分别取 80mL 注入 2 个具塞量筒中，再各自加入 1mol/L 的 HCl 10mL，然后取硫酸化加脂剂 10mL 注入一个量筒（记为 A），取氧化-亚硫酸化加脂剂 10mL 注入另一个量筒（记为 B），紧接着将 2 个量筒内的溶液摇匀。摇动方式，两只手握住量筒两端，放平一上一下摇晃 1 min，晃动次数不少于 30 次。摇毕，于室温下静置。

②先将已经中和牛皮，取中脊两侧对应部位的革，裁成 10cm×15cm 革样 4 块，每 2 块为一组，分别称重后放入转鼓中，加入革重的 2~3 倍热水（55℃）。第一组加入蓝湿革重 20%的硫酸化加脂剂，第二组加入同等革重的氧化-亚硫酸化加脂剂，同时将 2 个鼓中的溶液 pH 调成 3.5~3.8。然后在 50~55℃条件下转动 60min，检查。

5. 现象观察及数据测定

①仔细观察并记录 A 与 B 量筒溶液在 15、30、60、120min 静置时的分层现象。

②观察第一组和第二组加脂液的状况及革块的加脂效果（如表面油腻等）。

6. 思考题

①具塞量筒中乳液分层，油相层是否与加入的加脂剂量相等？

②观察转鼓中乳液的分散状况，解释产生差别的原因。

③在选择加脂工艺和材料时应注意什么？

实验三十四　乳液加脂对成革柔软度的影响

1. 实验目的

①熟悉、巩固轻革加脂工艺及其操作。

②感受加脂对成革柔软性等性能的影响。

③理解不同中和剂对中和效果的影响。

2. 实验原理

加脂乳油由分散介质、分散相及乳化剂三大部分组成，乳化剂由亲水基与亲油基构成。当加脂剂与水相混时，乳化剂亲水端与水结合，亲油基进入加脂的中性油中，在机械搅动下，形成了油分散于水的乳状液，如图1-9所示。

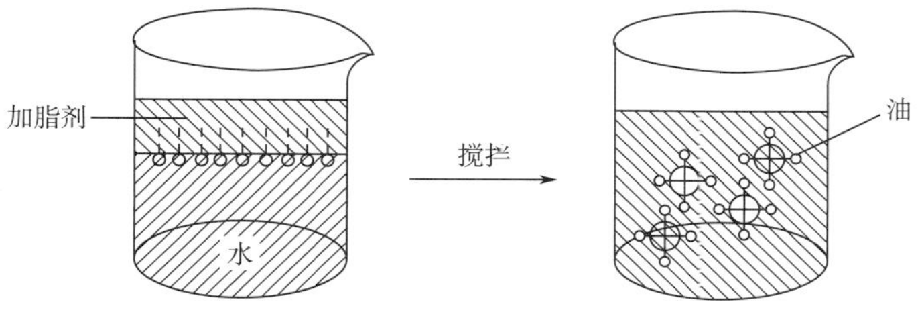

图1-9 油在水中的分散

加脂剂的中性油在乳化剂所形成的小球包裹下以水作为连接相，在革内外浓度差及转鼓转动的机械作用下，加脂剂从革外向革内渗透并逐步趋于平衡。由于革内外pH的差异（革外一般为5.5左右，革内为3.5左右），渗透入革内的乳液破乳而释放出内层的中性油，油脂分子被革纤维固着而达到加油的目的。

3. 仪器、药品及材料

四联实验转鼓（Φ400mm×200mm）	1台	PAK-N（德瑞公司中和复鞣剂）	适量
甲基红指示剂	适量	碳酸氢钠（工业品）	适量
温度计	1支	醋酸钠（工业品）	适量
加脂剂（工业品）	适量	碳酸氢铵（工业品）	适量
相近部位铬鞣革（20cm×25cm）	3块		

4. 操作步骤

①3块革标记为A、B和C，并分别称重，以此作为以下各工序用料依据。

②水洗：将3块革置于同一小鼓中，用充足的常温水闷洗5min。

③中和：将A与B装入同一鼓中，C装入另一小鼓，分别按表1-27所示条件进行操作。

表 1-27　　乳液加脂对成革柔软度影响对比实验

A 与 B	C
液比　1.5 温度　32℃（内温） PAK-N　2% 醋酸钠　0.5% 碳酸氢钠　0.2%	液比　1.5 温度　32℃（内温） 碳酸氢钠　0.6% 醋酸钠　1.0%
操作：调好液比及水温，加入 PAK－N 转 15min，再加入醋酸钠，转 15min，视情况补加碳酸氢钠，直至切口甲基红检查全黄为止。5min 后，从小鼓中取出革块 A 挂晾至干，B 仍留在小转鼓中。	操作：调好液比及水温，加入醋酸钠转 10min，分两次加入所需溶解稀释后的碳酸氢钠，转至切口甲基红检查全黄为止，若达不到要求，应视情况补加碳酸氢钠。
水洗：用充足常温水闷洗 5min。	水洗：用充足常温水闷洗 5min。
加油：液比 2，温度 55℃（内温），加脂剂总量 9%，时间 60min。加甲酸 0.5%，转 15min，最终溶液 pH 要求在 3.8 左右，否则需加补甲酸液	加油：液比 2，温度 55℃（内温）加脂剂总量 4.5%，时间 60min。加甲酸 0.5%，转 15min，最终溶液 pH 达 3.8 为止，否则需补加甲酸液

④水洗：用充足常温水闷洗 5min。

⑤出鼓，挂晾至全干。

5. 现象观察及数据测定

①试比较中和结束后革块 A、B 与 C 的颜色，中和至甲基红检查切口颜色全黄时所需时间。

②感受、鉴别 A、B 与 C 3 块革的软硬程度，从硬至软排序，解释产生这种排序的原因。

③在加脂 5min 和 60min 及加酸 15min 时各取 5mL 溶液装入试管中，并对其外观进行对比。

6. 思考题

①同鼓不同加脂时间，加脂浴液的外观相同吗？为什么？A 与 B 鼓在相同的加脂时间，加脂液外观相同吗？为什么？

②根据 A、B、C 革块的软硬程度排序，解释其柔软程度不同的原因。试分析影响成革软硬程度的因素有哪些。

③对 A、B、C 3 块革的感官性能（如软硬、粒面颜色、平细度等）做对比，并解释产生这些差异的原因。

④革块 B 与 C 在本实验中和结束后，若将加脂剂的总量在原加脂量的基础上分别增加 8%、16%、24%进行加脂，革块 A 与 C 在加脂过程中及挂晾干燥后将发生哪些变化？阐述其原因。

实验三十五　加脂剂体系的离子类型定性检验

1. 实验目的

通过对加脂剂、表面活性剂离子类型的分析检验，可以快速判定未知加脂剂的离子类型，从而有助于加脂剂的正确使用及制革工艺的设计。

2. 实验原理

加脂剂中的表面活性剂能与带相反电荷的阳离子或阴离子染料反应形成络合物，从而判断加脂剂体系的离子类型。

利用上述性质，将阳离子型亚甲基蓝染料与加脂剂作用，若加脂剂中存在阴离子型表面活性剂，则形成溶于三氯甲烷的蓝色络合物而使溶剂着色。反之，阳离子型和非离子型表面活性剂无此反应，不能使溶剂着色，亚甲基蓝溶于水而不溶于三氯甲烷。

同理，用阴离子型溴酚蓝染料与加脂剂作用，若加脂剂中存在阳离子型表面活性剂，将形成蓝色络合物溶液。

3. 仪器、药品及材料

具塞刻度试管（50mL）	1个	移液管（5mL，10mL）	数支
容量瓶（100mL，500mL）	数个	量筒（5mL，50mL）	各2个
玻璃烧杯（500mL）	2个	玻璃棒	数支
天平（精确至0.0001g）	1台	阴离子加脂剂（工业级）	适量
阳离子加脂剂（工业级）	适量	亚甲基（分析纯）	适量
硫酸（分析纯）	适量	溴酚蓝（分析纯）	适量
无水硫酸钠（分析纯）	适量	三氯甲烷（分析纯）	适量
无水乙醇	适量	去离子水	适量

4. 操作步骤

（1）阴离子型加脂剂的定性检验

将待测加脂剂配成1%（体积分数）的水溶液，取此水溶液5mL于试管中，加入10mL亚甲基蓝溶液（15mg亚甲基蓝、6g浓硫酸和25g无水硫酸钠定容至500mL）和5mL三氯甲烷，用橡皮塞塞紧，充分摇匀后静置、分层，观察分层后的颜色变化。如在亚甲基蓝实验中，三氯甲烷层（下层）不出现蓝色，说明样品中没有阴离子型表面活性剂存在。

（2）阳离子型加脂剂的定性检验

将待测加脂剂的1%水溶液调整到pH为7，加2~5滴上述溶液于10mL溴酚蓝试剂中（0.2g溴酚蓝溶于40mL无水乙醇和60mL水中），观察颜色变化。如在溴酚蓝实验中，溶液颜色没有变为蓝色，说明试样中没有阳离子型表面活性剂存在。

通过上述2个实验的结果，可推测加脂剂中是否存在非离子型表面活性剂。

5. 现象观察及数据测定

①观察亚甲基蓝实验中液体分层后的颜色变化，记录哪层出现蓝色。

②观察溴酚蓝实验中溶液颜色是否变为蓝色。

③观察实验用加脂剂的外观（油状液体或膏状固体，有无杂质，是否分层等），嗅闻加脂剂有无异味。

6. 思考题

①加脂在制革生产中对皮革的性能影响极大，上述实验内容对你设计加脂工艺流程有何帮助？

②从坯革和加脂剂电荷的角度分析，哪类加脂剂在制革工业中的用量最大、品种最多？

③为了提高加脂剂向革内的渗透速度，加脂剂中的乳化剂建议选择哪类？

实验三十六　聚甲基丙烯酸树脂的鞣性实验

1. 实验目的

①通过实验，对聚甲基丙烯酸树脂的鞣性进行评价。

②了解铬-树脂结合鞣法。

2. 实验原理

聚甲基丙烯酸树脂用作复鞣剂时，其羧基不仅与胶原的氨基结合，还可以与胶原羧基配位的铬配合物分子中的中心铬离子配位，从而实现其复鞣作用。

①聚甲基丙烯酸和胶原氨基的反应示意如下：

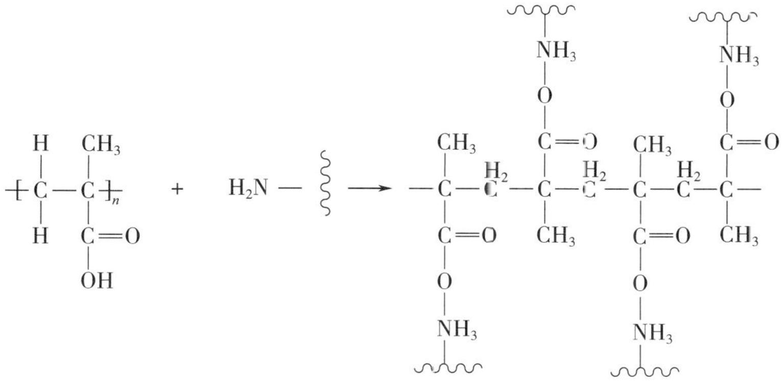

②聚甲基丙烯酸与皮革中的铬离子发生结合：

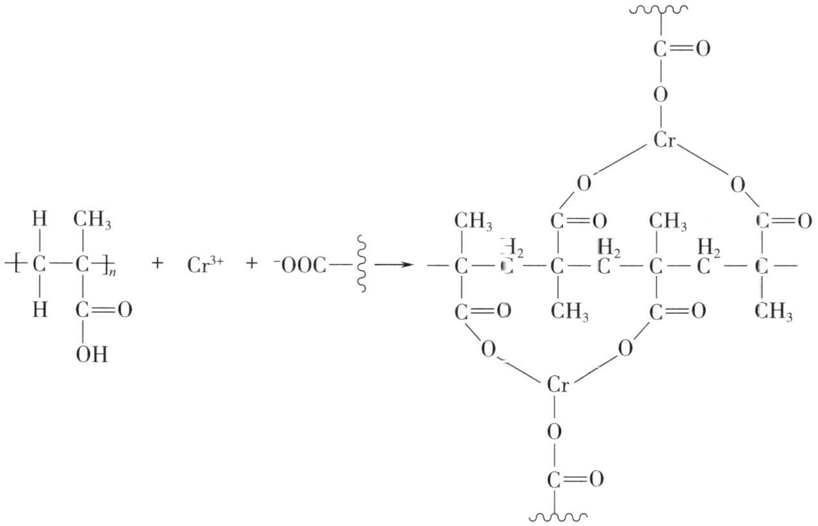

3. 仪器、药品及材料

四联实验转鼓（Φ400mm×200mm）	1 台	标准铬粉（Cr_2O_3 含量 25%）	适量
浸酸牛皮（10cm×15cm）	6 块	碳酸氢钠（工业品）	适量
浸酸液（pH 2.5~2.8）	适量	碳酸氢铵（工业品）	适量
丙烯酸树脂复鞣剂（40%）	适量	甲酸（工业品）	适量

4. 操作步骤

①取 10cm×15cm 浸酸皮 6 块，每 2 块一组，分别称重，以此皮重作为用料标准，装入编号 1#、2#、3#转鼓之中。

②3 个转鼓分别按表 1-28 进行鞣制。

表 1-28 鞣制工艺条件

1# 转鼓	2# 转鼓	3# 转鼓
液比 2.5 温度 常温 丙烯酸树脂鞣剂 4% 碳酸氢钠 1.5%	液比 1（浸酸液） 温度 常温 标准铬粉 2.0% 碳酸氢钠 0.8% 碳酸氢铵 1.0% 丙烯酸树脂鞣剂 3%	液比 1（浸酸液） 温度 常温 标准铬粉 5.0% 碳酸氢钠 0.8% 碳酸氢铵 1.0%
调好液比，碳酸氢钠 pH 调至 5.0~5.6，加入 40%的聚甲基丙烯酸转 4h，加入甲酸液至 pH 3.8~4.0 转 2h，静置过夜，次日转 30min，测革样 Ts	提碱操作同 3# 转鼓。当 pH 达 3.9 后，应再次缓慢加入适量碳酸氢钠液至 pH 5.0~5.5，加入聚甲基丙烯酸转 2h，加热水扩大液比至 2.5 左右，内温达 37℃左右，用甲酸调 pH 达 3.9~4.0，停鼓过夜，次日转 30min，测革样 Ts	调好液比、浴温，加入所需铬粉转 3h，分 4 次加入事先充分溶解的碳酸氢钠及碳酸氢铵溶液，每次间隔 15min，加完最后一次溶液 pH 应在 3.9 左右，否则应视情况补加碳酸氢钠并转动 60min。补加热水至液比达 2.5 左右，内温至 37℃左右，转 2h，其 pH 应达 3.9 左右，停鼓过夜，次日转 30min，测革样 Ts

5. 现象观察及数据测定

①对比 3 个转鼓内革样收缩温度（Ts）。

②对比 3 个转鼓内革样的粒面平细度、丰满性及颜色。

6. 思考题

①铬-树脂结合鞣为何提倡先铬鞣后树脂鞣？

②如果树脂的 pH 为 3.5，可否在铬鞣后、提碱前接着进行树脂鞣？是否有影响？

③铬-树脂结合鞣除了能考察聚甲基丙烯酸的鞣性之外，还能考察到哪些有价值的作用？

实验三十七　黄牛软鞋面革复鞣

1. 实验目的

①了解常用的复鞣方法，掌握复鞣工艺操作。

②了解各种复鞣剂对成革性能的影响。

③加深对复鞣原理的学习。

2. 实验原理

铬鞣剂复鞣的优点是成革特别柔软，粒面平滑、细致，具有良好的染色性能。其缺点是对结构疏松的腹肷部位填充性差，故革身骨空松。

戊二醛复鞣的优点是成革柔软且具有适当的填充性，但填充性仍较差。

代替型合成鞣剂和植物鞣剂能赋予成革良好的丰满性和填充性。合成鞣剂与植物鞣剂混用，能促使植物鞣剂渗透。

氨基树脂鞣剂具有选择性填充作用，由于相对分子质量大，主要沉积在皮革比较疏松的部位，适当使用树脂鞣剂可以使成革粒面紧实，减少松面，但多用则使皮革变硬。

脂肪族聚合物鞣剂也具有选择性填充作用。其突出的优点是使皮革柔软，成革手感丰满而富有弹性，它是生产软革的主要复鞣剂。

将上述各类复鞣剂做适当组合，则可充分发挥各类复鞣剂的优点，制得丰满柔软、不松面的黄牛全粒面软鞋面革。

在复鞣工艺中，通过对复鞣剂的精巧搭配，可充分发挥各自的优点。如先用戊二醛，再用铬粉复鞣，可以促进铬的均匀吸收；铬鞣后接着使用合成鞣剂，可以起到降低铬革正电性的作用，便于染色加脂；聚合物鞣剂可以促进树脂鞣剂和栲胶的渗透等。

3. 仪器、药品及材料

四联实验转鼓（Φ400mm×200mm）	1台	皮革厚度测定仪	1个
收缩温度测定仪	1台	酸度计	1台
精密pH试纸（0.5~5.0）	适量	戊二醛（45%）	适量
代替型合成鞣剂（巴斯丹AN）	适量	铬粉	适量
中和复鞣剂（塔姆GA）	适量	树脂鞣剂（利鞣丹RD）	适量
聚合物鞣剂（利鞣丹RE）	适量	荆树皮栲胶	适量
染料	适量	加脂剂	适量
甲酸钠（工业品）	适量	碳酸氢钠（工业品）	适量
甲基红指示剂	适量		

铬鞣黄牛蓝湿革（削匀厚度1.2~1.3mm，10cm×15cm） 4块

注：加脂剂要能耐电解质，保证在铬液中不会破乳。复鞣剂选择可以根据类型选择不同公司的不同商品。

4. 操作步骤

革称重后按表1-29实验工艺进行操作，并按要求观察皮的状态及测量pH。

表 1-29　软鞋面革复鞣工艺

序号	工序名称	用料		控制条件			操作
		名称	用量/%	温度/℃	pH	时间/min	
①	水洗	水	250	40			水洗、排液
		脱脂剂	0.3				
		甲酸（1∶10）	0.2			20	
②	复鞣、中和	水	100	40			
		戊二醛（45%）	2			30	
		铬粉	4				
		巴斯丹 AN	2.5			90	
		+塔姆 GA	1				
		甲酸钠	1.5			45	检查 pH，以决定加碳酸氢钠量
		+碳酸氢钠（1∶10）	*X*		4.2~4.4	45~60	水洗、排液
③	复鞣、填充染色、加脂	水	100	35			
		利鞣丹 RE	3			45	
		利鞣丹 RD	3				
		巴斯丹 AN	3				
		荆树皮栲胶	3				
		染料	3			60	
		加脂剂（1∶4，50℃）	12			60	检查染料渗透情况，油脂吸收情况，测 pH
		甲酸（1∶10）	2.5			60	3×10min +30min
④	水洗、出鼓搭马、静置						

5. 现象观察及数据测定

①复鞣前每块皮应选 5 个点测量厚度，共 20 个点，复鞣结束后按同样方法测 20 个点的厚度，并计算增厚率：

$$增厚率(\%) = \frac{复鞣后平均厚度 - 复鞣前平均厚度}{复鞣前平均厚度} \times 100 \qquad (1-37-1)$$

②在加入甲酸钠后测量 pH，若 pH 达到 4.2~4.4，则用甲基红指示剂检查，切口应全黄，表明中和全透。

③测量加甲酸前后的 pH，并观察加甲酸前后染料和油脂吸收情况。

④加各类复鞣剂前后应注意观察粒面细致情况、增厚情况和溶液吸收情况。

6. 思考题

①为什么要进行多种复鞣剂搭配使用？

②为什么中和 pH 为 4.2~4.4，而后续的染色、加脂又能顺利进行？

③利鞣丹 RD、巴斯丹 AN、栲胶、染料同时加入，请预测这几种材料在革中的分布情况。

④简述各类复鞣剂的优缺点。

⑤为什么中和后的 pH 仅为 4.2~4.4？

实验三十八 浅色效应

1. 实验目的

①了解什么是浅色效应，应如何减轻或避免浅色效应的产生。

②初步体会、了解产生浅色效应的原因。

③熟悉和掌握常规染色加油、中和复鞣工艺方案及其操作。

2. 实验原理

铬鞣时，主要是铬鞣剂中阳铬配合物分子与胶原的羧基配位结合，而使铬鞣胶原带正电（封闭胶原羧基，而暴露氨基）。铬鞣革染色所使用的染料常为阴离子染料（酸性染料和直接染料）。为了保证成革质量，铬鞣革一般要进行复鞣，常用复鞣剂有铬鞣剂、树脂鞣剂、植物鞣剂以及合成鞣剂。若在染色前对铬鞣革采用阴离子型复鞣剂进行复鞣，则铬鞣革所带阳电荷减少，染色时，染料的结合量下降，革的颜色偏浅。特别是在染黑色革时浅色效应更为明显（即染黑而不黑），产生制革生产上常说的浅色效应。

生产上为了减轻或避免铬鞣革染色时浅色效应的发生，常采用先染色后阴离子型复鞣剂复鞣或阴离子型复鞣剂复鞣后再铬复鞣，然后染色以增加染色效果，或选用对染色影响较小的阴离子型复鞣剂进行复鞣等手段，来达到既保证成革的复鞣效果，又保证成革色泽鲜艳、饱满的染色目的。

3. 仪器、药品及材料

四联实验转鼓（Φ400mm×200mm）	1 台	量筒（10mL）	1 只
烧杯（80mL，800mL）	各 1 个	天平（精确至 0.1g）	1 台
烧杯（500mL）	2 个	试管架	1 个
试管（10mL）	6 支	铬粉（Cr_2O_3 含量≥25%）	适量
酸性黑 ATT	适量	直接耐晒黑 G	适量
动物性阴离子加脂剂	适量	植物性阴离子加脂剂	适量
合成加脂剂	适量	丙烯酸树脂复鞣剂	适量
碳酸氢钠（工业品）	适量	甲酸（≥85%）	适量
中和复鞣剂（工业品）	适量	相近部位铬鞣革（20cm×25cm）	6 块

4. 操作步骤

①将 6 块革每 2 块编成一组，并标记为 A、B 和 C，分别称重，作为以后各工序的用料依据。

②将 A、B 和 C 3 组革分别装入 1#、2#和 3#转鼓中，闷洗 5min 后，按表 1-30 进行操作。

表 1-30 浅色效应实验

工序	1#（A）	2#（B）	3#（C）
复鞣	液比 1.5 温度 38℃（内温） 时间 2h 铬粉 3% 转动 2h 后检查鞣液 pH，若达不到 3.9 则分次加入碳酸氢钠液，使其 pH 达到 3.9 为止	液比 1.5 温度 38℃（内温） 时间 2h 铬粉 3% 转动 2h 后检查鞣液 pH，若达不到 3.9 则分次加入碳酸氢钠液，使其 pH 达到 3.9 为止	液比 1.5 温度 38℃（内温） 时间 2h 树脂复鞣剂 5% 铬粉 3% 树脂复鞣剂复鞣 40min 后，加入所需铬粉 3%转 80min 检测溶解 pH，若达不到 3.9，适当分次加入碳酸氢钠，直至达到 3.9 为止
水洗	充足水闷洗 5min		
中和	液比 1.5，温度 32℃（内温），中和复鞣剂 2.0%，碳酸氢钠 0.5%，时间 40~60min，检查切口甲基红全黄		
水洗	用充足 40℃热水闷洗 1~2 次，此时的革标记为 A′	同 1#（A）的水洗，此时的革标记为 B′	同 1#（A）的水洗，此时的革标记为 C′

续表

工序	1# (A)	2# (B)	3# (C)
染色加油	液比 2 温度 55℃（内温） 酸性黑 ATT1.5% 直接耐晒黑 G 0.5%转 30min 3 种加脂剂总量 8%转 60min 甲酸 0.5%转 20min pH 4 调好液比、内温，加入充分溶解的染料转至规定时间，再加入充分乳化的油脂转至规定时间，取 10mL 溶液于试管中并编号为 A_1，加入所需经稀释后的甲酸转至规定时间，取 10mL 溶液于试管中并编号为 A_2	先树脂复鞣再染色加油 液比 1.5 温度 35℃（内温） 丙烯酸树脂 5%转 60min 甲酸 0.5%转 20min 水洗：闷洗 5min，革标记为 B′ 染色加油同 1#（A）的染色加油 加完油脂转至规定时间，取 7mL 溶液记于试管中标为 B_1，加酸后再取 7mL 溶液于试管中标记为 B_2	同 1#A 的染色加油 染色加油完取 7mL 溶液记为 C_1，加甲酸固色后取 7mL 溶液记为 C_2
水洗	用充足水闷洗 5min，出鼓，挂晾干燥，并将此革标记为 A″	用充足水闷洗 5min，出鼓，挂晾干燥，并将此革标记为 B″	用充足水闷洗 5min，出鼓，挂晾干燥，并将此革标记为 C″

5. 现象观察及数据测定

①将所取溶液样 A_1 与 A_2、B_1 与 B_2、C_1 与 C_2、A_1 与 B_1、A_2 与 B_2、A_1 与 C_1、A_2 与 C_2 等分别进行对比观察；将 A′、B′和 C′革块相互进行对比观察。

②将染色加油干燥后的革块 A″、B″和 C″的颜色进行对比，按其颜色的深浅排序，用相关知识对这一排序进行解释。

6. 思考题

①什么是浅色效应？革坯染色时克服染黑而不黑的方法有哪些？

②若采用类同于染黑色时染黑而不黑的复鞣染色加油方案，染浅黄、浅绿等浅色革时会产生浅色效应吗？为什么？试用实验证实。

③为了防止浅色效应，复鞣染色加油方案中有栲胶时，栲胶应使用在染色加油前或其后，为什么？设计一个栲胶复鞣防止浅色效应产生的工艺方案，并实施，验证其效果。

④从染色加脂、复鞣过程中取溶液 A_1、B_1、C_1 和 A_2、B_2、C_2 相互对比，可得出哪些结论？

实验三十九　皮革染色后期的固色作用

1. 实验目的

①巩固、加深染色加油工艺及其操作。

②通过实验认识固色对轻革染色的作用及其重要性。

2. 实验原理

在低 pH 下，染料分子形成色素酸：

$$D—SO_3Na \xrightarrow{H^+} D—SO_3H + Na^+$$

形成的色素酸由小分子相互聚集而变大，有利于染料的上染及在革的表面着色；另一方面，在低 pH 下，染浴氢离子浓度增加，铬鞣革的正电荷增加，有利于与色素阴离子的结合，有利于上染。阴离子型染料与革活性基相结合的示意反应式如下：.

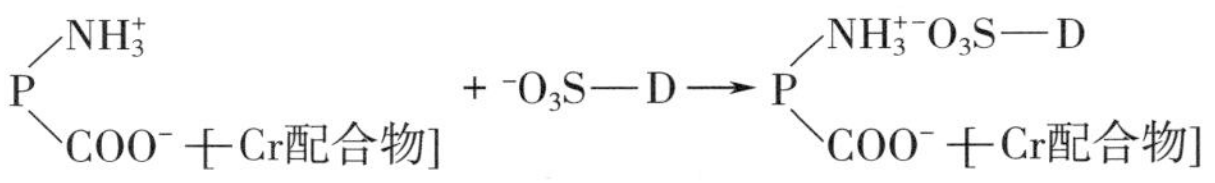

铬鞣革　　　阴离子型染料　　　上染的铬鞣革

除染料分子与革纤维主要以上述方式结合以外，革纤维上胶原活性基对染料还存在着吸附；在较低酸碱值下，革纤维网络对呈聚集态的染料大分子物理固着作用，以及介于吸附与物理固着之间等作用。在这诸多的作用下，最终实现染色。

3. 仪器、药品及材料

二联实验转鼓（Φ400mm×200mm）	1 台	美工刀	1 把
天平（精确至 0.1g）	1 台	玻璃棒	1 支
烧杯（80mL，400mL）	各 1 个	试管	4 支
酒精温度计	1 支	量筒（250mL）	1 个
动物性离子加脂剂	适量	皮革染色摩擦牢度测定仪	1 台
合成加脂剂	适量	植物性离子加脂剂	适量
酸性黑 ATT	适量	中和复鞣剂（工业品）	适量
碳酸氢钠（工业品）	适量	甲酸（85%）	适量
相近部位铬鞣蓝湿革（20cm×25cm）	4 块		

4. 操作步骤

①将每 2 块革组成一组，分别标记为 A 与 B，并各自称重，作为以下用料依据。A 与 B 装入 1#转鼓。

②水洗：用充足常温水闷洗 5min。

③中和：液比 1.5，温度 32℃（内温），中和复鞣剂 2%，碳酸氢钠 0.6%。

操作：调好液比，水温，分别将碳酸氢钠及碳酸氢铵充分溶解，先加入中和复鞣剂转 15min，再分 2 次加入（间隔 10min）碳酸氢钠液共转 40min，转动期间用甲基红随时检查切口，切口全黄作为中和的终点。40min 后，切口若有红色，则适当延长中和时间或酌情补加碳酸氢钠，直至切口甲基红检查全黄为止。

④水洗：用充足常温水闷洗 2 次，每次 5min，并从鼓中取出皮块 B 装入 2#转鼓中。

⑤染色加油：皮块 A 与 B 按表 1-31 条件染色加油。

表 1-31　染色加油工艺

1#（A）	2#（B）
液比 1 温度 55℃（内温） 动物性阴离子加脂剂 3% 植物性阴离子加脂剂 3% 合成加脂剂 3% 酸性黑 ATT 2%转 60min 甲酸 0.5%转 15min	液比 1 温度 55℃（内温） 动物性阴离子加脂剂 3% 植物性阴离子加脂剂 3% 合成加脂剂 3% 酸性黑 ATT 2%转 60min 转 15min

操作：2 个小鼓分别调好液比和内温，将加脂剂充分乳化，染料充分溶解加入各自的鼓内，转动 60min，从革块 A 与 B 的鼓中各取 8mL 溶液记为 A_1 与 B_1 存放于试管中，同时从革块 A 与革块 B 的鼓中各取出一块革记为 A_2 与 B_2，放入烧杯中备用；向革块 A 的鼓中加入所需经稀释的甲酸后，2 个鼓同时转动 15min（要求 A 鼓 pH 3.8~4.0，否则酌情补加酸），从 2 个鼓中各取 8mL 溶液分别记为 A_3 与 B_3 存放于试管中，将此时鼓中的革块标记为 A_4 与 B_4。

⑥水洗：用充足水将 2 个小鼓中的革块各自闷洗 5min（闷洗前将 A_2 与 B_2 分别放回革块 A 与 B 的鼓中，与革块 A_4 与 B_4 同鼓水洗）。

⑦挂晾干燥：在阴凉通风处将革块晾干。

⑧手工搓软：尽可能用相同方式使每块革变软。

⑨测定革块 A_4 与 B_4 的耐干湿擦值。

5. 现象观察及数据测定

①测定染色 60min 及加甲酸 15min 后 1#转鼓和 2#转鼓内染液的 pH，即 A_1 与 B_1 以及 A_3 与 B_3 的 pH；对比两鼓在染色时加酸前和加酸后溶液的 pH，即 A_1 与 A_3 以及 B_1 与 B_3 的 pH，观察染液浑浊度等外观。

②分别对比革块 A_2 与 A_4、B_2 与 B_4、A_2 与 B_2、A_2 与 B_4、A_4 与 B_2 和 A_4 与 B_4，以及染色液 A_1 与 B_1、A_3 与 B_3、A_1 与 A_3、A_1 与 B_3、B_1 与 A_3 和 B_1 与 B_3 的颜色等外观。

③测定并对比革块 A_4 与 B_4、A_2 与 A_4、B_2 与 B_4 的耐干湿擦值。

6. 思考题

①什么叫固色？你认为染色加脂的固色是必要的吗？为什么？

②对比革块 A_4 与 B_4、A_2 与 A_4，谁更耐干湿擦？为什么？

③染色加脂后的固色 pH 是否越低越好？为什么？根据已有知识回答固色时一般 pH 多少为宜？为什么？

④固色用的酸可选用硫酸等无机酸吗？为什么？

实验四十　蓝湿革的防水处理

1. 实验目的

①掌握防水皮革的生产工艺要点。

②掌握蓝湿革鞣后湿操作方式处理的操作要点。

③了解皮革防水性能的检测方法。

2. 实验原理

皮革是由具有良好亲水性的胶原纤维在三维空间编织构成的，在各纤维之间存在着无数个半径不同的毛细管，这就使得皮革具有优异的透水、透气和吸湿排汗性能，因此，用皮革制作的鞋靴穿着舒适。户外运动时，人们对所穿着鞋靴的防水性能有着很高的要求，以塑料、合成革为原料加工的鞋靴虽然防水性能良好，但是不具有透气性，长时间穿着舒适性差，而传统的真皮鞋面革虽然穿着舒适，但是不防水。因此，用于生产户外运动以及一些特殊工作场合所需的鞋面革，要求具有良好的防水性。

皮革与水接触后，胶原蛋白中大量极性基团的存在使得皮革易于与水结合，水分可以润湿皮革，同时皮革内毛细管的存在使革吸收的水分向革内渗透，皮革防水就是要阻断上述过程。皮革防水分为以下 3 种：①不润湿性。防止皮胶原纤维蛋白表面被水浸湿的特性，即拒水性。②不吸水性。防止皮革吸水并向内渗透的性能，即抗水性。③不透水性。防止水从皮革的一面透入到另一面的性能，即防水性。户外防水鞋面革的防水性能应包含这三个方面，是指皮革抵抗吸水、透水及被水所润湿的能力，即兼具静态防水性及动态防水性，同时又不能影响皮革的力学性能和卫生性能。

要赋予皮革优异的防水性能，首先就是要防止皮革表面被水润湿，这就需要降低皮革表面的张力。为了防止水分向皮革内部渗透，还需要提高皮革内部纤维的疏水性能。最初生产防水革时只是简单地将未经化学处理的油脂、石蜡等材料直接填充于皮革革身空隙，在达到润滑纤维的同时降低皮革表面张力和亲水性，但是这些材料堵塞了革身空隙，对皮革的透气性和手感有很大影响，已不再使用。目前生产防水皮革的重要材料是防水加脂剂，不同的防水加脂剂组成、性质和应用机理完全不同。有机硅化合物是一类被广泛应用的防水加脂剂，其具有较低的表面张力和疏水性能，在加脂剂生产过程中引入有机硅可以使其于胶原纤维较好地结合，在润滑纤维的同时使皮革具有良好的防水效应。有机氟化物具有良好防水性和防油性，且化学稳定性好，经有机氟化物改性后的加脂剂能形成一层油膜包裹胶原纤维，或在皮革纤维表面形成氟树脂薄层，从而使皮革具有防水、防油、抗污等性能。

3. 仪器、药品及材料

四联实验转鼓（Φ400mm×200mm）	1 台	动态防水仪	1 台
接触角测定仪	1 台	收缩温度仪	1 台
防水加脂剂 EP*	适量	其他皮革化工材料	适量
黄牛蓝湿革（厚度 1.4mm，20cm×25cm）	2 块		

注：* 斯塔尔公司。

4. 操作步骤

① 称重：取 2 块削匀后的黄牛蓝湿革 A、B，分别称重，作为以下用料依据，置 A、B 于 2 个实验转鼓中。

②回湿：温度 42~44℃，液比 2.0，浸水助剂 ProSoak 1.0%、脱脂剂 OC 0.1%、草酸 1%，转 60min，要求浴液 pH 3.2 左右，排液，闷水洗 2 次，每次 10min。

③中和：温度 30~32℃，液比 1.5，中和剂 X ML 3.0%，转 20min；甲酸钠 2.0%、碳酸氢钠 1.0 %（1∶20 溶解后鼓轴加入），转 90min，要求浴液 pH 5.2 左右，排液，闷水 10min。

④填充：温度 30~32℃，液比 0.5，丙烯酸鞣剂 RV 4.0%（3 倍 60℃热水稀释后加入），合成鞣剂 AG 6.0%，转 30min；荆树皮栲胶 ME 4.0%、氨基树脂鞣剂 DLF 3.0%，转 30min；分散单宁 M 0.5%、棕色染料 3.0%，转 30min。

仅在转鼓 A 中加入防水加脂剂 EP 8.0%（5 倍 70℃乳化后鼓轴加入）转 60min，检查切口染透，否则继续转动直至染透；

A、B 两个转鼓均补加 70℃热水 200%，调节鼓内温度为 60℃左右，转 10min；甲酸 1.0%（1∶10 稀释后鼓轴加入），转 15min；甲酸 1.0%（1∶10 稀释后鼓轴加入），转 30min，排液，冷水闷洗 10min。

⑤固定：温度 30~32℃，液比 1.5，铬粉 3.0%，转 60min，排液，冷水闷水洗 2 次，每次 10min，出鼓搭马。

⑥革坯经挤水伸展、真空干燥、挂晾干燥、回潮、振荡拉软。

5. 现象观察及数据测定

①比较 A、B 两块革坯在湿态时的状态并进行记录。

②观察鞣后湿整理和干整理过程中水在 A、B 两块革坯表面的形态。

③测定革坯的静态方式、动态防水、防泼水和虹吸防水性能。

④测定 A、B 两块革坯粒面和肉面对去离子水的接触角。

⑤测定 A、B 两块革坯的力学性能和收缩温度。

6. 思考题

①简述防水革防水的原理和对应的工艺操作方案。

②皮革的动态防水、静态防水和虹吸防水有何区别？

③结合实验操作和所学知识，简述防水皮革生产的工艺要点和注意事项。

实验四十一　蓝湿革的阻燃处理

1. 实验目的

①掌握阻燃皮革的生产工艺要点。

②掌握皮革阻燃性能的测试方法。

③掌握蓝湿革鞣后湿操作阻燃处理的操作要点。

2. 实验原理

皮革是一种由胶原蛋白组成的天然高分子材料，具有舒适的手感和良好的透水透气性能，目前在室内装饰、交通工具内饰等方面得到了越来越多的应用。皮革自身含氮量较高，不能在空气中长时间有焰燃烧，属于可自熄材料，但是皮革燃烧过程中会散发大量的烟雾和刺鼻的气味。当皮革大量用于相对封闭空间的内部装饰时，如果发生火灾，皮革燃烧时产生的烟雾和刺激性气味会对人员逃生和消防救援产生不利的影响，因此有必要对皮革进行特殊处理，进一步提高其阻燃性能。提高皮革阻燃性能，主要是提高其氧指数，减少有焰燃烧时间，提高点燃时所需温度和时间，最重要的是降低燃烧时产生的烟雾。

影响皮革阻燃性的因素包括原料皮种类、制革工艺和所使用化工材料三个方面。原料皮纤维编织越紧密，空气越不容易在皮纤维内流通，皮革的阻燃性就越好。准备工段中除去了皮中纤维间质和非胶原蛋白并对胶原纤维进行了适度的松散，这在很大程度上影响着成革的阻燃性能，皮革越紧实，其阻燃性能越好，反之越疏松，则透气性越好，阻燃性就越差。鞣剂和加脂剂等皮革化工材料对成革的阻燃性能有不同的影响，如复鞣时采用铝、锆、钛鞣剂可以提高革的阻燃性，铬鞣剂、改性戊二醛鞣剂和植物鞣剂有助于提高皮革燃烧的氧指数；经不同加脂剂处理的皮革，其阻燃性会不同程度的下降，对皮革阻燃性降低的程度由大到小的顺序是矿物加脂剂、动物加脂剂、合成加脂剂；皮革燃烧时，涂饰中使用的成膜剂将先于皮革燃烧并分解，释放的不燃性气体将起到气相阻燃的作用，各类成膜剂涂饰后皮革的阻燃性能次序由大到小的顺序是聚氨酯树脂乳液、蛋白质类成膜材料、聚丙烯酸酯树脂乳液、硝化纤维乳液。

皮革生产中使用的阻燃剂大多来源于塑料、橡胶、纺织纤维等行业，只有极少数是针对皮革阻燃而专门开发的阻燃剂。卤系阻燃剂阻燃效率高、性价比高、稳定性好，但是燃烧时会释放有毒性和腐蚀性的卤化氢气体，且燃烧时生烟量大。磷系阻燃剂的阻燃机理主要是凝聚相发挥阻燃作用，磷系阻燃剂在高温条件下产生磷酸和偏磷酸，促进纤维的脱水成炭，从而阻碍燃烧的进行，另外含有机磷的碳链能够抑制热量在材料之间的传递，并抑制可燃性气体的扩散。氮系阻燃剂的阻燃机理主要是气相发挥阻燃作用，其受热释放出 CO_2、N_2、NH_3 和 H_2O 等，可以稀释空气中的氧和材料燃烧产生的可燃物，达到阻燃的目的。目前生产阻燃皮革主要采用氮系和磷系阻燃剂。

3. 主要仪器、药品及材料

四联实验转鼓（Φ400mm×200mm）	1 台	垂直燃烧仪	1 台
氧指数测定仪	1 台	自动拉力机	1 台
建材烟密测定仪	1 台	阻燃加脂剂 FRF*	适量
收缩温度测定仪	1 台	加脂剂 AMF*	适量
阻燃助剂 PFS*	适量	其他化工材料	适量
黄牛蓝湿革（厚度 1.3mm，20cm×25cm）	2 块		

注：* 汤普勒公司。

4. 操作步骤

①称重：取削匀后的蓝湿革2块A、B，分别称重，作为以下用料依据，分别置于2个实验转鼓中。

②漂洗：温度38~40℃，液比2.0，草酸1.0%、回湿剂F 0.5%，转90min，要求浴液pH 3.2左右，排液，35℃温水闷洗10min。

③中和：温度33~35℃，液比1.5，甲酸钠2.0%、中和单宁NS 1.5%，转30min；加脂剂AMF 3.0%（5倍70℃乳化后鼓轴加入）、碳酸氢钠1.8 %，转90min，要求浴液pH 6.6左右，革切口甲基红检查全黄；蛋白填料UPH 2.0%、聚合物鞣剂BIO-03L 4.0%，转60min，排液，30℃温水闷洗2次，每次10min。

④复鞣染色：温度30~32℃，液比0.5，加脂剂AMF 3.0%（5倍70℃乳化后鼓轴加入）、丙烯酸鞣剂DAR 2.0%（3倍60℃热水稀释后加入），转60min；植物鞣剂TR 3.0%、分散单宁2.0%、荆树皮栲胶ME 4.0%、染料X%，转60min，检查切口染透，否则继续转动直至染透；60℃热水150%，调节鼓内温度为45℃左右，转10min；甲酸1.0%（1∶10稀释后鼓轴加入），转20min；甲酸1.0%（1∶10稀释后鼓轴加入），转45min，要求浴液pH 3.7左右，排液，50℃热水闷洗10min。

⑤加脂：温度54~56℃，液比1.5，加脂剂AMF 6.0%、阻燃加脂剂FRF 6.0%、防霉剂0.2%，上述3种材料搅匀，用5倍70℃乳化后加入，转120min；甲酸0.8%（1∶10稀释后鼓轴加入），转20min；甲酸0.7%（1∶10稀释后鼓轴加入），转40min，要求浴液pH 3.4左右，排液，35℃温水闷洗10min。

⑥ A皮块转鼓进行阻燃处理：温度34~36℃，液比0.5，阻燃助剂PFS 10.0%，转40min；甲酸0.3%（1∶10稀释后鼓轴加入），转20min，排液，不水洗直接出鼓搭马。

B皮块转鼓，温度34~36℃，液比1.5，甲酸0.3%（1∶10稀释后鼓轴加入），转20min，排液，不水洗直接出鼓搭马。

⑦革坯经挤水伸展、绷板干燥、回潮、摔软。

5. 现象观察及数据测定

①测定A、B两块革坯的氧指数、烟密度和垂直燃烧情况并进行比较。

②测定A、B两块革坯的收缩温度、抗张强度、撕裂强度、崩裂强度和柔软度并进行比较。

③测定A、B两块革坯的铬含量、灰分和油脂含量。

6. 思考题

①加脂剂AMF是磷酸酯类加脂剂，查阅资料并结合所学知识说明为什么磷酸酯类加脂剂有助于提高皮革阻燃性能。

②简要描述阻燃皮革生产的关键技术和可以采取的技术措施。

③高铁和飞机等交通工具座椅用皮革对阻燃性也有很高的要求，查阅资料并结合所学知识，试拟定交通工具座椅革生产工艺。

实验四十二　不同干燥方法对皮革性能的影响

1. 实验目的

①掌握常用皮革干燥方法的目的和基本操作。

②掌握不同皮革干燥方法的原理和优缺点。

③了解不同种类皮革干燥工艺制定的思路。

2. 实验原理

干燥是制革加工的重要操作之一，是皮革由水场加工向干整理操作过渡的工序。皮革干燥并不仅仅是除去革坯中多余的水分，更重要的是可以促进革内鞣剂、染料以及油脂等进一步与皮胶原蛋白结合，此外，干燥还可以固定革坯纤维的编织形态。干燥还会直接影响成革的品质与得革率，干燥温度过高或干燥速度过快，革坯收缩较大，不仅得革率低，而且成革板硬；干燥温度过低或干燥速度过慢，虽然可以使成革更加柔软、丰满，但是生产效率低下，过慢的干燥还可能使革坯出现发霉的现象。

皮革的干燥方式按照不同的分类标准可划分成不同的类型，在实际生产中最重要的划分是约束干燥和非约束干燥。约束干燥是指在干燥过程中革坯受到外力的作用，形变受到制约的过程，常见的约束干燥有绷板干燥、钉板干燥等。以挂晾干燥为代表的非约束干燥过程中革坯不受外力约束，可自由形变。不同的皮革干燥方法、干燥速度和原理各不相同，一般来说，干燥速度越快，成革的柔软丰满性就相对越差，干燥过程中采用约束干燥，面积得率大，但丰满性和弹性就有所降低。真空干燥和贴板干燥两种方法在皮革干燥过程中会部分约束皮革的收缩，对提高得革率和革身紧实度有一定帮助，更重要的是可以使成革粒面平细、紧实。

在皮革的干燥过程中，根据最终产品用途和要求的不同，往往会采用不同的干燥方式。同时，为了使成革具有更优良的性能，往往会采用不同的干燥方式进行组合。例如，鞋面革要求粒面平细，革身紧实，延伸性较小，因此干燥过程中往往先采用真空干燥至一定的水分含量，以使粒面平细、革身紧实，再采用挂晾干燥，最后采用绷板干燥消除革坯延伸性。

通过采用不同干燥方式、在不同温度下对皮革进行干燥，将有助于进一步理解不同干燥过程对成革品质的影响。

3. 仪器、药品及材料

真空干燥机	1台	绷板干燥机	1个
烘箱	1台	便携式水分测定仪	1台
湿态染整结束后的黄牛鞋面革坯（20cm×20cm）	7块	柔软度测定仪	1台

4. 操作步骤

①真空干燥：将真空干燥机升温至40℃、50℃和60℃，在真空度为0.01MPa的条件下对湿态染整结束后的黄牛鞋面革坯进行真空干燥，每隔1 min用便携式水分测定仪测定革坯水分含量，直至革坯水分含量低于30%结束真空干燥，然后将结束真空干燥的革坯在烘箱中完全烘干。

②挂晾干燥：将湿态染整结束后的黄牛鞋面革坯挂晾在烘箱中，分别在40℃、50℃和60℃的条件下烘干，每隔30min用便携式水分测定仪测定革坯水分含量，直至水分含量低于15%。

③绷板干燥：将湿态染整结束后的黄牛鞋面革坯用夹子固定在绷板干燥机上，在45℃的条件下绷板干燥，每隔30min用便携式水分测定仪测定革坯水分含量，直至水分含量低于15%。

5. 现象观察及数据测定

①测定不同干燥方法干燥过程中革坯水分含量的变化，并以干燥时间为横坐标、革坯水分含量为纵坐标绘制干燥曲线。

②测定不同干燥方法所得革坯的柔软度，并对比不同干燥方法和干燥条件所得革坯的得率。

③观察不同干燥方法所得革坯的粒面平细度、丰满性、弹性等感官性能的差异。

6. 思考题

①哪种干燥方法所得革坯粒面最平细？哪种干燥方法所得革坯柔软性、丰满性最好？哪种干燥方法所得革坯面积最大？为什么会产生这样的结果？

②为什么约束干燥以及水分去除速度快会对革坯柔软性和丰满性造成负面影响？

③根据不同干燥操作的特点，试制定沙发革干燥工艺，并阐明理由。

实验四十三　填充树脂的渗透性实验

1. 实验目的

①了解皮革干填充的目的和作用。

②了解和熟悉填充系统的基本组成及其变化。

③掌握皮革干填充的基本实验方法。

2. 实验原理

干填充处理可以有效地降低坯革的松面程度，使粒面的粒纹更细致，提高成革的紧实性和产品等级。选用特定分子大小，具有良好填充作用又能使粒面紧实的丙烯酸类或聚氨酯类树脂乳液并配合适当的渗透剂，使树脂能够迅速地渗入坯革（鞋面革）的 1/3 厚度处，否则会使坯革变硬或达不到填充效果。

干填充涂饰方法有：①辊涂涂饰；②刷涂涂饰；③低压无气喷涂；④帘幕涂饰。

干填充时树脂用量如下：

①粒面革：纯树脂用量 32～54g/m^2（去除水分），或按 40%固含量计，则为 81～135g/m^2。

②修（磨）面革：纯树脂用量 54～86g/m^2，树脂乳液（40%固含量计）用量为 135～215g/m^2。

3. 仪器、药品及材料

天平（精确至 0.1 g）	1 台	丙烯酸树脂*（达威力克 RA1100）	适量
丙烯酸树脂（达威力克 RA1150）	适量	丙烯酸树脂（达威力克 RA1865）	适量
渗透剂**（PT4235）	适量	未涂饰的全粒面或修面坯革（15cm×30cm）	1 块

注：＊所用丙烯酸树脂为四川达威科技股份有限公司产品。

＊＊所用渗透剂为斯塔尔（Stahl）公司产品。

4. 操作步骤

①将选定的填充树脂与渗透剂按下述配方称量，混合均匀。基本配方（质量份）如表 1-32 所示。

②用滴管吸取每一种填充树脂液，在皮面上同一地方连续滴下 6 滴。

表 1-32 填充基本配方

化工材料	用量/份			
水	750	700	650	600
丙烯酸树脂	250	250	250	250
渗透剂	0	50	100	150

5. 现象观察及数据测定

①在皮面上滴下树脂液的同时按下秒表至革面上树脂液全部渗透为止，记录所需渗透时间。

②用单刃刀片切开滴有树脂液的部位，观察渗透深度。

③将记录的渗透时间和渗透剂用量在坐标纸上绘图，确定出渗透时间为 1~2s 时的渗透剂用量，此用量为树脂渗透约 1/3 厚度的最佳配比。

6. 思考题

①皮革为什么会产生松面？

②干填充与湿填充（转鼓）有何区别？

③ 坯革表面的电荷状况对干填充有何影响？有什么办法可以克服？

实验四十四　皮革粒面伤残的修补与遮盖

1. 实验目的

①掌握皮革粒面伤残的补伤方法和操作。

②了解皮革粒面伤残的种类。

2. 实验原理

动物的饲养方式、屠宰季节、产地以及制革加工不当等原因，往往在皮革坯革的粒面上留下许多伤残；常见的伤残有刺划伤、腻面伤、擦伤、虱疔、癞疤、烂面、虻眼等。这些伤残的存在会影响皮革粒面的美观性，从而降低成革的等级和利用率。为了解决皮革粒面上的伤残修补问题，提高成革的等级率和利用率，制革技术人员提出了粒面伤残修补技术。

根据伤残的深浅和分布面积的大小，可以将皮革伤残的修补分成点补和面补两种方式。点补是直接利用竹签或刮刀将补伤剂补在坯革伤残处的补伤方法，此方法多用于修补刺划伤、擦伤等面积小的粒面伤残。

对于伤残面积较大的腻面伤、菌伤、烂面等，则需要采用面补的方法，这种方法是将补伤剂与树脂搭配，均匀地涂在伤残处，其操作方式可以是喷、揩、刮或是辊涂。等面补层干燥后，再经过熨烫或磨革即可使坯革伤残大范围遮盖住，有时也采用先磨革后补伤的操作方式。

3. 仪器、药品及材料

XG-463 补伤消光剂	适量	颜料膏	适量
丙烯酸底涂树脂	适量	综合树脂	适量
蜡填料	适量	氨水	适量
烧杯（200mL）	4 个	玻璃棒	2 支
天平（精确到 0.1g）	1 台	海绵擦	1 块
熨烫机	1 台	喷枪及空气压缩系统	1 套
有粒面伤残的猪、牛、羊坯革	3 张		

4. 操作步骤

（1）点补

参考配方（质量份）：底涂树脂 10，XG-463 10，蜡填料 2，颜料膏 2，氨水调 pH 7~8。

操作：

①按配方称取丙烯酸底涂树脂、XG-463 补伤消光剂、蜡填料及颜料膏，充分搅拌均匀，用氨水调 pH 7~8，得到补伤膏。

②取 1 张坯革，编号为 A，观察坯革的粒面伤残情况并记录。

③用扁平的竹签将补伤膏点补在坯革伤残处，并用竹签将其刮平。

④挂晾干燥。

（2）面补

参考配方（质量份）：颜料膏 10，XG-463 补伤消光剂 35，丙烯酸底涂树脂 15，蜡填料 10，水 30。

操作：

①按配方称取颜料膏、XG-463 补伤消光剂、丙烯酸底涂树脂、蜡填料和水，充分搅拌均匀，得到补伤浆。

②取 1 张坯革，编号为 B，观察坯革的粒面伤残情况并记录。

③用海绵擦将配好的补伤浆料均匀地揩在坯革的粒面上，挂晾干燥。

④干燥后熨烫，温度 100℃，压力 9~10MPa，时间 2s。

(3) 中涂

参考配方（质量份）：颜料膏 5，综合树脂 20，XG-463 补伤消光剂 5，水 10。

操作：

①按配方称取颜料膏、XG-463 补伤消光剂、综合树脂和水，充分搅拌均匀，得到中涂浆料。

②取 1 张未补伤的坯革，编号为 C，观察坯革的粒面伤残情况并记录。

③用海绵擦将配好的浆料均匀地揩在坯革 A、B、C 的粒面上，挂晾干燥。

5. 现象观察及数据测定

①观察补伤前后，皮革粒面伤残的情况。

②描述面补伤残经熨烫前后的状态。

③观察并描述 A、B、C 三块坯革经过中涂后，粒面伤残遮盖情况。

6. 思考题

①什么叫点补？什么叫面补？根据实验比较点补和面补两种补伤方式的优缺点。

②点补之后往往会在以后的涂饰过程中产生亮点，为什么？如何克服？

实验四十五 成膜剂混合物乳液稳定性的鉴定

1. 实验目的

①掌握成膜剂混合物乳液稳定性的鉴定方法。

②了解常用的几类成膜剂之间的混合稳定性。

2. 实验原理

在进行皮革涂饰时，为了提高涂层的综合性能，往往要将几种不同类型的成膜剂在同一配方中搭配使用。将几种成膜剂混合后形成的混合乳液，不分层，不出现沉淀，具有良好的稳定性，是成膜剂实现配伍的一个最基本的条件，也是成膜剂相互之间分散性良好的一个重要标志。当几种成膜材料的结构和极性差异大、相互之间分散性差，或存在化学反应时，它们的混合液在静置过程中有可能发生分层，甚至会出现沉淀，从而导致整个涂饰浆料出现絮凝、沉淀或“漂白花”的现象，导致喷涂过程管道和喷枪堵塞等生产事故。

在制定涂饰配方时，对所选的几种成膜剂能否混合、是否发生反应有一个清醒认识，也有必要进行混合测试实验，避免出现问题。

首先，选取的树脂乳液应带同种电荷，而且要注意需要匹配的乳液之间的 pH 要尽可能一致，即使是同种电荷的乳液也应该如此。尤其是水分散液与水溶液匹配更要注意其存在的差别。例如利用聚丙烯酸酯乳液与聚氨酯水溶液做实验就应该进行检验或者调整，否则会出现分层或沉淀。

其次，所选的树脂乳液应注意树脂类型（丙烯酸树脂、聚氨酯或其他）、乳液带电情况（阴离子、阴离子、非离子）及溶剂类型（溶剂型或水性），单纯性的水分散型乳液或者水溶液，与用水和溶剂共同分散的乳液有区别，混合分散的比例，对使用、存放、观察的时间有影响。

如两种成膜材料无论以多大的比例混合后，都不出现分层或沉淀，表明这两种成膜剂形成的混合液是稳定的，可以在同一配方中使用；如两种成膜材料无论以多大的比例混合后，都出现分层或沉淀，表明这两种成膜剂形成的混合液不稳定，不能在同一配方中使用；如两种成膜材料按照一定的比例混合后出现了分层或沉淀，而按照另一比例混合后不出现分层或沉淀，表明这两种成膜剂只有在一定的比例下混合，形成的混合液才是稳定的，若要在同一配方中使用，必须严格控制其配比。

同时，配方中加入的非成膜材料，也应进行混合实验，如染料水、酪素乳液、手感剂或流平剂等。

3. 仪器、药品及材料

试管（30mL）	9支	试管架	1个
直尺	1把	控温干燥箱	1台
电子天平（精确至0.1g）	1台		

聚丙烯酸酯树脂乳液 A-931**（固含量36%）	适量
聚氨酯乳液 121-UR*（固含量35%）	适量
聚丙烯酸树脂乳液 170-AC（固含量35%）	适量
高光型聚氨酯乳液 200-UT*（固含量30%）	适量
水性亮光光油 277-LW*（固含量19%）	适量
合成酪素乳液 218-PB*（固含量12%）	适量

注：*上海皮尔卡乐福益化工公司。

**科莱恩（中国）化工有限公司。

4. 操作步骤

①将每两种不同类型的成膜剂A和B，分别按照1∶9、2∶8、3∶7、4∶6、5∶5、6∶4、7∶3、8∶2、9∶1的质量比在9支试管中混合，分别强力摇动，使其分散均匀。

②将分散均匀的9支试管放入试管架，置于恒温装置中，在20~30℃下静置24h。

③在充足阳光、白色背景下，仔细观察每一支试管。

④观察测量和记录完毕后，将每支试管混合液倒入废液桶，并清洗试管。

5. 现象观察及数据测定

①观察并记录每支试管是否有分层或者沉淀现象。

②对有分层现象或沉淀出现的试管，用直尺测量出其比例。

③对疑似分层或沉淀不明显的，可使用80目以上的工业滤网或细滤布对混合乳液进行过滤，看滤布或滤网上是否有沉淀物存在。

6. 思考题

①从结构上分析，在聚丙烯酸酯乳液、聚氨酯乳液、聚丁二烯乳液、硝化纤维乳液和改性蛋白乳液五大类成膜剂中，哪两种的混合物应该具有良好的稳定性？哪两种不宜在同一配方中使用？

②为什么有些成膜剂在混合时会出现混合液稳定性随配比不同而不同的现象？

③进行乳液混合为什么要考虑它们的电荷、pH是否一致？

实验四十六　常用成膜剂成膜性能的测定与评价

1. 实验目的

①熟悉主要成膜剂所成薄膜的主要性能特点。

②掌握涂饰薄膜性能检测和评价的基本方法。

2. 实验原理

皮革涂层的性能主要取决于所使用的成膜剂的成膜性能。熟悉常用的成膜剂的成膜性能特点，是掌握涂饰配方制定方法的一个最基本的条件。不同类型的成膜剂的薄膜的抗张强度、延伸率、柔软度、颜色、黏着牢度、吸水性、耐干湿擦、光泽、透明度、平滑度等方面都不同程度地存在一定差异。这些差异可以通过不同成膜剂薄膜之间的对比而测定或观察到，凡是能够进行量化测试的一定要量化处理，减少人为的主观好恶或偏失。同时，可以有目的地进行具有同种用途的成膜剂的性能比较，这更能直观地掌握其性能，便于涂饰需求调整和处理涂饰配方。

在薄膜制样时要处理好薄膜的整体均匀性、规范测试或比较的条件。

3. 仪器、药品及材料

聚四氟乙烯模具（100mm×100mm×5mm）	若干	GT-7016 冲样机	1台
GT-313A1 定重式厚度测定仪	1台	TCS2000-U 电脑系统拉力试验机	1台

GT-01LS 高精度切刀	1套	电子天平（精确至0.1g）	1台
直尺	1把	电热恒温鼓风干燥箱	1台
干燥器	1个	水平仪	1台

聚丙烯酸酯树脂乳液 A-931** （固含量36%）	适量
聚氨酯乳液 121-UR* （固含量35%）	适量
聚丙烯酸树脂乳液 170-AC* （固含量35%）	适量
高光型聚氨酯乳液 200-UT* （固含量30%）	适量
水性亮光光油 277-LW* （固含量19%）	适量
合成酪素乳液 218-PB* （固含量12%）	适量

注：*上海皮尔卡乐福益化工公司。

**科莱恩（中国）化工有限公司。

4. 操作步骤

①先测量和计算出聚四氟乙烯模具内腔水平方向的面积，预设薄膜单位面积上的干物质质量为0.04g/cm^2，根据所用成膜剂的固含量，计算并称量出需加入的聚丙烯酸酯乳液、聚氨酯乳液等成膜剂的质量。

②将聚四氟乙烯模具借助水平尺调整到水平位置，分别加入称好的成膜剂，除去液膜中的气泡。在室温或温度控制在35～45℃的干燥箱中干燥。待成膜干透后，从模具内揭取完整、厚度均匀的薄膜。

③将不同成膜剂制成的薄膜同时放入干燥器内，空气调节48h后取出，采用对比法，在白背景和自然光下，用感官比较薄膜的颜色、光泽、透明度、平滑度和柔软度等指标。然后使用模具下样，在多功能材料实验机和仪器设备上测定薄膜的抗张强度及伸长率。

5. 现象观察及数据测定

对聚丙烯酸酯乳液、聚氨酯乳液等5种成膜剂薄膜分别按照抗张强度、延伸率、柔软度、颜色、光泽、透明度、平滑度单向指标排序打分，然后根据单项指标的评价结果给出成膜性能的综合评价。

6. 思考题

①常用的聚丙烯酸酯乳液、聚氨酯乳液、硝化纤维乳液和改性蛋白溶液四类成膜剂所形成的薄膜的最主要特点是什么？

②你认为对皮革涂饰而言成膜剂的哪些性能指标较为重要？为什么？

实验四十七　整饰过程乳液凝胶实验

1. 实验目的

通过实验，了解羧酸型（自乳化）聚氨酯乳液耐酸性。

2. 实验原理

根据脂肪酸盐的化学性质，在酸性条件下很容易还原成原来的羧酸：

$$R—COOMe + H^{+} \longrightarrow R—COOH + Me^{+}$$

阴离子型聚氨酯乳液目前的合成绝大多数都是采用了 α，α-二羟甲基丙酸和其他一些酸，其电离常数如下：

化学式	K_a	pK_a
CH_3 $HOCH_2—C—CH_2OH$ $COOH$	5.74×10^{-5}	4.24
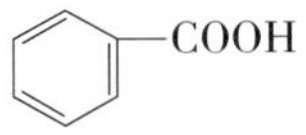	6.3×10^{-5}	4.20
$CH_3C（CH_3）_2COOH$	1.66×10^{-5}	4.78

这些酸都属于弱酸，在水中的电离常数（K_a）都很小，即很大部分都是以分子形式存在。在酸性条件下更不易电离出 H^{+}，成盐也不是很稳定。

作为大分子聚合物链上的$—COO^{-}$，其电离强度还要受到位阻和其他极性基团的影响，其 K_a 值还要降低，聚合物成盐的水分散稳定性必然下降。

3. 仪器、药品及材料

烧杯（500mL）	2 个	天平（精确至 0.01g）	1 台
刻度试管（0~20mL）	2~4 支	喷枪	1 只
吸管	2 支	玻璃棒	数支
阳离子聚氨酯乳液	适量	乙酸（工业品）	适量
颜料膏（浆）	适量	去离子水	适量
10%粒子元青液	适量	补伤剂	适量
待涂饰猪服装革	1 张		

4. 操作步骤

①乳液稳定性检验：取试管 2 支记为 A 与 B，分别向 A 与 B 注入 10mL 聚氨酯乳液，然后再各自注入 10mL 去离子水，再向 B 滴入 2~4 滴乙酸，立即摇匀，静置观察现象。

②涂饰剂配方（质量份）：颜料膏（黑）2，补伤剂（XG-461）1.5，聚氨酯乳液 4，蜡液适量，10%粒子元青液 0.3~0.5，水 4。

总量配 200g，搅拌均匀后分成 2 份。将其中一份加入 1~3mL 乙酸记为 A_1，另一份记为 B_1，立刻搅匀，静置 15~30min 过滤待用。A_1 涂饰液倒入喷枪，对准已铺平的猪服装革（其中一半沿背脊线用报纸或其他遮盖物盖上）进行纵横交叉各喷涂两遍，然后烘干。按照上述方式，用涂饰液 B_1 对另外半张服装革进行喷涂。

5. 现象观察及数据测定

①观察、对比试管 A 与 B 所发生的现象，测定 A 与 B 的 pH。

②用涂饰液 B_1 喷另外半张猪服装革时发生了什么现象？并与 A_1 的喷涂做对比。

6. 思考题

①常见的阴离子型聚氨酯乳液的 pH 在什么范围？为什么？

②涂饰过程中，聚丙烯酸酯乳液和聚氨酯乳液混合使用时，为什么要先提高聚丙烯酸酯乳液的 pH 并使其 pH≥7？

实验四十八 交联对涂饰薄膜物理力学性能的影响

1. 实验目的

①熟悉交联对皮革成膜剂形成薄膜物理性能的影响。

②掌握常见交联剂的应用条件和交联特性。

2. 实验原理

皮革涂饰用成膜剂绝大多数为线型大分子，本身所形成的薄膜的结构稳定性较低。用可以与成膜剂分子链上的官能团反应的交联剂对薄膜中成膜剂分子链进行交联，可大幅度提高薄膜的整体结构稳定性，从而使涂层的耐干擦、耐湿擦、耐摩擦、抗水、抗有机溶剂、拉伸强度、曲挠性等性能不同程度地得到提高。同时，由于交联程度的增加，也会对涂层的手感产生一定程度的影响。在使用交联剂时，充分认识这种影响对于合理选择和使用交联剂具有重要的意义。

交联时，聚碳亚二胺等交联剂主要与成膜剂分子上的羧基反应；异氰酸酯交联剂主要与成膜剂分子上的亚氨基、羟基、酰胺基和羧基反应；环氧化物交联剂和氮丙啶交联剂主要与成膜剂分子上的亚氨基、羟基和羧基反应。在进行实验时，可根据成膜剂的类型，选择与其相适应的交联剂。

将交联与未交联的乳液树脂成膜，有条件的按照常规的方法测定薄膜的力学性能：抗张强度、延伸率、低温冷脆性（点）、DSC、T_g、抗溶剂行为等，然后根据实验要求进行定性或者量化数据的比较。

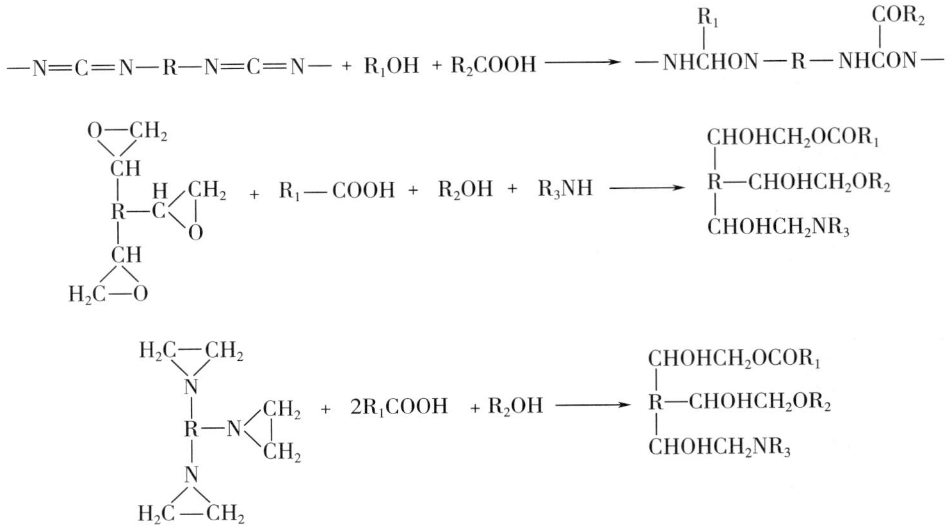

3. 仪器、药品及材料

聚四氟乙烯模具（100mm×100mm×5mm）	若干	GT-7016 冲样机	1 台
GT-313A1 定重式厚度测定仪	1 台	TCS2000-U 电脑系统拉力实验机	1 台
GT-01LS 高精度切刀	1 套	甲苯（化学纯）	适量
电子天平（精确至 0.001g）	1 台	干燥器	1 个
干燥箱	1 台	烧杯（50mL）	3 个
玻璃棒	1 支	聚氨酯乳液*	适量
聚碳亚二胺类交联剂*	适量		

注：*朗盛公司。

4. 操作步骤

①分别称取聚氨酯乳液（80UD）20g、水 20g 在烧杯中搅拌均匀，称取聚碳亚二胺交联剂 0.8g，加水 2g 稀释，将两种稀释液在烧杯中充分搅拌混合后，注入聚四氟乙烯模具，静置干燥，或者在 20~30℃温度下的干燥箱中干燥，干透后，揭取薄膜，将此

膜标记为 A。

②分别称取聚氨酯乳液（80UD）20g、水 20g 在烧杯中搅拌均匀，注入聚四氟乙烯模具，静置干燥，或者在 20~30℃温度下的干燥箱中干燥，干透后，揭取薄膜，将此膜标记为 B。

③将 A、B 两种薄膜放入干燥器中，空气调节 48h 后，使用模具分别下样后，在多功能材料实验机及相关仪器上测定薄膜 A 和 B 的抗张强度及延伸率。

④准确称取一定质量的薄膜，分别在水或甲苯中浸泡 24h，用滤纸吸干薄膜表面溶剂后，再使用分析天平称其质量，分别计算样品对水和甲苯的吸收率。

5. 现象观察及数据测定

①用感官分别评定薄膜 A 与 B 的柔软度、颜色、透明度等指标。

②对比薄膜 A 与 B 的抗张强度、延伸率及对水和甲苯的吸收率。

6. 思考题

①交联对涂层所产生有利作用和不利影响分别是什么？如何使用交联剂才能降低这种不利影响？

②涂层交联剂对成膜剂的交联反应具有哪些特点？

实验四十九　封底材料及方法对成革质量的影响

1. 实验目的

①掌握不同涂饰材料对成革性能的影响。

②掌握不同涂饰方法对成革性能的影响。

③了解涂饰操作中产品质量控制应注意的问题。

2. 实验原理

皮革是一种具有疏松多孔网状结构的天然高分子物质，一般来说，皮革柔软丰满性越好，其孔隙越多，胶原纤维编织也越疏松。目前最广泛使用的皮革依然是铬鞣革，铬鞣革经过大量阴离子型材料的复鞣、染色和加脂后，表面多呈现阴电性。皮革涂饰材料中大多数树脂是阴离子型乳液，它们渗透性好、黏着力强，成膜有一定的塑料感和硬度。待涂饰的革坯由于具有多孔结构并且表面带有阴电性，阴离子型树脂乳液容易渗透入革坯内部，使皮胶原纤维黏结、变硬，导致成革柔软性、丰满性等感官性能显著降低，同时影响皮革的透气性和透水汽性等卫生指标。

为使涂饰操作不对成革感官性能和使用性能造成显著的负面影响，涂饰过程中应当控制树脂在革坯中的渗透深度。封底操作是利用成膜较柔软的阳离子或非离子材料首先对革坯进行涂饰，在避免成膜剂过多地向革坯内部渗透的同时尽可能在皮革表面形成柔软的膜，以避免后续涂饰过程中所使用的成膜较硬的树脂过多地被革坯吸收，从而保证成革具有优良的品质。然而，封底操作也不能将皮革表面完全封闭，如果封底操作形成的膜十分连续，且光滑致密，会导致后续涂层无法牢固地与革坯和封底涂层黏结，造成涂层黏着牢度不够甚至掉浆的问题。

目前涂饰操作中广泛使用的方法有辊涂、揩涂和喷涂等。辊涂是利用辊涂机对皮革进行涂饰的方法，可以通过改变料槽辊的花纹、供料速度和供料方式等，调整革坯的上浆量，辊涂操作效率高、涂层均匀，但是辊涂机价格高昂。揩涂是利用特制的羊毛刷或纱布包裹的海绵将涂饰浆料涂布于革坯表面，操作简单、成本低廉，揩涂过程中可以人为地控制上浆量，有针对性地在有伤残的地方多揩、重揩，从而有效地遮盖粒面伤残，通过控制揩涂过程中的力量大小，可以调整涂饰浆料的渗透深度。喷涂是利用喷枪将涂饰浆料充分雾化后喷出，一般来说，喷涂上浆量较少，浆料涂布也比较均匀。

通过改变封底材料的配方和浆料的涂布方式，可以进一步理解封底操作的意义，并进一步掌握不同化工材料和涂饰操作对封底效果的影响。

3. 仪器、药品及材料

喷涂台	1台	揩涂用羊毛刷	2个
天平	1台	玻璃棒	5支
玻璃烧杯（100mL）	5个	黑色黄牛软纳帕鞋面革（20cm×20cm）	6块
黑色颜料膏 N931	适量	补伤膏 9309	适量
阳离子酪素 K5981	适量	阳离子蜡 5961	适量
阳离子丙烯酸 1901	适量	阳离子颜料膏 K991	适量
酪素 5833	适量	丙烯酸树脂 1150	适量
达威聚氨酯树脂 2301	适量	蜡乳液 5050	适量
烘箱	1台		

注：所用化工材料皆为四川达威科技股份有限公司产品。

4. 操作步骤

（1）涂饰浆料配方

A：补伤膏 9309 95 份，黑色颜料膏 N931 5 份。

B：补伤膏 9309 15 份，黑色颜料膏 N931 5 份，水 80 份。

C：阳离子颜料膏 K991 10 份，阳离子丙烯酸 1901 10 份，阳离子蜡 5961 10 份，阳离子酪素 K5981 5 份，水 65 份。

D：黑色颜料膏 N931 10 份，丙烯酸树脂 1150 10 份，聚氨酯树脂 2301 10 份，5g 蜡乳液 5050 5 份，酪素 5833 5 份，水 60 份。

（2）操作方法

将 5 块黄牛软纳帕鞋面革摔软、绷板后分别编为 1~6 号。1 号革坯用硬质塑料板将 A 涂饰配方均匀地在革坯表面刮匀 1 遍，2 号革坯用喷枪将 B 涂饰配方均匀地喷涂于革坯表面，3 号革坯用羊毛刷蘸取 C 涂饰配方均匀地在革坯表面揩涂 1 遍，4 号革坯用喷枪将 C 涂饰配方均匀地喷涂于革坯表面，5 号革坯用羊毛刷蘸取 D 涂饰配方均匀地在革坯表面揩涂 1 遍，6 号革坯用喷枪将 D 涂饰配方均匀地喷涂于革坯表面，上述 6 块革坯完成封底后置于 50℃的烘箱中烘干，再将 1~6 号皮用喷枪将 D 涂饰配方均匀地喷涂于革坯表面，自然晾干。

5. 现象观察及数据测定

①观察完成不同封底操作后 6 块革坯的粒面状态、柔软性、丰满性和塑感。

②观察完成封底后再进行一次 D 涂饰配方喷涂后 6 块革坯的粒面状态、柔软性、丰满性和塑感，并与喷涂 D 涂饰配方前进行对比。

6. 思考题

①1~6 号革坯经过每次涂饰后，其粒面状态、柔软性和丰满性有何变化？其中哪块感官性能最优？哪块最差？为什么？

②A、B、C、D 四个涂饰配方有何区别？它们对保持革坯柔软性和丰满性的效果如何？

③揩涂和喷涂哪种更适合用于封底？为什么？

④阴离子和阳离子涂饰配方哪个更适合用于封底？为什么？

实验五十 皮革光亮剂与成革涂层物理性能及光亮度的关系

1. 实验目的

①了解皮革涂饰用光亮剂的情况及发展趋势，结合环保、产品标准选择合适的光亮剂。

②熟悉部分光亮剂的特性及使用方法、光亮剂对成品革涂层的抗水性能、抗溶剂性能、耐摩擦性能、抗冲撞性能与感官性能的影响，以及成革光亮度（无光、自然光、

亚光、油光、蜡光型等）的模糊描述、风格特征及辨识方法。

2. 实验原理

皮革光亮剂因其具有不同于一般成膜剂的特殊结构，形成的膜致密而平滑，强度好，对光具有较强的反射作用，能增加涂层的光泽，提高涂层的抗水、抗溶剂、抗冲击和耐摩擦性能。可调光型光亮剂因成膜条件不同，其膜的强度、折光性、抗水性和耐擦性能也不同，特别是光泽可根据需要进行选择。

3. 仪器、药品及材料

PUC-401 聚氨酯光亮剂	适量	乙二醇（工业品）	适量
M-3 可调型光亮剂	适量	LF 6430 高光泽硝化光油	适量
LF 6225 硝化光油	适量	WA-G 蜡乳液	适量
醋酸丁酯（工业品）	适量	甲醛（工业品）	适量
非离子型滑爽剂	适量	HF 硝化纤维光油	适量
面层涂饰后的革坯（20cm×25cm）	7 块		

以上涂饰用化工材料可选用国内外不同企业的同类型产品，根据不同企业的产品，可对比同类产品之间的性能差别。

4. 操作步骤

（1）光亮剂的配制

按以下 A、B、C、D、E、F 和 G 配方先配制好不同的光亮剂。

A：PUC-401 聚氨酯光亮剂 10 份，水 27 份，WG-A 蜡乳液 3 份，非离子型滑爽剂 5 份，甲醛 5 份。

B：M-3 可调型光亮剂 10 份，水 10 份（先加 4 份水搅匀，再边加边搅加入 6 份水，充分搅匀）。

C：HF 硝化纤维光油 50 份，醋酸丁酯 10 份，水 130 份，非离子型滑爽剂 10 份。

D：LF 6225 硝化光油 10 份，乙二醇 2 份，水 30 份。

E：LF 6430 高光泽硝化光油 10 份，醋酸丁酯 25 份。

F：M-3 可调型光亮剂 25 份，醋酸丁酯 20 份，非离子型滑爽剂 2 份。

G：M-3 可调型光亮剂 20 份，水 10 份（充分搅匀）。

（2）操作方法

取面层涂饰完成后的革坯（山羊革、猪服装革、黄牛软鞋面革坯均可），分别编号为：A_1、B_1、C_1、D_1、E_1、F_1 和 G_1，将上述光亮剂 A～G 分别均匀等量地喷涂在相应的革坯 A_1～G_1 上，喷浆量要适当，不能过多，更不能有流浆。喷涂后自然晾至全干或烘干。若革坯较小，不便喷涂，可用揩浆泡沫蘸上光亮剂 A～G，分别均匀等量地揩涂在相应的革坯 A_1～G_1 上，揩浆量要适当，揩涂后自然晾至全干或烘干。

5. 现象观察及数据测定

①评估光亮剂配方 A～G 赋予相应革坯 A_1～G_1 的光亮度、透明度，手感的平滑、黏滞等感官情况。

②用标准棉织白布检查各配方的耐干、湿擦性能，先手工检查，再取其中有代表性的样品，用仪器测试其耐干、湿擦牢度。

③用醋酸丁酯或甲苯检测涂层耐溶剂性能。

6. 思考题

①你对皮革光泽度的描述及风格有何认识？通过本实验有何收获？

②目前常用的皮革光亮剂有哪几类？各有何特性？

③聚合物类光亮剂在性能方面有何不足之处？应做哪些改进？

④水性光亮剂与油性光亮剂在应用性能方面有何差异？

实验五十一 皮革手感剂的搭配使用对皮革质量的影响

1. 实验目的

①初步了解国内皮革涂饰用手感剂的供应现状和部分手感剂的特征，感知国内外高档皮革的特征及流行风格。

②熟悉现有部分皮革手感材料的性能，以及与其他材料的配伍特性和手感层（效应层）配方的制定及涂饰工艺技术。

2. 实验原理

皮革涂饰用手感剂多为有机硅和蜡的改性材料，它们能赋予皮革柔软、自然的平滑感，或柔软饱满的厚实感，或柔软滑腻的触感，或自然的油蜡触感等。可满足人们各种各样的触感需求。

3. 仪器、药品及材料

FH 高级手感剂	适量	M-3 可调型光亮剂	适量
FH-21 非离子蜡乳液	适量	GMN-L 有机硅非离子滑爽剂	适量

FI-1283 阳离子蜡乳液	适量	WG-A 蜡乳液	适量
LF 7764 手感剂（聚硅、油性）	适量	烧杯（50~100mL）	5 个
LF 6430 高光泽硝化光油	适量	醋酸丁酯（工业品）	适量
玻璃棒	5 支	HM-183 手感剂（聚硅、水性）	适量
小型喷枪	1 支	天平（精确至 0.1g）	1 台
经面层涂饰或喷光亮后的服装革革坯	3~10 张		

以上涂饰用化工材料可选用国内外不同企业的同类型产品，根据不同企业的产品，可对比同类产品之间的性能差别。

4. 操作步骤

（1）实验方案（手感层配方）

A：HM-183 手感剂 10 份，水 200 份，FI-1283 阳离子蜡乳液 50 份。

B：HM-183 手感剂 2 份，醋酸丁酯 1 份，水 20 份，M-3 可调型光亮剂 5 份。

C：FH 高级手感剂 10 份，水 90 份。

D：LF 7764 手感剂 10 份，LF 6430 高光泽硝化光油 10 份，醋酸丁酯 50 份。

E：HF 高级手感剂 4.5 份，醋酸丁酯 1.5 份，水 80 份，FH-21 非离子蜡乳液 7 份。

F：GMN-L 有机硅非离子滑爽剂 20 份，水 80 份。

（2）操作步骤

先按上述配方配好手感层浆料，将经面层涂饰或喷光亮后的革坯分成 6 等份，记为 A_1、B_1、C_1、D_1、E_1 和 F_1，分别用上述配好的手感剂等量喷涂（即用 A 方案喷 A_1，B 方案喷 B_1，所喷量与 A_1 相同，其余类推），喷浆量适当（不能有流浆、过厚现象）。

喷涂 A_1 时用报纸遮挡 B_1、C_1、D_1、E_1 和 F_1 部分，只留出待喷部分 A_1，喷后完全晾干。再用报纸遮挡，只露出待喷的部分，并用相应的浆液喷涂，直至全部喷涂完毕。

5. 现象观察及数据测定

观察比较经上述手感剂涂饰后，革 A_1 与 F_1、B_1 与 F_1、C_1 与 F_1、D_1 与 F_1、E_1 与 F_1 的光泽、滑爽度、油感、蜡感、柔软性、丰满性有何不同，并检查耐湿擦情况。

6. 思考题

①现有手感剂的种类有哪些？

②水性和油性聚氧硅类手感剂的性能有何差异？

③有机硅类手感剂与蜡乳液加非离子滑爽剂的效果有何区别？

④手感剂与光亮剂、溶剂有何不同？

实验五十二　不同涂饰用成膜剂对皮革燃烧性能的影响

1. 实验目的

①掌握皮革燃烧和阻燃的基本原理。

②掌握不同涂饰用成膜剂对皮革阻燃性能的影响。

③掌握皮革阻燃性能测试的方法。

2. 实验原理

皮革是一种天然高分子材料，在加热和燃烧过程中不会软化和熔融，燃烧的产物主要是碳化物。天然皮革具有一定的阻燃性，没有经过阻燃处理的成品革，其氧指数在21%~27%，由于皮革燃烧所需氧气含量高于空气中的氧含量，属于可自熄的材料范围。但是皮革点燃后无焰燃烧时间较长，并伴有大量具有刺激气味的浓烟。因此，皮革的阻燃性还不能满足其在森林防火装备、防火家具以及飞机、汽车内装饰中的高阻燃要求。

涂饰是制革加工的重要操作，涂饰过程中形成的涂层被均匀地涂布于皮革表面，既提高了皮革的美观性能，又使皮革更加经久耐用。当皮革暴露于火焰或高温环境中时，涂层的燃烧性能将直接影响皮革的阻燃性能。不同涂饰用成膜剂由于组成和化学性质各不相同，其自身的燃烧性能也各不相同，在涂饰中使用这些涂饰剂后成品革的阻燃性能也势必各不相同。皮革燃烧时，涂饰中使用的成膜剂将先于皮革燃烧并分解，成膜剂的燃烧性能和燃烧后的产物将直接影响皮革的阻燃性能。

本实验通过采用不同种类的成膜剂对皮革进行涂饰，并对涂饰后革坯的阻燃性能进行测定，有助于制定阻燃皮革涂饰工艺，并进一步了解皮革的阻燃原理。

3. 仪器、药品及材料

喷涂台	1台	揩涂用羊毛刷	6个
烘箱	1台	通过式熨平机	1台
氧指数测定仪	1台	垂直燃烧仪	1台
建材烟密测定仪	1台	定重式厚度测定仪	1台
黄牛沙发革坯	1张	聚氨酯树脂* 62. A	适量
丙烯酸树脂* A-931	适量	酪素* 297	适量
硝化棉** 348. B	适量	醋酸纤维** EBN	适量
丁二烯树脂 50B-N	适量		

注：*斯塔尔（Stahl）公司产品。

　　**朗盛公司产品。

4. 操作步骤

测试样品的制备：将 6 种涂饰用成膜剂稀释至固含量为 10%的溶液，再将稀释液均匀地揩涂于经摔软、绷板后的黄牛沙发革坯上，揩涂后置于 50℃的烘箱中烘干，再用通过式熨平机熨烫 1 次，熨烫温度 100℃、压力 5MPa、传送带速度 4.5m/min。

阻燃性能测试：根据 ASTM D 2863-2017 所述方法测定皮革样品的氧指数，根据 ALCA Method E50 所述方法测定皮革样品的垂直燃烧性能，根据 GB/T 8627—2007 所述方法测定皮革样品的燃烧烟密度。

5. 现象观察及数据测定

将用氧指数测定仪、垂直燃烧仪和建材烟密测定仪测试所得的相关数据填入表 1-33，并记录各种涂饰用成膜剂涂饰所得皮革在各种测试中的燃烧现象。

表 1-33　成膜剂的种类对皮革燃烧性能的影响

成膜剂	有焰燃烧时间/s	无焰燃烧时间/s	碳化长度/cm	氧指数/%	烟密度/%
未涂饰革坯					
丙烯酸树脂					
聚氨酯树脂					
丁二烯树脂					
酪素					
硝化棉					
醋酸纤维					

6. 思考题

①涂饰过程中哪种类型的成膜剂对皮革阻燃性有更好的效果？为什么？

②涂饰剂的阻燃性能与哪些因素有关？

③从涂饰角度来看，应如何提高皮革阻燃性能？

实验五十三　交联剂对皮革涂层耐溶剂性能的影响

1. 实验目的

①掌握常用交联剂的基本性质及对涂层性能的影响。

②掌握耐溶剂涂饰的配制原则和涂饰操作。

③掌握涂层耐溶剂性能的测试方法。

2. 实验原理

在制鞋工艺中需要使用黏合剂对鞋帮和鞋底、鞋帮与鞋帮进行粘接，目前常用的黏合剂中往往含有一定量的溶剂，这些溶剂会从皮革肉面逐渐渗透到皮革粒面，并与涂饰涂层接触，如果皮革涂层不耐溶剂，溶剂就会使涂层溶胀甚至溶解，并逐渐从皮革表面剥离下来，既影响成革美观，又会影响革制品的粘接牢度。

在皮革涂饰配方中加入交联剂可以显著提升涂层的耐溶剂性能，目前常用的交联剂有氮丙啶类、环氧类、聚碳化二亚胺类和聚异氰酸酯类几种，各种交联剂性质各有所长。氮丙啶类和聚碳化二亚胺类是目前最常用的交联剂。氮丙啶类交联剂反应活性高，在常温下即可对酪素和丙烯酸、聚氨酯树脂产生交联作用，但是毒性大，配制的涂饰浆料使用寿命短。聚碳化二亚胺类交联剂低毒、高效，可在明显提高涂层耐溶剂、耐擦刮性能的同时保持涂层的原有特点，但反应较慢。聚异氰酸酯类交联剂可对多种成膜剂进行交联，反应时间较快，但交联效果不如聚碳化二亚胺类交联剂。除了交联剂外，涂层中的树脂种类也会影响涂层的耐溶剂性能，一般来说，聚氨酯树脂的耐溶剂性能优于丙烯酸树脂。

目前，对皮革涂层是否耐溶剂的测定是使用丙酮作为溶剂，利用 VESLIC 摩擦牢度测试仪进行的。VESLIC 摩擦牢度测试仪打开中央底板，装上毛毡，并将待测皮革样品绷在毛毡上，先绷开 5%，再滴 1 滴丙酮在毛毡上，1 min 后毛毡再绷开 5%，然后用干毛毡在 1kg 负荷下往复摩擦 5 次，观察涂层是否膨胀、变软和发生其他变化。为了使测试结果与皮革的加工和使用情况更加接近，也可将足量甲苯（制鞋黏合剂中最常见的溶剂）或乙醇（常见皮革清洁剂）等溶剂滴在皮革肉面，代替丙酮进行测试。

3. 仪器、药品及材料

喷涂台	1 台	黄牛鞋面革坯（20cm×20cm）	6 块
烘箱	1 台	通过式熨平机	1 台
聚氨酯树脂 2301*	适量	丙烯酸树脂 1150*	适量
交联剂 AKU**	适量	交联剂 UCL***	适量
丙酮	适量	交联剂 XL-50***	适量
乙醇	适量	甲苯	适量

注：*达威公司产品。

**斯塔尔公司产品。

***朗盛公司产品。

4. 操作步骤

①按照常规牛鞋面革涂饰配方中的底涂配方，将其中的树脂完全替换为丙烯酸树脂 1150 或聚氨酯树脂 2301，将替换树脂后的底涂配方揩涂至革坯粒面，涂饰后置于

50℃的烘箱中充分烘干，再用通过式熨平机熨烫 1 次，熨烫温度 100℃、压力 5MPa、传送带速度 3m/min，再按常规方法进行中涂和顶涂即得到黄牛鞋面革成品。

②分别在底涂涂层中加入不同种类的交联剂，交联剂 AKU（氮丙啶类交联剂）用量为成膜剂质量的 1%，交联剂 XL-50 用量为成膜剂质量的 3%，交联剂 UCL 用量为成膜剂质量的 3%，重复①中的涂饰操作。

③在涂饰后的皮革肉面上画一个直径 1cm 的圆圈，用滴管在圈内滴加丙酮、乙醇或甲苯 5~6 滴，静置 3 min 后用棉布在皮革粒面用力摩擦。

5. 现象观察及数据测定

①观察和记录不同溶剂从肉面渗透入皮革的时间，同时记录不同溶剂从皮革涂层浸出的时间。

②观察摩擦后涂层表面的变化情况，并对比不同树脂底涂配方、不同交联剂和是否使用交联剂涂饰方案中涂层的变化情况。

6. 思考题

①影响皮革涂层耐溶剂性的因素有哪些？

②不同交联剂对皮革涂层耐溶剂性和成革手感的影响有何区别？

③使用交联剂后皮革涂层耐溶剂性能与干燥温度和静置时间是否有关系？

④为什么丙烯酸树脂和氨基树脂的耐溶剂性有所差异？

实验五十四　热发泡涂饰

1. 实验目的

①了解皮革涂饰过程中遮盖伤残的常用方法和原理。

②掌握常用热发泡涂饰的原理和操作要点。

③掌握粒面遮盖涂饰配方的基本组成。

2. 实验原理

为了提高皮革产品的品质，涂饰过程中需要在尽量不影响皮革感官性能和卫生性能的基础上，尽量遮盖皮革粒面上的伤残，使皮革外观均匀一致。发泡涂饰就是遮盖伤残、提升整张皮革品质等级率的好方法。发泡涂饰具有以下优点：①形成的涂层柔软，外观自然，手感温和，具有良好的耐干湿擦性能；②涂层遮盖能力强，对一些常规综合树脂不能遮盖的伤残具有良好的遮盖效果；③压花定型性好，压花操作容易，花纹立体、保持时间长。但是发泡涂饰也存在对自然光反射能力较弱，无法用于高光皮革涂饰，以及涂层耐刮、耐磨性能相对较差等缺点。

发泡涂饰是通过化学或物理作用使涂饰剂发泡，并在革坯表面形成一层具有很强遮盖能力的膜。发泡涂饰一般是在革坯封底后进行，发泡后可正常进行其他涂饰操作，不会影响整个涂饰工序的实施。发泡涂饰有两种原理：物理发泡和化学发泡。物理发泡是在涂饰剂中加入泡沫稳定剂，并使用专门的泡沫发生器将空气加入涂饰剂，形成微泡复合物，再利用无气喷涂将泡沫涂饰于革坯表面，该方法操作复杂，需要专门的机械设备，目前已较少使用。化学发泡又称热发泡，是在涂饰配方中加入一定的发泡剂，发泡剂在高温熨烫过程中产生气体使涂层发泡，发泡后的涂层在革坯表面形成一层不透明的膜，实现遮盖伤残的目的，该方法操作简便，效果明显，是目前最常使用的发泡涂饰方法。

热发泡树脂在涂饰过程中需要在高温熨烫条件下才能充分发泡，发泡后的树脂体积增大，可以填充在革坯表面凹凸不平的伤残处，使革坯表面均匀一致。如在发泡过程中采用带有花纹的压花板进行熨烫，花纹将会被永久保留在革坯表面，不仅可以实现压花效果，所形成的花纹对革坯伤残还具有进一步的遮盖效果。热发泡树脂发泡后体积增加，会导致涂层颜色变浅，因此在配制热发泡涂饰浆料时应当增加颜料膏比例，并使用粒度细、遮盖力好的颜料膏。为了避免热发泡树脂对皮革手感的负面影响，同时提高涂层对粒面伤残的遮盖性和压花定型性，在热发泡涂饰浆料中应当加入一些手感较好、有一定遮盖力的树脂。热发泡涂饰后一般还需要再进行中涂，以提高涂层耐磨、耐擦刮等性能，然后才能采用光亮剂进行涂饰。

3. 仪器、药品及材料

喷涂台	1 台	烘箱	1 台
压花机	1 台	牛皮纹压花板	1 块
通过式熨平机	1 台	黑色颜料膏 H952**	适量
丙烯酸树脂 SB150*	适量	热发泡树脂 MP2*	适量
综合树脂 UP-FP*	适量	聚氨酯树脂 UTN-100**	适量
伤残较大的黄牛鞋面革坯	1 张	蜡乳液 WAX 187***	适量

注：*朗盛公司产品。

**达威公司产品。

***斯塔尔公司产品。

4. 操作步骤

(1) 涂饰浆料配方

①阳离子封底配方：水 500 份，阳离子聚氨酯树脂 100 份，阳离子丙烯酸树脂 50 份，阳离子封底油 40 份，阳离子蜡乳液 100 份，非离子蜡乳液 50 份，阳离子酪素 50

份，阳离子颜料膏 60 份，阳离子染料水 20 份，异丙醇 30 份。

②热发泡涂饰配方：水 300 份，黑色颜料膏 100 份，热发泡树脂 MP2 100 份，综合树脂 UP-FP 80 份，酪素 BI-596 100 份，聚氨酯树脂 UTN-100 70 份，丙烯酸树脂 SB150 100 份，蜡乳液 WAX 187 80 份，染料水 20 份，乙二醇甲醚 50 份。

③中层涂饰配方：水 450 份，黑色颜料膏 70 份，中软丙烯酸树脂 80 份，中硬丙烯酸树脂 30 份，接着树脂 50 份，中软聚氨酯树脂 100 份，中硬聚氨酯树脂 50 份，蜡乳液 80 份，酪素 60 份，染料水 20 份，乙二醇甲醚 10 份。

④光亮涂饰配方：水 100 份，聚氨酯光亮剂 100 份，手感剂 8 份。

（2）操作方法

挑选伤残较重的黄牛鞋面革坯，经过振荡拉软、绷板后即可进行涂饰。涂饰流程为：封底→热发泡涂饰→中层涂饰→光亮涂饰。

①封底：刷阳离子封底配方 1 次，烘干；通过式熨平机熨烫 1 次，熨烫温度 90℃、压力 5MPa、传送带速度 4m/min；再轻喷涂阳离子封底配方 1 次，烘干。

②热发泡涂饰：刷热发泡涂饰配方 1 次，烘干；平板压花机压牛皮纹，熨烫温度 120℃、压力 12MPa、保压时间 3s。

③中层涂饰：刷中层涂饰配方 1 次，烘干；轻喷中层涂饰配方 1 次，烘干；通过式熨平机熨烫 1 次，熨烫温度 100℃、压力 8MPa、传送带速度 4.5m/min；再喷中层涂饰配方 1 次，烘干。

④光亮涂饰：喷光亮涂饰配方 1 次，烘干；通过式熨平机熨烫 1 次，熨烫温度 120℃、压力 3MPa、传送带速度 4.5m/min。

留 1 块空白样，空白样不进行热发泡涂饰，只进行封底、中层涂饰和光亮涂饰。

5. 现象观察及数据测定

①观察热发泡涂饰前后皮革粒面伤残的变化，观察热发泡涂饰压花后皮革粒面的伤残、颜色、光泽和手感。

②观察并记录空白样和经过热发泡涂饰的实验样在粒面形貌、伤残情况、手感和颜色等感官性能方面的变化。

6. 思考题

①热发泡树脂为什么能有效遮盖皮革表面伤残？遮盖伤残的原理是什么？

②热发泡树脂是否可以遮盖所有类型的皮革伤残？为什么？

③为什么热发泡涂饰后经过压花涂层颜色会变浅？

④采取哪些措施可以提高热发泡涂饰皮革的耐水、耐溶剂和耐擦刮性能？

⑤通过对比本实验前后皮革的状态，谈谈对次皮深加工的体会。

实验五十五　皮革效应涂饰

1. 实验目的

①了解皮革的各种涂饰效应。

②掌握一些皮革效应涂饰的实施和操作要点。

2. 实验原理

皮革涂饰是制革加工的最后工序，涂饰后的成革与坯革相比更加美观，颜色均匀一致，有适度的光泽，手感舒适；对于效应涂饰的皮革还将具有特异风格，引领时代潮流。另外，采用效应涂饰还可以使一些品质不佳的坯革，通过特定的效应涂饰，提高产品的档次，达到次皮深加工的目的。

效应涂饰的实现可以大致分成三类：一类是通过特殊的化工材料来实现，如油变色效应、龟裂效应、珠光效应等；第二类是通过特殊的涂饰工艺或机械操作，如打光革、双色效应、水洗效应、仿旧效应等；第三类是压花、印花效应皮革。以下就其中一些效应涂饰的原理和操作进行简单介绍。

油变色效应是指在涂饰时，将特殊的 pull-up 油施于皮革上，使皮革在外力作用下，如拉伸、顶起、弯曲时革面原先的颜色会出现局部深浅、浓淡不一的变色现象，一旦外力作用消除，革面的颜色又恢复到原先的自然状态，这一效应的形成主要是由于特殊的油剂作用。珠光效应又叫金属效应，其制作过程是在涂饰的效应层中加入金属粉（如金、银、铜粉），金属粉的添加能使成革在光的照射下产生珠光效应。龟裂效应涂饰是通过在皮革涂饰顶层施喷一种极硬的龟裂树脂，在干燥或振软过程中，自动裂开而呈现较为规则的龟裂花纹。裂纹处显露出较浅的皮革底色，从而产生特殊效果。打光效应涂饰是在皮革涂饰完成后在专门打光机上进行打光操作的涂饰。所谓打光，就是用光滑的玻璃或玛瑙圆柱体在皮革涂层上快速冲打，施以较大的压力和机械摩擦力。用于打光的涂饰剂需采用耐高温的蛋白类成膜剂，打光过程中，由于摩擦生热，涂层中的蛋白凝固，提高了涂层的防水性，粒面毛孔平细，表面平滑光亮，具有镜面效果。双色效应的形成是在皮革涂饰过程中，先涂一层着色层，然后压花，在压花凸起部分再涂其他色浆，随后进行光亮层和手感层的涂饰。其涂饰效果是上下两层颜色不同，从而产生双色效应。压花是通过花纹独特的花板，在一定温度和压力作用下，赋予皮革涂层特殊的粒面花纹，如常见的荔枝纹鳄鱼皮花纹等。

3. 仪器、药品及材料

皮革涂饰化工材料*	适量	烧杯（400mL）	6 个

皮革涂饰化工材料**	适量	玻璃棒	3支
天平（精确到0.1g）	1台	干摔软转鼓	1台
海绵擦	1块	喷枪及空气压缩系统	1台
熨烫机	1台	辊涂机	1台
待涂饰铬鞣牛坯革	5个半张		

注：*德瑞公司产品。

**巴斯夫公司产品。

4. 操作步骤

（1）手工踢皮效应

皮坯：黄牛磨面革坯，厚度1.0~1.2mm。

工艺配方：德瑞公司（TFL）参考配方见表1-34。

表1-34　踢皮效应革涂饰配方　单位：份

材料	配方				
	1	2	3	4	5
Wax K 619（蜡）	100				
feel CLD	60				
水	400	100	400	200	
Pur K 8727（PU树脂）	100				
Fix EF 5538（填料）		125			
颜料膏		10			
AL pigment		20			
染料水		5			
WX 1418		50			
EP 6		30			
Wax MONO		10			
Pur 8103（聚氨酯）			50		
Pur 5101（聚氨酯）			50		
Pur 323（聚氨酯）			100		
Cryl 5110（丙烯酸）			75		
link A 60（交联剂）			5	12	
WF 2185				50	
Fix 5590 Dull（消光剂）				100	
Gloss 100				150	
FEEL N4（手感剂）				10	

操作：

①革坯干摔软 10h。

②按照配方 1 称料，充分搅拌混合均匀，喷一个十字交叉，干燥后熨平板，温度 90℃，压力 8MPa。

③按照配方 2 称料，充分搅拌混合均匀，喷一个十字交叉，干燥后手工踢皮；再喷两个十字交叉。

④按照配方 3 称料，充分搅拌混合均匀，喷一个十字交叉。

⑤按照配方 4 称料，充分搅拌混合均匀，喷一个十字交叉。

⑥按照配方 5 称料，充分搅拌混合均匀，喷一个十字交叉；干燥后熨平板，温度 90℃，压力 6MPa。

⑦干摔软 2h，出鼓，成品。

（2）全粒面水洗效应

革坯：黄牛正面坯革，厚度 1.0~1.2mm。

工艺配方：德瑞公司（TFL）参考配见表 1-35。

表 1-35 水洗效应革涂饰配方 单位：份

材料	配方					
	1	2	3	4	5	6
KP（颜料膏）	40					
fill K 622（填料）	40					
水	400	100	215	200	300	150
Wax K 619（蜡）	60					
Pur Ep 34（聚氨酯）	80					
Pur K 8727（聚氨酯）	120					
K 577	100					
KTA 950	30					
WG/4		100	100			
AL（颜料膏）			30			
染料水			5			
AS/2			50			
Pur EP 19（聚氨酯）			50			
Fix EF 5538（填料）				100		
IPA（异丙醇）				100		
TLC 327			50			
Pur 5101（聚氨酯）					50	

续表

材料	配方					
	1	2	3	4	5	6
Pur 323（聚氨酯）					100	
NP 87					50	
WF 2185						200
Fix 5590 Dull（消光填料）						100
AKU（交联剂）						10
Feel N4（手感剂）						8

操作：

①革坯干摔软 10h。

②按照配方 1 称料，充分搅拌混合均匀，喷两个十字交叉。

③按照配方 2 称料，充分搅拌混合均匀，喷一个十字交叉，干燥后熨平板，温度 90℃，压力 8MPa；干摔 8h。

④按照配方 3 称料，充分搅拌混合均匀，喷两个十字交叉。

⑤按照配方 4 称料，手工擦效应。

⑥按照配方 5 称料，充分搅拌混合均匀，喷一个十字交叉。

⑦按照配方 6 称料，充分搅拌混合均匀，喷一个十字交叉；干燥后干摔软 2h；熨平板，温度 75℃，压力 2MPa；成品。

（3）全粒面裂纹效应

革坯：黄牛全粒面坯革，厚度 1.2~1.4mm。

工艺配方：巴斯夫公司（BASF）参考配方见表 1-36。

表 1-36　裂纹效应革涂饰配方　单位：份

材料	配方			
	1	2	3	4
Luron TOP（硬酪素）	700			220
Lepton Binder NA	250			
水	50			425
IPA（异丙醇）		750	910	
Eukesolar E Turquoise EB（染料）		250		
Eukesolar E Red EB（染料）			80	
Special color variable pigment（颜料膏）			10	
Lepton WAX WN（蜡）				5

续表

材料	配方			
	1	2	3	4
Astacin Finish EE-US				200
Astacin TOP LH				150
Lepton Paste VL	X			
Viscosity Ford04 mm	20' '			

操作：

①革坯干摔 4h；

②按照配方 1 称料，充分搅拌混合均匀，辊涂 1~2 次，浆料 10g/ft^2；干燥后摔软 5h；

③按照配方 2 称料，充分搅拌混合均匀，揩涂 1~2 次，浆料 5g/ft^2；

④按照配方 3 称料，充分搅拌混合均匀，揩涂 1 次，浆料 1g/ft^2；

⑤按照配方 4 称料，充分搅拌混合均匀，喷涂 2 次，浆料 1g/ft^2；干燥后熨平板，温度 120℃，压力 8MPa；成品。

(4) 轻微水性油变色效应

革坯：黄牛正面坯革，厚度 1.1~1.3mm。

工艺配方：巴斯夫公司（BASF）参考配方见表 1-37。

表 1-37　水洗油变效应革涂饰配方　单位：份

材料	配方				
	1	2	3	4	5
水	750	300	700	350	700
Lepton Wax 11 蜡		300		50	
Lepton Wax P60 蜡		150			
Luron Binder U		100		120	
Lepton Filler H 填料				30	
Lepton Binder NA				180	
Lepton Binder OFG201A				50	
Astacin Ground UH TF			200		
Astacin Finish PF TF				60	
Solvenon PM	100	100	100	50	
Eukesolar Dye Liq.	100	20		30	
Corial EM Finish FR-MS					300

续表

材料	配方				
	1	2	3	4	5
Corial Wax EG					10
Corial Wax EBT					10

操作：

①按照配方 1 称料，充分搅拌混合均匀，轻喷两个十字交叉。

②按照配方 2 称料，充分搅拌混合均匀，轻喷三个十字交叉；过夜，熨平板，温度 120℃，压力 10MPa。

③按照配方 3 称料，充分搅拌混合均匀，轻喷一个十字交叉。

④按照配方 4 称料，充分搅拌混合均匀，轻喷一个十字交叉；熨平板，温度 110℃，压力 10MPa；再轻喷一个十字交叉。

⑤按照配方 5 称料，充分搅拌混合均匀，轻喷两个十字交叉；熨平板，温度 120℃，压力 10MPa。

⑥干摔软 2h，成品。

5. 现象观察

涂饰过程中，认真观察各工序前后皮革的外观变化，记录效应涂饰的效果出现的工序。

6. 思考题

①将以上 4 种效应涂饰成革的感官性能进行全面对比，你最满意哪种涂饰风格？为什么？

②根据实验和文献资料，设计一个效应涂饰皮革的配方和操作。

③了解以上 4 种涂饰成革的销售价格，理解什么是次皮深加工。

实验五十六　山羊服装革涂饰综合实验

1. 实验目的

①熟悉常用坯革的涂饰工艺，制定、材料配制和涂饰不同阶段的检查方法。

②掌握皮革涂饰基本流程、涂饰材料选择和手工喷涂方法，了解不同涂饰要求的涂饰工艺实现。

2. 实验原理

皮革产品的涂饰十分重要，不同产品的涂饰工艺差别较大，主要体现在根据皮革产品的要求，如延伸性、摩擦性能、吸湿性、透湿性、光泽、平滑度、耐寒性、耐曲挠性等指标，选择合适的树脂、着色、手感剂等材料，并进行合理搭配，最终目的是使涂饰后的皮革产品符合样品要求。涂饰样品是否满足要求，一般通过实验检测来进行，除色泽均匀性、手感等感官指标外，着色准确性、牢度、摩擦性能等指标一般通过专用检测仪器来检查，各项指标应达到样品或约定的指标要求，这在皮革产品贸易过程中要特别注意，尤其是国际贸易，产品一定要符合产品订单要求的国际标准。

3. 仪器、药品、材料及参考配方

喷台	1 台	喷枪及空气压缩系统	1 套
熨烫机	1 台	电热恒温鼓风干燥箱	1 台
电子天平（精确至 0.1g）	1 台	干摔软转鼓	1 台
全套涂饰化工材料	适量	待涂饰山羊服装革坯	2 张

羊皮 Nappa 服装革涂饰参考配方见表 1-38。

表 1-38 羊皮 Nappa 服装革涂饰参考配方 单位：份

材料	配方				材料说明
	1	2	3	4	
水	300	400	100	850	
086-FLC	100				弱阳离子封底油蜡，39%
248-FLC	50				阳离子蜡，9.3%
126-URC	40				阳离子聚氨酯树脂，15%
924-PG	30				黑色阴离子水性颜料膏，18%
228-PBC	50				阳离子酪素，21%
069-PT	15	15			匀染渗透剂
725-PG		30			深黑色水性颜料膏
120-UR		200			聚氨酯树脂（中硬），8%
159-AC		140			丙烯酸树脂（中软），20%
210-AC		60			丙烯酸树脂（软性），11.5%
252-FL		100		150	温润感的蜡乳液
326-FM		8	2	15	水性硅手感剂，33%
276-LW			100		水性光油，11%
227-PB		60			改性酪素（软性高光），16.5%

续表

材料	配方				材料说明
	1	2	3	4	
327-FM				20	水性硅类手感剂，19%
105-CL			1		交联剂
524W-DS		10			黑色染料水

注：①实验材料全部选自上海福益皮尔卡乐公司，根据产品性能要求，相关实验材料也可使用其他公司的同类型产品替代。②加工过程所列的熨平或喷涂次数应根据实际操作过程的革坯状况确定，如一次喷涂量较大，应适当减少喷涂次数。

4. 操作步骤

①封底：喷涂 2 次，干燥，静置 2h；90℃熨平，压力 3MPa，时间 3s；

②喷阴离子材料层：喷涂 2~3 次；

③喷保护层：喷涂 1 次，干燥，静置过夜后摔软 2~4h；

④喷手感层：喷涂 1 次，干燥，90℃熨平，压力 3MPa，时间 2s。

5. 现象观察及数据测定

①验证性实验由教师给出实验方案，学生预习后按照工序要求操作。

②设计性实验方案由学生自己设计，教师检查后方可操作。

6. 思考题

①什么是涂饰封底？封底一般用哪些材料？什么情况下需要封底？封底程度如何检查？不同种类皮革产品的封底程度有何差异？

②为什么要进行涂饰的喷染？

③涂饰涂层设计过程中，根据不同产品的要求，鞋面革和服装革在涂层设计要求方面有何差异？如何对二者的涂饰材料进行选择？如：树脂、手感剂、交联剂等。

④涂饰材料中，成膜比的基本含义是什么？如何对不同风格产品的成膜比进行设计？材料选择方面有何差别？如鞋面革、服装革、沙发革。

⑤涂层干、湿擦牢度一般与涂饰材料中的哪些材料有关？哪些类别的材料牢度要高一点？哪些要差一点？如何设计不同风格产品的涂层树脂配比？

第二章　制革工艺生产实验

实验一　山羊全粒面鞋面革工艺

1. 实验目的

①掌握山羊全粒面鞋面革的生产工艺要点。

②熟悉并掌握山羊全粒面鞋面革加工的流程和操作。

③掌握山羊全粒面鞋面革加工过程中各工序的质量要求和检验方法。

④了解山羊全粒面鞋面革的性能和成革要求。

⑤熟悉山羊皮与牛皮、猪皮等其他原料皮在制革加工过程中的异同。

2. 工艺要点

（1）山羊皮组织学特点

山羊皮的毛被中含有针毛和绒毛，针毛较粗，直径为0.08~0.11mm，线毛则非常细，直径在0.015mm以下。山羊皮针毛以多根为一组呈现上下交错排列，类似覆瓦，因此山羊皮具有独特的粒面花纹，深受广大消费者喜爱。利用山羊皮制革，应根据其自身特有的组织结构制定相应的加工工艺。尽管不同种类和来源的山羊皮存在一定的差异，但山羊皮具有以下共同的组织学特点：

①山羊皮部位差较大，肩颈部胶原纤维束粗壮、编织较紧密，腹部胶原纤维束细小、编织疏松。山羊皮沿背脊线和脖颈处针毛较粗，毛孔大，粒面纹路粗。

②山羊皮虽然脂肪组织较牛皮发达，每根针毛都有脂腺，但脂腺位置较浅，脂肪在制革加工中容易去除，一般不需要单独的脱脂工序。目前，随着山羊养殖技术的不断改进，山羊出栏时间逐渐缩短，但羊只出栏体重却不断增加，使得山羊皮的油脂含量也逐渐增加，在加工过程中应注意加强脱脂。

③山羊皮乳头层较厚，占真皮层厚度的50%~70%，汗腺和竖毛肌发达，且分布在乳头层和网状层的交界处，这些组织在制革准备工段被除去后会形成空隙，使乳头层和网状层之间的联系减弱，造成成革松面。

④山羊皮乳头层胶原纤维细小、编织紧密，特别是靠近粒面的部分胶原纤维束极

细、编织特别紧密，形成了光滑紧实的粒面。网状层胶原纤维粗壮、编织较致密，编织情况与牛皮相似，只是纤维束更细、织角更小。

⑤山羊皮中胶原纤维束多呈现头尾走向，在加工过程中如果转鼓机械作用过强，容易将皮拉成长条形，严重时还会产生头尾走向的竖纹。

（2）山羊皮全粒面鞋面革工艺要点

针对山羊皮的上述组织学特征，在山羊全粒面鞋面革加工过程中应注意的工艺要点如下：

①山羊皮修边时需要割去尾巴及其周边的两块肥油，将臀部尾根处修剪成弯月形状；修边去除头部时不能沿肩部平齐，应当比肩部高 5cm 左右下刀，走刀方向先逐渐向背脊线凸出，至背脊线处基本与肩部平齐，然后逐渐向远离背脊线的部分走刀，将脖颈部位也修剪成弯月形状。此种修头、尾的方法既可以保证得革率，也可避免在制革过程中山羊皮沿背脊线拉伸变形，还有助于背脊线附近胶原纤维的松散。

②山羊皮采用涂灰碱脱毛方法。山羊皮毛被发达，羊毛也具有一定的经济价值，采用毁毛法硫化碱消耗大、废水污染负荷重，采用涂灰碱的方法进行脱毛，所得山羊毛可以售卖，还可以在原料皮的不同位置涂刷不同浓度的灰碱液，有助于减小部位差。

③山羊皮采用低碱大灰量浸灰。山羊皮脱毛、浸灰过程中使用的石灰量明显大于牛皮，石灰可以充分松散胶原纤维，但不会过度水解胶原，有利于提高皮革丰满性，并减少松面。

④浸灰山羊裸皮需要进行去肉。灰皮去肉一方面可以去除皮下组织，去肉机刀辊的伸展左右还有助于松散纤维。对于厚度较薄、部位差不大的山羊皮，去肉后不需要片皮操作，如山羊皮厚度大、脖颈部分明显偏厚，则需进行片皮。山羊灰皮去肉、片皮后，有条件的可用小型削匀机对脖颈和背脊部进行一次削匀，以进一步减小部位差。

⑤山羊皮粒面层纤维编织致密、竖毛肌发达，应采用较低温度、长时间软化操作，以使软化酶充分松散胶原纤维，并有效去除残留的毛根、皮垢，以使成革柔软、丰满、粒面平细。同时，脱灰、软化等工序完成后不能直接冷水洗涤，应逐渐降温，避免残留的竖毛肌受冷收缩造成粒面粗糙。

⑥山羊皮粒面胶原纤维细小、编织十分致密，对鞣剂的收敛作用十分敏感。鞣制过程中如果提碱过急容易引起抓面，使得成革粒面平细度不好，甚至摸起来有砂纸的感觉。山羊皮铬鞣过程中应增大蒙囿剂用量，降低提碱速度，在复鞣、填充阶段使用复鞣剂时也要选择收敛性较弱的产品。

⑦山羊全粒面鞋面革要求革身紧实、丰满，不松面，有一定弹性，延伸率较小。山羊皮复鞣和填充过程中应首先加入聚合物鞣剂，增加成革的柔软性和丰满性，再加入树脂鞣剂、植物鞣剂，增加成革的紧实性。加脂时应搭配使用各类型加脂剂，既有可以使皮身柔软的合成油，又有可以使粒面油润的天然油；为了使成革颜色更加鲜艳，

应进行铬复鞣，并在填充后进行表面套色。

⑧山羊全粒面鞋面革要求粒面平细，保留山羊特有的粒面毛孔特点。涂饰过程中应该少用或不用遮盖性很强的颜料膏、综合树脂以及补伤膏，多使用油蜡、透明树脂等，以使涂层通透、自然，最大程度地保留山羊皮粒面形貌和手感。

3. 工艺方案

山羊全粒面鞋面革的整体工艺路线为：原料皮组批→预浸水→去肉→称重→主浸水→沥水→涂灰碱→推毛→称重→脱毛浸灰→去肉→称重→水洗→预脱灰→脱灰软化→水洗→浸酸→铬鞣→静置→挤水→削匀→称重→回湿→铬复鞣→中和→填充→染色加脂→套色→挤水伸展→真空干燥→挂晾干燥→回潮→振荡拉软→绷板干燥→阳离子封底→底涂→中涂→顶涂→分级入库。

①原料皮组批：相同产地的山羊盐湿皮按照大小、厚薄、老嫩基本一致的原则组批，割去头、尾、蹄等无用部分，本实验所给出的工艺适合于加工盐湿皮重为2.0kg左右的四川路山羊皮，点张数并称重，记为 W_1，作为以下用料依据。

②预浸水：温度22～24℃，液比3.0。朗盛脱脂剂AN2-C 0.5%、朗盛浸水助剂SA-C 0.2%，转10min，之后每55min转5min，重复4次，预浸水时间4h左右，排液，闷水洗5min。

③去肉：在液压去肉机上采用两刀法去肉，要求皮下肉膜、脂肪块除尽，特别是背脊部、脖颈部和臀部皮下组织需完全除尽。

④称重：去肉完成后修边，修去虚边、肉渣，称重，记为 W_2，作为以下用料依据。

⑤主浸水：温度22～24℃，液比3.0；朗盛脱脂剂AN2-C 0.5%、朗盛浸水助剂SA-C 0.4%、朗盛杀菌剂DZ01 0.3%，碳酸钠0.4%（10倍冷水溶解后鼓轴加入），转30min，停30min；碳酸钠0.2%～0.3%（10倍冷水溶解后鼓轴加入），转30min，停30min，要求浴液pH 9.0～9.5，不够需要补加碳酸钠，之后每55min转5min，重复5次，静置过夜，主浸水时间18h左右，次日转15min，排液，闷水洗5min。

⑥沥水：主浸水后的皮出鼓打马沥水1～2h，直至皮张上不再有水滴落。

⑦涂灰碱：在羊皮肉面涂灰碱，不得漏涂，灰碱液也不得污染毛被，背脊线及其周边20cm处涂刷高浓度灰碱液，脖颈部涂成喇叭状，边肷部涂刷低浓度灰碱液，高、低两种浓度灰碱液用量均为约200g/kg皮。高浓度灰碱液硫化碱70g/L，用熟石灰调整浓度为28°Bé左右；低浓度灰碱液硫化碱20g/L，用熟石灰调整25°Bé左右。灰碱液需前一天配制，配制前先配制好生产所需灰碱液的硫化碱质量浓度（g/L），然后将熟石灰缓慢加入并均匀搅拌，调整至规定的浓度即可，高浓度灰碱液使用前加入0.5%的渗透剂JFC。山羊皮涂完灰碱液后肉面相对，沿垂直背脊线方向对折后整齐地重叠堆码在地上，每堆以30张皮为宜，不宜堆放得过高，静置2～3h后推毛，堆置用塑料布遮盖

防止风干。

⑧推毛：涂完灰碱静置 2h 后检查毛被是否容易掉落，如用手可轻松将脖颈部毛拔掉，即可开始推毛，否则继续静置。用玻璃或铜制刮刀由臀部向脖颈部逆毛被生长方向推刮，将毛被尽量从皮张上去除。

⑨称重：推毛完成称重，记为 W_3，作为以下用料依据。

⑩脱毛浸灰：温度 22～24℃，液比 1.2；硫氢化钠 0.5%、朗盛脱脂剂 AN2－C 0.2%、渗透剂 JFC 0.2%、朗盛浸灰助剂 UAL 1.0%、硫化钠 0.8%，转 15min 停 15min，重复 2 次；硫化钠 0.8%，转 15min 停 15min，重复 2 次，检查毛是否掉干净，毛完全掉净后方可加入熟石灰，否则继续转 15min 停 15min 直至毛完全掉净；熟石灰 5%、水 50%，转 30min，停 30min；水 100%，转 10min，之后每 55min 转 5min，重复 6 次，静置过夜，脱毛浸灰时间 18h 左右，次日转 15min，排液，闷水洗 10min。

⑪去肉：在液压去肉机上采用两刀法去肉，要求碱皮肉渣除尽，有条件时可使用小型削匀机削灰皮背脊线和脖颈。

⑫称重：去肉完成后修边，修去虚边、肉渣，称重，记为 W_4，作为以下用料依据。

⑬水洗：300%冷水闷洗 10min，35℃温水闷洗 10min。

⑭预脱灰：温度 28～30℃，液比 1.5；达威无铵脱灰剂 DLA 0.5%，转 20min，pH 9.5 左右，排液，35℃温水闷洗 5min。

⑮脱灰软化：温度 34～36℃，液比 0.8，朗盛脱脂剂 AN2－C 0.2%、硫酸铵 2.0%，转 45min，要求 pH 8.0～8.2；达威软化酶 BL 0.7%，转 60min 后开始检查软化情况，当皮身柔软无硬芯、粒面轻压有明显的指纹、粒面有丝滑感时即为软化终点，一般软化时间 70～80min，软化结束后排液。

⑯水洗：30℃温水闷洗 10min，300%冷水闷洗 10min。

⑰浸酸：温度 20～22℃，液比 0.8；氯化钠 8%，转 10min，测浴液浓度 7.0°Bé 左右；甲酸 0.8 %（1：10 稀释后鼓轴加入），转 20min；硫酸 0.4%（1：20 稀释后鼓轴加入）、防霉剂 0.2%（10 倍 50℃温水乳化后鼓轴加入），转 20min，停 20min；硫酸 0.4%（1：20 稀释冷去后鼓轴加入），转 60min，测浴液 pH 2.8 左右，切口溴甲酚绿全黄。

⑱铬鞣：温度 20～22℃，浸酸废液中进行；达威阳离子油 KC－01 1%（5 倍 60℃热水乳化后鼓轴加入），转 20min；铬粉 6.0%，转 2h，静置过夜；次日，甲酸钠 1.0%，转 30min；碳酸氢钠 1.5%（1：20 溶解后鼓轴加入），分 6 次加入，每次加入后转 20min，要求浴液 pH 4.0 左右，如 pH 不到则需继续补加碳酸氢钠；70℃热水 100%，将转鼓内温度升高至 40℃左右，转 3h，出鼓搭马。

⑲静置：蓝湿革搭马静置至少 48h，搭马静置过程中需用塑料布包裹，避免边缘风干。

⑳挤水：用通过式挤水机，挤水时要求革身平整，尽量无褶皱，如果挤水过程中产生褶皱应尽快拉开，挤水后蓝湿革水分含量在45%左右为宜。

㉑削匀：在削匀机上进行削匀操作，要求厚度1.0mm左右；削匀前在蓝湿革粒面均匀地抹一层干锯末或削匀渣，以防削匀过程中粘辊；削匀需进行2次，第一次削匀厚度1.05~1.1mm，第二次削匀至规定厚度。

㉒称重：削匀后的蓝湿革修边，修去虚边、破洞，保持皮型，挑选出粒面伤残较小、革身紧实的山羊蓝湿革，点张数并称重，记为W_5，作为以下用料依据。

㉓回湿：温度38~40℃，液比2.0；朗盛脱脂剂AN2-C 0.5%、朗盛回湿剂CGS-C 0.5%、甲酸0.3%，转60min，测浴液pH 3.4左右，排液，35℃温水闷洗5min。

㉔铬复鞣：温度33~35℃，液比1.0；朗盛铬铝鞣剂AC 3.0%、铬粉3.0%，转60min；朗盛合成鞣剂F 4.0、司马蛋白填料P 3.0%、司马丙烯酸鞣剂MAP 3.0%（1∶3稀释后加入），转60min；碳酸氢钠0.5%（1∶20溶解后鼓轴加入），转30min，要求浴液pH 4.0左右，如pH不到则需继续补加碳酸氢钠；35℃温水50%，转60min；转停鼓过夜；次日转30min，排液，35℃温水闷洗5min。

㉕中和：温度33~35℃，液比1.2；朗盛中和剂PAK-S 1.5%、甲酸钠1.5%，转20min；碳酸氢钠0.7%（1∶20溶解后鼓轴加入），转45min，要求浴液pH 5.0左右，排液，35℃温水闷洗2次，每次5min。

㉖填充：温度33~35℃，液比0.8；坚木栲胶ATO 5.0%、朗盛丙烯酸鞣剂AR 5.0%（1∶3稀释后加入）、司马加脂剂BA2.0%（4倍70℃热水乳化后鼓轴加入），转45min；朗盛合成鞣剂OS 2.0%、朗盛氨基树脂鞣剂R7 5.0%、朗盛氨基树脂鞣剂R16-C 5.0%，转90min；60℃热水50%，将转鼓内温度升高至40℃左右，转30min；甲酸1.0 %（1∶10稀释后鼓轴加入），转30min，排液。

㉗加脂：温度50~52℃，液比1.0；朗盛合成鞣剂AN 3.0%、黑色染料3.0%，转30min；Atlas加脂剂178 2.0%、司马加脂剂94s 2.0%、阿帕加脂剂E123 0.5%、防霉剂0.2%，上述4种化工材料搅匀后用5倍70℃热水乳化后加入，转45min；朗盛聚合物复鞣剂X-Biomer P 3.0%（1∶3稀释后加入）、德瑞丙烯酸鞣剂TGR 3.0%（1∶3稀释后加入），转45min；甲酸1.5 %（1∶10稀释后鼓轴加入），分2次加入，每次加入后转10min，加完后再转30min，排液，冷水闷洗5min，60℃热水闷洗5min。

㉘套色：温度50~52℃，液比2.0；朗盛铬铝鞣剂AC 1.0%，转15min，黑色染料0.5%（1∶20沸水溶解后鼓轴加入），转15min；甲酸1.0 %（1∶10稀释后鼓轴加入）转15min；黑色染料0.5%（1∶20沸水溶解后鼓轴加入），转15min；斯塔尔加脂剂GS 1%（5倍70℃热水乳化后鼓轴加入）转15min，排液，冷水闷洗10min，出鼓搭马静置过夜。

㉙挤水伸展：在挤水伸展机上对山羊鞋面革逐张进行挤水伸展，采用四刀法伸展，

先两个边腹部横向伸展，伸展边腹部时回刀一次，再头尾纵向伸展，伸展脖颈部回刀一次。挤水伸展后要求革身平整、无死褶，粒面平细、无破损。

㉚真空干燥：将挤水伸展后的革坯粒面贴在真空干燥机平板上，用刮刀刮平后，在 60℃下真空干燥 90s。真空干燥后革坯水分含量 35%~40%，革身平整、无褶皱印。

㉛挂晾干燥：将真空干燥后的革坯用金属杆逐张挂晾于烘箱中，自然干燥或在 40℃下烘干，直至革坯水分含量小于 15%。

㉜回潮：挂晾干燥后的革坯在肉面喷水，逐张回潮，喷水后肉面相对堆叠放置，用塑料布盖好静置 8h 以上。

㉝振荡拉软：在振荡拉软机上对革坯逐张进行拉软，根据革坯厚度调整振荡拉软机上下齿间距，每张革拉软 2 次，拉软后要求革身柔软、无硬边。

㉞绷板干燥：用夹子将山羊鞋面革革坯固定在绷板干燥机上，绷板板架不开口，在 45℃下烘干 60min 后取下，修去虚边。

㉟阳离子封底：涂饰配方见表 2-1，手工刷涂 1 次，烘干，熨平机平板熨烫，温度 90℃、压力 4MPa、保压时间 2s。

㊱底涂：涂饰配方见表 2-1，手工刷涂 1 次，烘干，熨平机平板熨烫，温度 100℃、压力 4MPa、保压时间 2s；再手工刷涂 1 次，烘干。

㊲中涂：涂饰配方见表 2-1，喷涂 1 次，烘干。

㊳顶涂：涂饰配方见表 2-1，喷涂 1 次，通过式熨平机熨烫，熨烫温度 120℃、压力 2MPa、传送带速度 3m/min。

㊴分级入库：根据粒面伤残、光泽、平细度、颜色，以及柔软性、丰满性、松面情况等对山羊鞋面革进行分级，点数量革，逐张平整堆放，入库存放。

表 2-1　　山羊全粒面鞋面革涂饰配方表　　单位：份

材料	阳离子封底	底涂	中涂	顶涂
水	150	150	400	500
BAYDERM Prebottom KUD01	70	50		
EUDERM Wax KWS-C	100			
EUDERM Wax KWF-C	50			
EUDERM Oil KWO	30			
Prebottom NB	50			
PREBOTTOM NCS	20			
BAYSIN Lustre KP-C	50			
阳离子颜料膏	30			

续表

材料	阳离子封底	底涂	中涂	顶涂
EUDERM Wax 2053		50	50	
Wax CL-C		30	30	50
阴离子颜料膏		80	50	
阴离子染料水		20	30	
BAYDERM Finish 3041		50	100	
Primal 863		60		
AQUADERM Additive SF		3	3	9
Primal FGR		20		
EUDERM Compact UP-FP		100		
BAYSIN Lucido L		80		
EUDERM Wax NW EXP 2243		50		
异丙醇		20		
Dispersion 32A			40	
BAYSIN X-TRA LUSTRE P21			80	40
Primal SB-00			40	
OPTI-MATT A2000-LV			10	
BAYDERM Finish TV				100
ROSILK 2229 Feel Modifier				1

4. 现象观察及数据测定

①观察各工序加工过程中以及加工后皮或革身骨和粒面的变化情况。

②测定每个操作结束后浴液的 pH，测定脱毛浸灰废液中的硫化钠和石灰含量，测定铬鞣和铬复鞣结束后浴液的铬含量。

③观察山羊全粒面鞋面革加工过程中每一次机械加工的操作过程，分析机械加工的原理及其对皮或革的影响。

④记录制革加工过程中各次称重时皮或革的质量，分析这些质量变化的原因。

⑤测定浸灰裸皮、浸酸皮、蓝湿革和革坯的收缩温度。

⑥测定山羊全粒面鞋面革成品的收缩温度、抗张强度、撕裂强度、颜色坚牢度、柔软度和崩裂强度以及铬含量、油脂含量和灰分含量。

5. 思考题

①观察所加工山羊全粒面鞋面革是否存在缺陷，思考这些缺陷可能来自哪些操作，并提出相应的解决方案。

②山羊全粒面鞋面革加工工艺中哪些操作有助于解决部位差？哪些操作有助于提高粒面平细度？

③简要描述山羊全粒面鞋面革加工过程中各工序的目的和操作过程中的注意事项。

④了解山羊全粒面鞋面革加工过程中各种化工材料的组成和基本性质，简要描述各种化工材料对皮或革性能的影响和产生这些影响的基本原理。

⑤结合本实验内容，根据所学知识，拟定绵羊鞋面革加工工艺方案，比较以山羊皮和绵羊皮为原料加工鞋面革在各工序操作上的异同，并阐述产生这些差异的原因。

⑥结合本实验内容，根据所学知识拟定山羊服装革加工工艺方案，比较以山羊皮为原料加工鞋面革和服装革在各工序操作上的异同，并阐述产生这些差异的原因。

⑦简要描述山羊皮制革操作与猪皮和牛皮制革操作的异同。

实验二　铬-植结合鞣底革工艺

1. 实验目的

①掌握铬-植结合鞣底革的生产工艺要点。

②熟悉并掌握铬-植结合鞣底革加工的流程和操作。

③掌握铬-植结合鞣底革加工过程中各工序的质量要求和检验方法。

④了解底革的性能和成革要求。

⑤熟悉轻革和重革在加工过程中的异同。

2. 工艺要点

（1）鞋底革技术要求

植鞣是一种古老的鞣制方法，植鞣革具有革身硬挺、延伸性小、坚实耐磨等特点，是加工腰带、鞋底、枪套和马鞍等的重要原材料。与橡胶或者其他合成材料加工的鞋底相比，用植鞣革加工而成的鞋底具有良好的吸湿排汗性，穿着更加舒适。然而单纯采用植物鞣剂鞣制的纯植鞣革不耐老化，长期存放过程中会出现革身容易变脆的现象，使得底革的力学性能和耐磨性大大降低，严重时还会导致底革弯折过程中发生断裂。同时，纯植鞣鞣制时间长、栲胶消耗量大，导致产品经济效益差、竞争力较低。

为了提高植鞣革的存放稳定性，缩短鞣制时间，减少植物鞣剂用量，往往采取先轻铬鞣制，再用植物鞣剂复鞣的方法生产铬-植结合鞣底革，该方法可明显缩短鞣制时间，与纯植鞣革相比可节约50%以上的栲胶，同时鞣制所得皮革满足 QB/T 2001—1994 中关于鞋底用皮革技术的要求，详见表 2-2。

表 2-2 鞋底用皮革技术要求

项目	内底革	外底革	项目	内底革	外底革
厚度/mm	≥2.0	≥3.0	二氯甲烷萃取物/%	2~10	≤10
抗张强度/MPa	≥15	≥15	鞣制系数Ⅰ/%	≥40	≥50
耐折牢度（棒号码）	≤6	≤6	水溶物含量/%	≤16	≤20
颜色摩擦干/湿/级，≥	3.0/3.0	—	pH	3.5~5.0	3.5~5.0
吸水性（2h）/%	≥20	≤40	稀释差Ⅱ	≤0.7	≤0.7
收缩温度/℃	≥70	≥70			

注：Ⅰ纯植鞣革，Ⅱ当 pH 低于 4.0 时检测该项。

植鞣底革还需要具有以下外观要求：①革身平整，不裂面，颜色均匀一致，无明显色花；②革身坚实、丰满而有一定弹性，厚薄均匀一致，肉面无描刀伤、机械加工伤；③切口颜色均匀一致，无生心。

（2）鞋底革工艺要点

根据植鞣底革的各项技术要求，在铬-植结合鞣底革生产过程中应注意的工艺要点如下：

①黄牛皮中胶原纤维较为粗壮，臀背部纤维编织紧密，织角较大，具有良好的物理机械强度，而黄牛皮的边肷部和脖颈部的胶原纤维编织较为松散，不利于成革的坚挺紧实，因此加工底革最好选用黄牛皮的皮心部位。此外，一般来说公牛皮厚度更厚，纤维编织也更紧实，为了达到底革所需的厚度及紧实度，加工底革的原料皮一般应选择重磅公牛皮。在组批阶段，应选择张幅较大、厚度较厚、臀背部无烙印和明显伤残的公牛皮，首先从肩部修除脖颈部，再修除两侧边腹部各 30cm 左右，只留下三边直的皮心部位作为原材料。

②准备工段应当充分去除纤维间质和非胶原蛋白，并对胶原纤维进行适当松散。浸水过程中加入适量碳酸钠，使溶液 pH 大于生皮等电点，有利于较厚的生皮快速充水恢复至鲜皮状态，但浴液 pH 不宜过高，以免粒面发生膨胀，影响成革粒面紧实性。浸水过程中加入适量氯化钠提高浸水溶液波美度，一方面有助于盐溶性蛋白的溶出，另一方面有助于减少成革的血筋。由于牛皮脂肪含量较少，不需要专门的脱脂工序，但是在准备工段的各阶段中均需要添加一定量的脱脂剂，以除去生皮中的油脂。由于成品底革要求厚度大于 3.0mm，因此原料皮和加工过程中各阶段裸皮的厚度均较大，在准备工段各工序中适当使用表面活性剂有助于降低支-液界面张力，加速皮与溶液的传

质。浸灰阶段应采用少碱多灰、抑制膨胀和低温长时间膨胀的工艺方案，一方面避免过度膨胀造成的纤维空松和胶原过度水解，以防成革空松、紧实度不好，另一方面又要充分松散纤维，以利于植鞣过程中栲胶的快速渗透。

③采用先铬预鞣再植鞣的鞣制方案。采用少量铬粉（折合 Cr_2O_3 1%以内）预鞣，使皮胶原纤维初步定型，有利于栲胶的渗透。铬预鞣后可以进行挤水和削匀，使成革厚度更加均匀一致。经过铬预鞣后再进行植鞣，由于栲胶的用量基准不再是浸灰裸皮，而且栲胶也更容易渗透，可以显著降低植物鞣剂的用量。植鞣过程中需要分次加入栲胶，以避免一次性加入大量栲胶后造成表面过鞣，堵塞鞣剂渗透的通道，造成鞣制不透或鞣质结合不好的缺陷。鞣制初期加入渗透性好、收敛性较弱的栲胶，鞣制末期加入分子质量大、收敛性强的栲胶，栲胶完全鞣透后适当降低 pH，以增加植物鞣质的吸收量，提高鞣制系数和质量得率。

④植鞣前和植鞣过程中进行相应的预处理并加入相关助剂。由于栲胶遇铁极易反应生成蓝黑色的物质，因此植鞣开始前必须对经过铬预鞣的蓝湿革进行退铁，以避免成革表面出现色花和颜色不均匀的情况。植鞣过程中为了进一步加快栲胶的渗透速度，可以与栲胶一起加入适量的分散单宁。为了使成品底革具有一定的弹性和耐折牢度，同时消除植鞣过程中产生的过多泡沫，加入植物鞣剂时可以搭配一定量渗透性较好的加脂剂和未乳化的生油。植鞣结束后需要进行漂洗，漂洗采用草酸和硫代硫酸钠，酸性条件下硫代硫酸钠产生的二氧化硫对植鞣革具有一定的漂白作用，生成的硫单质对植鞣革具有一定的填充作用，草酸可以进一步除去植鞣革中的金属离子，并对栲胶产生固定作用，经过漂洗后的植鞣革颜色浅淡、均匀，不会出现裂面和反栲现象。

⑤干整理要注意防止裂面和反栲。植鞣革的干燥不宜过急，以防干燥过程中未充分结合的鞣质随水迁移至皮革表面产生反栲现象。为了避免植鞣革裂面和反栲，需要在植鞣革干燥到一定程度时在其表面揩涂上未乳化的生油。传统的植鞣革加工过程中，需要在干燥过程中进行两次打光和两次滚压，第一次打光时革坯水分含量30%～35%，采用臂式打光机打光，然后用轮式滚压机滚压，继续干燥至水分含量25%左右时再进行一次打光和滚压。打光和滚压时如果水分含量过高，容易将粒面打松，而且打光和滚压产生的粒面平滑的效果会在后续干燥中被破坏，水分含量过低时粒面和革身可塑性太低，打光和滚压不易使粒面平整、革身紧实。然而目前臂式打光机和轮式滚压机已经基本不再生产，很难找到相应的机械设备，而且打光和滚压操作效率低，因此本实验为了使成革粒面光滑、平细，革身紧实富有弹性，采用约束性干燥，同时采用压花机压平板的方式进行表面处理。

3. 工艺方案

铬-植结合鞣底革的整体工艺路线为：

原料皮组批→预浸水→去肉→称重→主浸水→脱毛浸灰→片皮→称重→水洗→预脱灰→脱灰软化→水洗→浸酸→铬预鞣→静置→挤水→削匀→称重→回湿→中和→植鞣→水洗→漂洗→挤水→称重→绷板干燥→表面加油→绷板干燥→回潮→压光→分级入库。

①原料皮组批：选择厚度符合要求的公牛皮，修去脖颈和边腹，点张数并称重，作为以下用料依据。

②预浸水：温度 22~24℃，液比 2.5，碳酸钠 0.3%、达威脱脂剂 FG-B 0.3%、达威浸水助剂 BAH 0.5%、达威杀菌剂 FMN 0.2%、氯化钠 5%，转 30min，要求浴液 pH 8.5 左右，5.0~6.0°Bé，之后每 55min 转 5min，重复 8 次，静置过夜，预浸水时间 22h 左右，次日转 20min，排液，闷水洗 5min，要求 pH 9.5 左右。

③去肉：在液压去肉机上采用两刀法去肉，要求皮下浮肉、油膜除尽。

④称重：去肉完成后修边，修去虚边、肉渣，称重，作为以下用料依据。

⑤主浸水：温度 22~24℃，液比 2.5，碳酸钠 0.3%、达威脱脂剂 FG-B 0.4%、达威润湿剂 SWA 0.3%、达威杀菌剂 FMN 0.2%，转 30min 停 30min，重复 2 次；碳酸钠 0.2%，达威浸水酶 SD 0.25%，转 30min 停 30min，重复 2 次，要求浴液 pH 9.0~9.5，之后每 55min 转 5min，重复 8 次，静置过夜，主浸水时间 22h 左右，次日转 20min，排液，闷水洗 5min。

⑥脱毛浸灰：温度 22~24℃，液比 0.8，达威浸灰助剂 LAC 0.8%、达威脱脂剂 FG-B 0.1%、达威润湿剂 SWA 0.2%，转 15min 停 15min；硫氢化钠 1%，转 15min 停 15min，重复 2 次；硫化钠 0.7%，转 15min 停 15min，重复 2 次；硫化钠 0.6%，熟石灰 1.0%，转 15min 停 15min，重复 2 次；硫化钠 0.5%，熟石灰 1.0%，转 15min 停 15min，重复 4 次，检查脱毛情况，毛完全掉净后方可继续加入熟石灰，否则继续转停结合；水 50%、达威浸灰助剂 LAC 0.7%、达威浸灰酶 LM 0.4%、熟石灰 4.0%，转 20min 停 40min；达威脱脂剂 FG-B 0.1%、水 50%，转 10min 停 50min，重复 2 次；水 100%，转 10min，之后每 55min 转 5min，重复 6 次，静置过夜，脱毛浸灰时间 22h 左右，次日转 10min，排液，闷水洗 5min。

⑦片皮：在碱皮剖层机上片皮，片皮厚度 5.5~6.0mm，要求完全片除肉面皮下组织。

⑧称重：片皮完成后修边，修去虚边、肉渣，称重，记为 W_1，作为以下用料依据。

⑨水洗：冷水闷洗 10min，35℃温水闷洗 10min。

⑩预脱灰：温度 28~30℃，液比 1.0，达威无铵脱灰剂 DLA 0.5%，转 45min，pH 9.5 左右，排液，35℃温水闷洗 5min。

⑪脱灰软化：温度 34~36℃，液比 0.8，达威脱脂剂 FG-B 0.2%、硫酸铵 2.5%，转 60min，要求浴液 pH 8.0 左右，臀部切口酚酞无色；达威软化酶 BL 0.7%，转 40min

后开始检查软化情况，当粒面不再发涩即为软化终点，一般软化时间 50~60min，软化结束后排液。

⑫水洗：冷水闷洗 2 次，每次 10min。

⑬浸酸：温度 20~22℃，液比 0.6，氯化钠 7%，转 10min，测浴液 7.0°Bé 左右；甲酸 0.8 %（1∶10 稀释后鼓轴加入），转 30min；硫酸 0.6%（1∶20 稀释后鼓轴加入）、防霉剂 0.2%（10 倍 50℃温水乳化后鼓轴加入），转 60min；硫酸 0.5%（1∶20 稀释后鼓轴加入），转 3h，测浴液 pH 2.5 左右，切口甲基橙全红。

⑭铬预鞣：温度 23~25℃，浸酸废液中进行。达威阳离子油 KC-01 0.8%（5 倍 60℃热水乳化后鼓轴加入），转 30min；铬粉 4%，转 4h，静置过夜；次日，醋酸钠 1%，转 30min；碳酸氢钠 1.5%（1∶20 溶解后鼓轴加入），分 5 次加入，每次加入后转 20min，要求浴液 pH 4.0 左右；70℃热水 100%，将转鼓内温度升高至 40℃左右，转 3h，出鼓搭马。

⑮静置：蓝湿革搭马静置至少 48h，搭马静置过程中需用塑料布包裹，避免边缘风干。

⑯挤水：用通过式挤水机，挤水时要求革身平整，尽量无褶皱，如果挤水过程中产生褶皱应尽快拉开，挤水后蓝湿革水分含量在 45%左右为宜。

⑰削匀：在削匀机上进行削匀操作，要求厚度 3.5mm 左右；削匀前在蓝湿革粒面均匀地抹一层干锯末或削匀渣，以防削匀过程中粘辊；视蓝湿革厚度和均匀情况削匀需进行 2~3 次，前 2 次切削量不超过 0.2mm，最后一次切削量 0.1~0.2mm。

⑱称重：削匀后的蓝湿革修边，修去虚边、破洞，保持皮型，点张数并称重，记为 W_2，作为以下用料依据。

⑲回湿：温度 38~40℃，液比 2.0，达威脱脂剂 FG-B 0.2%、达威润湿剂 SWA 0.2%，草酸 0.4%，乙二胺四乙酸二钠 0.5%，转 60min，测浴液 pH 3.4 左右，排液，35℃温水闷洗 2 次，每次 5min。

⑳中和：温度 33~35℃，液比 1.5，达威中和剂 NL-20 2%、醋酸钠 2%，转 40min；碳酸氢钠 0.5%（1∶20 溶解后鼓轴加入），转 90min，要求浴液 pH 4.7 左右，排液，35℃温水闷洗 2 次，每次 5min。

㉑植鞣：方案一采用国产栲胶鞣制，方案二采用进口栲胶鞣制。

植鞣方案一：温度 33~35℃，液比 1.0，马占相思栲胶 10%、达威分散单宁 MM51 0.5%、达威加脂剂 JM 1%（5 倍 70℃热水乳化后鼓轴加入），转 2h；马占相思栲胶 5%、杨梅栲胶 5%、达威分散单宁 MM51 0.5%、达威加脂剂 JM 1%（5 倍 70℃热水乳化后鼓轴加入），转 4h，静置过夜。

第二日，杨梅栲胶 10%、达威分散单宁 MM51 0.5%、菜籽油 0.5%、达威加脂剂 JM 0.5%（5 倍 70℃热水乳化后鼓轴加入），转 4h；水 15%、橡椀栲胶 10%、达威分散单宁 MM51 0.5%、菜籽油 0.5%、达威加脂剂 FS-90 0.5%（5 倍 70℃热水乳化后鼓轴加入），转 6h，检查臀部切口是否鞣透，未鞣透需要继续转动，鞣透后每停 1h 转 1h，重复 2 次。

第三日，甲酸 0.5%（1：10 稀释后鼓轴加入），转 1h；甲酸 0.3%（1：10 稀释后鼓轴加入），转 1h 要求浴液 pH 3.6 左右，之后每停 1h 转 1h，重复 6 次，静置过夜。

植鞣总时间 60h 左右，其中转动时间 26h 左右；鞣制完成后在转鼓中浸泡 2~3 天，期间不时转动，以防成品出现死褶和色花，浸泡完成后排液。

植鞣方案二：温度 33~35℃，液比 1.0，荆树皮栲胶 FS 10%、施华分散单宁 SN 0.5%、科凯加脂剂 GLH 1%（5 倍 70℃热水乳化后鼓轴加入），转 2h；荆树皮栲胶 ME 10%、施华分散单宁 SN 0.5%、科凯加脂剂 GLH 1%（5 倍 70℃热水乳化后鼓轴加入），转 4h，静置过夜。

第二日，坚木栲胶 ATO 10%、施华分散单宁 SN 0.5%、科凯加脂剂 GLH 1%（5 倍 70℃热水乳化后鼓轴加入）、阿帕加脂剂 E123 0.5%，转 4h；水 15%、栗木栲胶 10%、科凯加脂剂 GLH 1%（5 倍 70℃热水乳化后鼓轴加入）、阿帕加脂剂 E123 0.5%，转 6h，检查臀部切口是否鞣透，未鞣透需要继续转动，鞣透后每停 1h 转 1h，重复 2 次。

第三日，甲酸 0.5%（1：10 稀释后鼓轴加入），转 1h；甲酸 0.5%（1：10 稀释后鼓轴加入），转 1h 要求浴液 pH 3.6 左右，之后每停 1h 转 1h，重复 6 次，静置过夜。

植鞣总时间 60h 左右，其中转动时间 26h 左右；鞣制完成后在转鼓中浸泡 2~3 天，期间不时转动，以防成品出现死褶和色花，浸泡完成后排液。

㉒水洗：200%的 35℃温水闷洗 15min，冷水闷洗 10min。

㉓漂洗：温度 40~42℃，液比 5.0，草酸 1.0%、硫代硫酸钠 1.0%、防霉剂 0.2%（10 倍 50℃温水乳化后鼓轴加入），转 60min，排液，温水闷洗 20min。

㉔挤水：用通过式挤水机进行挤水操作，挤水时要求革身平整，尽量无褶皱，如果挤水过程中产生褶皱应用铜制刮板推开刮平，挤水后革坯水分含量在 45%左右。

㉕称重：挤水后的革坯沿背脊线均匀地剖成两半，点张数并称重，记为 W_3。

㉖绷板干燥：将革坯粒面向上放置于不锈钢绷板板架上，用铝制夹子将革坯固定在板架上绷平，每个夹子每隔 5cm 左右，板架不开口，于 35℃下进行干燥。

㉗表面加油：革坯绷板干燥至水分含量 35%左右时，用海绵将菜籽油均匀地揩涂到植鞣革的粒面上，揩涂应该尽量均匀，油量不宜过多。

㉘绷板干燥：表面加油完成后革坯于 40℃下进行干燥，直至革坯水分含量低于 18%即可结束干燥，干燥结束后将革坯取下，平放堆置。

㉙回潮：用喷枪将 50℃的温水均匀地喷洒于革坯粒面，两张植鞣革粒面相对堆置 2h 后即可压光。

㉚压光：将平板压花机花板换为抛光平板，熨平机平板熨烫，温度 80℃、压力 14MPa、保压时间 4s，熨烫结束后将革坯自然冷却后再熨烫 1 次。

㉛分级入库：根据革坯粒面伤残情况、平整度，革身弹性、紧实度等分级，点张数并称重，记为 W_4。

4. 现象观察及数据测定

①观察 W_1、W_2、W_3 和 W_4 的变化情况，并做增重和失重对比，分析加工过程中重量变化的原因。

②测定每个操作结束后浴液的 pH，测定蓝湿革和成品革的收缩温度。

③根据植鞣底革的要求，对成品的外观进行评价。

④测定成品革的厚度、抗张强度、颜色坚牢度、水分含量、二氯甲烷萃取物、灰分和水溶物含量，并根据植鞣底革的质量要求评价产品质量。

⑤观察国产栲胶和进口栲胶鞣制所得成品在外观和感官性能上的异同。

5. 思考题

①植鞣革属于重革，一般按照重量进行销售，哪些工序和哪些因素影响植鞣革的重量得率？

②为什么采用铬预鞣后再进行植鞣可以减少植物鞣剂的使用量？

③为什么在植鞣过程中加入一定量的加脂剂可以减少泡沫？

④为什么植鞣底革加脂过程中一定要使用未乳化生油？能否只采用乳化油加脂？

⑤结合所学知识和相关资料，阐述铬-植结合鞣底革和铬鞣黄牛鞋面革在加工过程中的异同。

⑥除了本实验中采取的铬预鞣，还有哪些预处理方法可以加快植鞣过程？这些方法的原理是什么？

实验三　黄牛全粒面软鞋面革工艺

1. 实验目的

①掌握黄牛全粒面软鞋面革的生产工艺要点。

②掌握黄牛全粒面软鞋面革生产工艺的实际操作。

③初步掌握黄牛全粒面软鞋面革工艺中各工序的控制要求与检测标准。

2. 工艺要点

（1）黄牛皮组织结构特点

黄牛皮组织结构特点是毛孔小、粒面细致、表皮薄。粒面层的胶原纤维束细小且编织疏松，这种疏松的原因是由于有毛囊、汗腺等腺管的存在。网状层中的胶原纤维编织紧密，纤维束粗壮，此层中没有毛根、毛囊、腺管等组织，脂肪含量也少。在生产过程中，如除去毛囊、汗腺、脂腺等处理不当极易造成松面。黄牛皮的各部位厚度较均匀，但臀部、皮心部的胶原纤维编织紧密，腹部编织比较疏松，肷部更加松软，也很薄。黄牛皮最易发生松面的部位是在腹部和肷部，特别是肷部。

（2）黄牛全粒面软鞋面革的质量要求

黄牛全粒面软鞋面革要求粒面细致，整张革粒纹均匀一致，毛孔清晰，真皮感强，而且身骨柔软、丰满有弹性，不松面（肷部允许有小面积松面）。革面颜色美观、自然，符合时尚。

（3）工艺处理要点

①原料皮的选择与处理：要求原料皮伤残少，大小适中，部位差小。我国的陕西秦川、山东鲁西和河南南阳等地区的黄牛皮，因粒面伤残少，全粒面革挑选率可高达85%。原料皮需要良好的防腐处理，以剥皮后立即浸入饱和氯化钠溶液24h，然后滴水撒盐，低温保藏为好。

②脱毛、浸灰：采用灰碱法脱毛，脱毛与浸灰在同一工序完成。脱毛务尽，毛根除去，粒面虽“空”但不松。浸灰过程中，应控制灰皮膨胀适度。浸灰是影响成革柔软度的主要因素。浸灰过程的关键是使浸灰化学物质在皮内均匀渗透，使灰皮得到适度的膨胀，皮纤维得到适度的分散，从而使革柔软、丰满；要避免灰皮过度膨胀或膨胀不均而产生的“灰皱”，也要避免皮质过度损失造成的松面现象。

浸灰过程一般都要加入一些浸灰助剂，以加快石灰的均匀扩散和渗透，避免过度膨胀。同时可以帮助清除毛根和减少“灰皱”，增加革的柔软性、粒面平细度和面积得率。

在长时间的转动下，浸灰的机械作用太强（6r/min），势必造成边肷部过松。实践证明，在缓和的机械作用下（1~2r/min）浸灰，成革的边肷部就不易松面。

③脱灰软化：黄牛软面革常采用少浴短时间脱灰，并且要求脱灰完全。脱灰中切忌液比大、脱灰剂过量，否则会引起边肷部水肿而产生松面。

一般来讲，软化工序可能会增加成革的松面。酶分子较大，渗透极慢，通常情况下，只作用于粒面和肉面。尤其是生产较厚的蓝湿革，软化十分困难。不进行软化，会使柔软度降低，粒面平细度、均匀性降低。所以通常鞋面革软化一般较轻，只稍作用于粒面即可。这样的软化，其作用主要是除去皮垢。软化应在缓和的条件下进行（温度30~32℃，机械作用十分温和）。软化中常用作用温和的常温软化酶制剂，可以提高操作的安全性和软化作用的均匀性。

④复鞣、染色、加脂：黄牛全粒面软革的复鞣主要选用合成复鞣剂、氨基树脂复鞣剂、聚合物复鞣剂、植物复鞣剂、戊二醛复鞣剂等配合使用。聚丙烯酸复鞣剂具有良好的选择性填充作用，赋予成革良好的柔软性、弹性和粒面紧实性；氨基树脂复鞣

剂在革的粒面有良好的填充作用，可减轻革的松面，赋予革粒面紧实性；植物复鞣剂与合成复鞣剂具有较强的填充性能，能赋予成革良好的成型性；戊二醛复鞣剂能赋予成革良好的柔软性和弹性。在实际应用中需注意复鞣剂的综合应用工艺。因为复鞣工艺对复鞣材料在皮中的分布情况起决定性作用，从而会影响成革的性质。需要说明的是，各种填充材料是可以根据具体的目标，灵活应用于复鞣、中和、填充、加脂等工序的。应掌握的基本原则是，复鞣剂若能更深透入皮革横切面，可使成革柔软，若不完全渗透，则能使成革保持弹性和丰富的手感。

一般认为黄牛软面革典型的复鞣材料及用量包括：

戊二醛 2%～3%	代替型合成鞣剂 5%～8%
聚合物鞣剂 10%～12%	植物鞣剂 6%～8%

全粒面软革的染色要求均匀，色泽饱满，但由于在复鞣中已大量使用了浅色效应的材料，表面着色不易饱满。因此，在实际生产工艺中，往往采取顶染的方法来解决此问题。

加脂是影响成革柔软性的主要工序。软面革用合成加脂剂、天然动植物油改性加脂剂混合加脂，可以达到较好的效果。采用分步加脂，即在中和、复鞣、染色、加脂的各个阶段均可适量加脂，可以改善加脂效果，使成革柔软。

⑤涂饰工艺：黄牛全粒面软革要求粒面平细、毛孔清晰、粒纹自然，富有真皮感，而且具有柔软、丰满的手感，这就要求只能进行轻涂、轻压的整饰工艺。涂饰配方中，应选择成膜柔软、黏着性好及具有耐摩擦和耐溶剂的树脂。选择适当的手感剂，以改善涂层的手感。

（4）本工艺的特点

①采用片灰皮工艺可以基本上清除黄牛皮脖头纹和腹纹，使成革平整，出裁率高。

②鞣前处理采用均匀、缓和的机械和化学处理，以防止成革松面。这些措施有：脱毛浸灰片皮后不复灰、浸酸不过夜直接鞣制；减轻机械作用；大液比脱毛、浸灰加浸灰助剂等。

③采用中和复鞣剂配合少量醋酸钠和碳酸氢钠进行中和，pH 控制在 4.5 左右（一般不超过 5.0），可以有效控制过度中和造成的松面现象。

④采用多种鞣剂结合复鞣，并控制复鞣剂的渗透与分布，以得到柔软、丰满、弹性好的成革。

⑤采用硫酸铝或者铬鞣剂表面处理后再顶染，以使革表面着色浓厚、饱满。

⑥涂饰底层配方选用柔软、黏着力强、树脂包容量大、遮盖力强、耐溶剂的树脂。顶层选用手感好、耐溶剂、使涂层颜色饱满的硝化棉溶剂型涂饰剂（黑光油）。

3. 工艺方案

工艺流程（原料皮：黄牛盐湿皮）：

组批→称量→水洗→预浸水→去肉→主浸水—浸灰、脱毛→片皮→称重→水洗→脱灰→软化→水洗→浸酸→铬鞣→出鼓、搭马、静置→分类/分级→挤水→削匀→称重→酸洗→铬复鞣→中和→填充→挤水→伸展→真空干燥→挂晾干燥→回潮→振荡拉软→绷板→分类→修边→喷底层浆→滚熨→喷底层浆→熨平→喷中层浆→熨平→喷中层浆→喷光亮剂→滚熨→振荡拉软→修边、分级、量尺、入库。

（1）准备鞣制工艺

①原料皮组批：黄牛盐湿皮按皮张路别大小、伤残、是否掉毛、腐烂等情况组成生产批。

②称重：作为以下用料依据。

③水洗：液比 2.0，温度 18~22℃，转 20~30min，洗 2 次。

④浸水：液比 2.5，温度 18~22℃，渗透剂 JFC 0.25%，碳酸钠 0.3%~0.5%，杀菌剂 0.2%，转 30min，停 30min，转 30min，停 30min，然后每 30min 转 5min，重复至过夜；pH 8.5~9.0，排水。

⑤去肉、称重：作为以下用料依据。

⑥第二次浸水：液比 2.0，温度 18~22℃，渗透剂 SWA 0.2%，碳酸钠 0.3%~0.5%，杀菌剂 FMG 0.2%，转 30min，停 30min，转 30min，停 30min，pH 9.0~9.5，然后每 30min 转 5min，重复至过夜，排水。要求：皮回水均匀，溶液无发臭，皮无掉毛、腐烂现象，达到要求后，排水，转入脱毛、浸灰工序。

⑦浸灰、脱毛（保毛法）：水 150%，温度 22~25℃，浸灰助剂达威澜 LAD 1.0%，转 30min，停 30min；加石灰 1%，转 30min，停 30min；加硫氢化钠 1.0%，转 30min，停 30min；当毛松动时，循环浴液，过滤分离毛，直到毛的分离完成；加入石灰 1%，硫化钠 0.6%，转动 20min，停 40min，2 次；加入石灰 0.5%，浸灰助剂 KSU0.3%，转 20min，停 40min，3 次；加水 30%，温度 25℃，转动 20min，每小时转 5min，连续操作过夜，时间 16~20h，次日出皮、片皮。要求：膨胀均匀，颜色正常，无明显“灰皱”现象。

⑧片皮：双层 4.0~4.4mm，或根据要求决定。

⑨称重：作为以下用料依据。

⑩水洗：水 150%，温度 30℃，转动 15min，排液。

⑪脱灰：液比 1.0，温度 30℃，无铵脱灰剂达威澜 DLA 1.0%，非离子脱脂剂达威澜 FG-B 0.2%，时间 40min。要求：切口酚酞检查，无色或 1/5 红心，pH 8.0~8.5。

⑫软化：在脱灰液中进行，温度 30~32℃，软化酶达威兹姆 BL 0.3%，无铵脱灰剂达威澜 DLA 0.3%，转动 40min，排液。要求：pH 8.0 左右；检查切口无色，粒圆清白，细致光滑，手感柔软、丰满。

⑬水洗：闷流结合，洗净为止。

⑭浸酸：水 50%，温度 20℃，加盐 7%，转动 15min；甲酸 0.5%（用 10 倍水稀释后鼓轴加入），转动 20min；硫酸 1.0%（用 20 倍水稀释冷却后鼓轴加入），分 3 次加入，再转动 90min。要求：pH 2.8~3.0，切口甲基红检查全红。

⑮铬鞣：铬粉（碱度 33%）6%，甲酸钠 0.5%，常温鞣制 150min；氧化镁转动 6h，提碱至 pH 3.8~4.0，补热水至水量 150%，升温至 40℃，转 120min，停鼓过夜。要求：pH 3.8~4.0，Ts ≥95℃，革丰满柔软，颜色均匀一致。

⑯第二天出鼓搭码，量革、分级、静置 7 天。

⑰分类：全粒面软鞋面革要求粒面细致无伤残或伤残少，粒面有较多皱纹且有伤残者做修面革。要求：各类皮革应严格挑选，允许有 5%~10%误差。

⑱挤水、伸展。

⑲削匀：全粒面革削匀厚度 1.15~1.20mm；根据客户需要增加或减少削匀厚度。

（2）复鞣、染色、加脂工艺

①称重：作为以下用料依据。

②回软：水 300%，温度 45℃，回湿剂 1.0%，甲酸 0.5%，OSL 0.3%，转 120min，排水。

③铬复鞣：水 100%，温度 32℃，中和单宁 1.5%，甲酸钠 1.0%，碳酸氢钠 0.5%，转 30min；丙烯酸复鞣剂 3.0%，分散单宁 3.0%，转 60min；甲酸 1.5%（1∶10 稀释），转 30min；铬粉 5.0%，耐酸加脂剂 1.0%，转 90min；甲酸钠 2.0%，碳酸氢钠 1.0%，转 60min，提碱 pH 至 4.0；停鼓过夜，第二天转 20min，排液。

④水洗、排液：液比 2.0，温度 45℃，时间 5min，洗 2 次。

⑤中和：水 100%，温度 32℃，中和单宁 2.0%，甲酸钠 1.5%，碳酸氢钠 0.8%，转 60min，pH 4.8~5.0；丙烯酸 3.0%（4 倍 45℃温水溶解后加入），合成加脂剂 1.0%，转 60min，排液，水洗。

⑥染色、加脂、填充：水 50%，温度 30℃，中分子丙烯酸 3.0%，大分子丙烯酸复鞣剂 3.0%，合成加脂剂 1.0%，转 90min；合成单宁 4.0%，栲胶 6.0%，分散单宁 2.0%，氨基树脂 6.0%，蛋白填料 4.0%，染料 3.0%，转 90min；补热水内温 50℃，合成加脂剂 3.0%，磷脂 2.0%，硫酸化牛蹄油 1.0%，羊毛脂 1.0%，转 60min，加入甲酸 2.0%（1∶10 稀释），转 50min，pH 4.0；排液。

注：丙烯酸复鞣剂、加脂剂可用 4 倍 45℃热水溶解后加入；甲酸也可以分 3~4 次加入，间隔时间 15~20min。

⑦排液、水洗：液比 3.0，温度常温，5min。

⑧顶染：水 100%，温度 40℃，硫酸铝 1%，30min，排液；水 100%，温度 50℃，直接黑 1%，20min；甲酸 1%（1∶10 稀释），分 3 次加，间隔 10min，pH 3.6~3.8；磷酸酯类加脂剂 1%，15min。排液。

⑨水洗：水 300%，温度常温，时间 5min。

⑩出鼓搭马，静置过夜。

（3）整饰工艺

①挤水伸展：伸平展、死褶伸开。

②真空干燥：真空度 0.06MPa，温度 75℃左右，时间 3 min；将革肉面向上平铺于板上，用力将革全张推开，重推颈脖部、腹部、四肢等纹深、皱多的部位，并将荷叶边、死褶等修剪平整。真空干燥后，将革码放平整，静置 3~5h。

③挂晾干燥：在烘房里将革逐张挂晾整齐，烘房温度控制在 30~40℃，抽风，缓慢干燥，干燥时间 14~18h。晾干后静置、码放整齐。

④回潮：将适量回潮液逐张均匀地喷晒在革的肉面，用塑料布将革盖严，静置 8~24h，以保证革均匀回潮。

⑤振荡拉软：每 2 张 1 组，革粒面对粒面，四肢各部位铺平送上传送带，振软 1~2 次（视革的松面情况而定）。

⑥绷板：尽量绷开，绷平展。

⑦分类：将革分为全粒面、半粒面和修面三类。以下工艺只考虑全粒面。

⑧修边：修去破洞、虚边和死褶，注意保持皮形完整。

⑨喷底层浆：调色，喷 2 次；IPA 100 份、ECS 100 份、水 300、染料水 *X* 份。

⑩烘干，手工刷浆，烘干，压纹，振软。

⑪喷底层浆：喷 2 次，涂饰配方见表 2-3。

⑫熨平：温度 80℃，压力 6MPa，时间 2s。

⑬喷中层浆：喷 1 次，涂饰配方见表 2-3。

⑭熨平：温度 80℃，压力 6MPa，时间 2s。

⑮喷中层浆：喷 1 次。

⑯喷光亮剂：喷 1 次，涂饰配方见表 2-3。

⑰滚熨：温度 70℃，压力 6MPa。

⑱振荡拉软。

⑲修边、分级、量尺、入库。

表 2-3　　涂饰配方　　单位：份

材料	底层	中层	光亮层
颜料膏	150	100	
水	150	150	
络合黑染料	40	—	
蜡乳液	40	30	

续表

材料	底层	中层	光亮层
酪素	—	30	
聚氨酯 103	200	100	
聚氨酯 303	90	150	
聚氨酯 03	30	—	
渗透剂	20	—	
填料 D	10	—	
丙烯酸树脂 SB－100	180	150	
交联剂 AKU	1	1	
硝化棉 6550（黑光油）			40
硝化棉 6460			65
醋酸丁酯			250
手感剂 7764			10
合计	911	711	365

4. 现象观察及数据测定

①观察浸灰脱毛后裸皮上毛根去除、纤维分散、“灰皱”以及脖头纹和腹纹的情况，并注意这些纹路在铬鞣后是否存在。

②计算成革面积得率，讨论影响面积得率的因素。

$$\text{面积得率} = \frac{\text{成品革面积}}{\text{原料皮面积}} \tag{2-3-1}$$

③观察中和、复鞣、染色加脂过程中溶液 pH 与颜色、加脂效果。

④外观评价：根据黄牛全粒面软鞋面革的外观质量要求，按统计方法做出评价。

⑤观察腹肷部位松面情况，并与皮心部位比较。

5. 思考题

①讨论引起黄牛软鞋面革松面的主要因素及防止对策。

②影响黄牛软鞋面革柔软性的工序有哪些？如何正确控制？

③试讨论本工艺中复鞣、染色、加脂工艺的特点。

④试讨论本工艺中几次分类挑选的目的和意义。

⑤本工艺采取哪些方法来减少或消除黄牛皮的脖头纹和腹纹？

⑥本工序采取哪些措施来控制黄牛软鞋面革最易出现的松面现象？

⑦试讨论制造黄牛软鞋面革中的工艺平衡问题。

⑧试对本整饰工艺是否满足黄牛软鞋面革的感官性能要求进行评价和讨论。

实验四 奶牛平纹沙发革工艺

1. 实验目的

①掌握奶牛平纹沙发革的生产工艺要点。

②掌握奶牛平纹沙发革生产工艺的实际操作。

③初步掌握奶牛平纹沙发革工艺中各工序的控制要求与检测标准。

2. 工艺要点

（1）奶牛皮的结构特点

与黄牛皮相比，奶牛皮的特点是生长期长，粒面层厚、张幅大、表皮厚、部位差大，颈部和臀部纤维紧实，腹肷部的纤维特别疏松，但弹性纤维含量高；而且由于圈养条件普遍较好，油脂含量大。在生产过程中，要加强脱脂，提高纤维松散均匀性。

沙发革一般要求张幅大，部位差小，整张革花纹均匀，出裁率高，且柔软度、丰满度高，回弹性好。

（2）工艺处理要点

①原料皮的选择与处理：要求原料皮伤残少、张幅大、防腐效果好。

②浸水、脱脂：在浸水过程中，要加强皮垢的去除，添加适当的浸水酶，提高纤维分散程度，促进浸水效果；强化脱脂，一般需要和猪皮一样有专门的脱脂工序，脂肪酶和表面活性剂结合使用能改善脱脂效果。

③脱毛、浸灰：采用灰碱法脱毛或者酶脱毛法。

采用灰碱法脱毛时，除了要把毛及毛根去除干净外，还要注意提高灰反的膨胀程度，使皮得到充分的膨胀，使皮革柔软；一般结合适当的浸灰助剂，提高灰碱在皮内的渗透；不但要提高石灰的用量，而且一般需要加入适量的浸灰酶。

一般一次浸灰难以满足沙发革的纤维分散程度的要求，所以在片完皮后，会采用复灰的办法加强纤维松散程度，提高得革率及成革柔软度。

采用酶法脱毛时，则需要注意控制碱的使用，酶作用后皮质的过度损伤而影响皮革的力学性能。

④脱灰、软化：奶牛沙发革常需要加强脱灰及软化程度，所以一般不会脱灰和软化同浴进行。

奶牛沙发革要采用重软化，需要尽量破坏弹性纤维，同时使胶原纤维得到充分的松散，所以软化温度一般比较高（35~38℃），时间较长（6~18h），常选月活力单位较高的软化酶制剂，提高软化效果；通过多种酶的协同作用及分次补加软化酶，能改善软化的均匀性，提高软化效果。

⑤浸酸、铬鞣：沙发革一般采用低 pH（pH 控制在 2.5~2.8）、长时间（8~18h）浸酸，以使纤维得到进一步的水解和松散，提高得革率。而且为了提高坯革柔软度，防止打绞等现象，一般在浸酸前加入适量的耐电解质加脂剂，提高表面的润滑性。

⑥回水、软化：回水是鞣后湿加工工段的基础工序，也是一个重要工序；回水是否充分，在一定程度上关系到后续工序中革对鞣后材料的吸收效果，从而影响皮革质量和档次。

而且，对于部分蓝湿革，在回水充分后，需要进一步进行二次软化，特别是直接购买蓝湿革为原料组织生产时，特别要注意加强回水。而且由于蓝湿革在长途运输或者存放过程中，会脱水、纤维板结，出现霉斑、折痕和死褶、身骨板硬等问题，为了获得更加柔软、纹路均匀的坯革，需要进行蓝湿革重软化处理。

可采用的措施如下：蓝湿革充分回水后，用甲酸、草酸、柠檬酸等进行漂洗，并适度提高 pH 至 5.0~6.0，再用酸性软化酶进行处理，比如四川达威科技股份有限公司的达威兹姆 WB 蓝湿革软化酶，作用效果好，能有效松散铬鞣胶原纤维，打开褶皱，改善手感，而且不会损坏粒面。

⑦复鞣、中和：回水、软化结束后，奶牛平纹沙发革主要是采用醛-铬结合进行复鞣；同时，为了改善坯革手感，可以在加入醛鞣制剂前先加入 1%~2%的改性鱼油加脂剂，作用 30min 左右，再先后加入醛鞣剂和铬鞣鞣剂，间隔 30~60min，铬复鞣末期，可以适当提高提碱的 pH，以有利于后期充分中和。

一般采用中和复鞣剂、碳酸氢钠、甲酸钠混合中和体系，也可以在中和过程中加入适量的中分子丙烯酸复鞣剂，起到预填充效果，能改善填充的均匀性。

⑧填充、染色、加脂：与鞋面革相比，沙发革的填充操作相对简单，但一般也需要用到聚合物鞣剂、丙烯酸树脂鞣剂、氨基树脂鞣剂、栲胶及合成单宁等。

填充是奶牛平纹沙发革的关键工序，复鞣剂的选择、配伍和加入次序非常重要。依据平纹沙发革的特点，应多选择“软而不松韧性强”的材料。丙烯酸树脂是解决松面、提高粒面紧实度非常有效的材料。其中，中小分子丙烯酸复鞣剂（如四川达威科技股份有限公司的 117、RV13）填充性能强，能使粒面细致，适合平纹革；氨基树脂（如斯塔尔公司的 RE-5020 、DLF）选择填充性能好，能有效填充革坯的边肷部位，减小部位差；合成鞣剂（如达威公司的 NB、RL52、PL53、DL57）可以提高革坯的丰满度；栲胶（如荆树皮栲胶 SUN）也必不可少，它可以增强革坯的身骨。在填充量大的情况下，为了确保复鞣剂和染料渗透到位，建议使用多功能助剂，如司马公司的 OS，它具有良好的分散和匀染作用。为了保证粒面的平细、身骨的柔韧，还要搭配一些渗透性较好的加脂剂（如司马公司的 BA），以确保材料的均匀吸收、结合以及提高革坯的强度等。至此，平纹沙发革坯革的紧、细、实、韧和柔等特点在此工序中得以充分体现。

一般认为，奶牛平纹沙发革填充材料的用量：丙烯酸复鞣剂4%、聚合物复鞣剂3%、氨基树脂复鞣剂6%、合成单宁5%、栲胶4%，同时结合适量的分散单宁加强材料的渗透和分析均匀性。

染色要求均匀，色泽饱满，沙发革复鞣填充过程中使用的阴离子材料虽然没有鞋面革多，但也会引起浅色效果，要根据实际情况选择相关的顶染和固色操作。

奶牛平纹沙发革的加脂以分步加脂为宜，在铬复鞣及填充工序选择耐酸、耐电解质性的加脂剂预加脂有利于复鞣填充材料的渗透吸收，也有利于粒面粒纹的平细。主加脂除了选择渗透性良好的耐酸、耐电解质性的磺化、亚硫酸化、磷酸化、两性加脂剂外，还要选择一定量的不容易挥发迁移、与胶原纤维结合牢固的硫酸化类加脂剂。生产沙发革，要求加脂剂的气味要轻，成革无异味。对浅色系的沙发革，要求所用加脂剂的耐光、耐黄变性能一定要达标。主加脂的同时要加入防霉剂，以防止成革发霉。主加脂后期检查湿坯革粒面层状态，如紧实度不够可酌情补加耐酸性丙烯酸复鞣剂来紧实粒面。

⑨涂饰工艺：平纹沙发革要求粒面清晰、摔纹自然均匀，伤残遮盖好，定型性强，具有柔软、丰满的手感，一般要求进行轻磨、轻压的整饰工艺。涂饰配方中，应选择成膜定型性好、遮盖性能强，具有耐摩擦和耐溶剂的树脂。选择适当的手感剂，以改善涂层的手感。

（3）本工艺的特点

①采用片灰皮和蓝湿革软化的方法，能有效提高胶原纤维的松散程度，打开生长纹，提高得革率。

②在鞣前处理过程中，结合浸水酶、浸灰酶、加强软化等手段，分步提高胶原纤维松散效果，同时避免皮质过度损伤。

③采用多种鞣剂结合复鞣，并控制复鞣剂的渗透与分布，以赋予坯革紧、细、实、韧和柔的特性。

④通过多步加脂的方法，提高皮革的柔软度和丰满性。

⑤通过在多个工序灵活使用丙烯酸树脂的方法，提高坯革的整体性能。

⑥涂饰配方选用遮盖力强、定型性好、雾性低、黏着力强、耐溶剂的树脂。顶层选用手感好、耐溶剂、使涂层颜色饱满的硝化棉溶剂型涂饰剂。

3. 工艺方案

工艺流程（原料皮：奶牛盐湿皮）：

组批→称重→水洗→预浸水→去肉→脱脂→主浸水→浸灰、脱毛→片皮→称重→复灰→水洗→脱灰→软化→水洗→浸酸→铬鞣→出鼓、搭马、静置→分类/分级→挤水→削匀→称重→酸洗/漂洗→软化→醛-铬复鞣→中和→填充、染色、加脂→挤水→伸展→绷板→挂晾干燥→回潮→振荡拉软→摔软→绷板→分类→修边→点补→磨革→刷灰→刷浆→烘干→喷硝化棉→静置→回软→绷板→喷底层浆→烘干→喷面浆→熨烫→喷手感→干燥→修边、分级、量尺、入库。

（1）准备鞣制工艺

①原料皮组批：奶牛盐湿皮按皮张路别大小、伤残、是否掉毛、腐烂等情况组成生产批。

②称重：作为以下用料依据。

③水洗：液比 2.0，温度 18~22℃，转 20~30min，洗 2 次。

④浸水：液比 2.5，温度 18~22℃，渗透剂 JFC 0.25%，杀菌剂达威澜 FM G0.2%，转 30min，停 30min，转 30min，停 30min，然后每 30min 转 5min，重复至过夜；pH 7.0~7.5，排水。

⑤去肉称重：作为以下用料依据。

⑥脱脂：液比 1.0，温度 35~38℃，脂肪酶脱脂剂 1.0%，转 60min，碳酸钠 1.0%，转 30min，pH 10.0~10.5，非离子表面活性剂 FG-B 0.5%，转动 30min，排液，水洗 1 次。要求：皮表面无明显油腻感。

⑦第二次浸水：液比 2.0，温度 18~22℃，渗透剂 SWA 0.2%，浸水酶 0.5%，转 30min，停 30min，转 30min，停 30min；碳酸钠 0.3%~0.5%，杀菌剂 FMG 0.2%，转 30min，停 30min，转 30min，停 30min，pH 8.5~9.0，然后每 30min 转 5min，重复至过夜，排水。要求：皮回水均匀、柔软，切口纤维活度高；溶液无发臭，皮无掉毛、腐烂现象，达到要求后，排水，转入脱毛、浸灰工序。

⑧浸灰、脱毛（保毛法）：水 100%，温度 22~25℃，浸灰助剂达威澜 LAD 1.0%，硫氢化钠 1.0%，转 30min，停 30min；硫化钠 1.5%，转 30min，停 30min，转 30min，停 30min；加入石灰 1.0%，硫化钠 0.5%，转动 20min，停 40min，转 20min，停 40min；加入石灰 1.5%，浸灰助剂 KSU0.3%，水 50%，转 20min，停 40min，转 20min，停 40min；加水 50%，石灰 1.5%，转 10min，停 20min，转 20min，停 20min；加水 50%，温度 25℃，转动 20min，每小时转 5min，连续操作过夜，时间 16~20h，次日出皮、片皮。要求：膨胀均匀，颜色正常，无明显“灰皱”现象。

⑨片皮：双层厚度 4.0~4.4mm，或根据要求决定。

⑩称重：作为以下用料依据。

⑪复灰：水 200%，温度 22~25℃，石灰 2.0%，浸灰助剂达威澜 LAD 0.5%，转 30min，停 30min（共 3 次），此后每小时转 5min，总时间 6~18h，排液。

⑫水洗：水 150%，温度 30℃，转动 15min，排液。

⑬脱灰：液比 1.0，温度 30℃，无铵脱灰剂达威澜 DLA 1.0%，时间 40min。

⑭水洗：水150%，温度30℃，转动15min，排液。

⑮复脱灰：液比1.0，温度33℃，无铵脱灰剂达威澜DLA 1.0%，非离子脱脂剂达威澜FG-B 0.2%，时间40min，排液。要求：pH 8.0左右；检查切口无色，粒圆清白。

⑯软化：水80%，温度35～36℃，软化酶达威兹姆BM 1.0%，转60min，停60min，转60min，停60min，此后转20min停20min，总时间6～18h，直到达到要求，排液。要求：粒面细致光滑，手感柔软、丰满。

⑰浸酸：水50%，温度20℃，氯化钠7%，转15min；甲酸0.5%（1∶10稀释），转20min；硫酸1.0%（用5~10倍水稀释冷却后加入），分3次加入，再转90min。要求：pH 2.5~2.8，切口甲基红检查全红。

⑱铬鞣：铬粉6%，甲酸钠0.5%，常温鞣制150min；氧化镁0.5%，转6h，提碱pH至3.8~4.0，补热水至水量150%，升温至40℃，转120min，停鼓过夜。要求：pH 3.8~4.0，Ts≥95℃，革丰满、柔软，颜色均匀一致。

⑲第二天出鼓搭码，量革、分级、静置7天。

⑳分类：全粒面软革要求粒面细致无伤残或伤残少，粒面有较多皱纹且有伤残者做修面革。要求：各类皮革应严格挑选，允许有5%~10%误差。

㉑挤水、伸展。

㉒削匀：全粒面革削匀厚度0.9~1.0mm；根据客户需要增加或减小削匀厚度。

（2）复鞣、染色、加脂工艺

①称重：作为以下工序用料依据。

②回软：水200%，温度45℃，加入回湿剂1.0%，草酸0.5%，柠檬酸0.5%，转120min，排水。

③软化：水100%，温度38～40℃，碳酸氢钠1.0%，转60min，pH 5.0～6.0；达威兹姆WB 1.0%～3.0%，转90min，排液。

④水洗：水200%，温度22～25℃，10min，排水。

⑤铬复鞣：水100%，温度30～35℃，甲酸1.0%（1∶10稀释），转40min，pH 3.0~3.5；加脂剂（Dowellor FL87）1.0%，脂肪醛（Dowellor 618）2.0%，转30min；铬粉5.0%，转60min；甲酸钠1.0%，转30min；碳酸氢钠1.0%，转60min，提碱pH至3.8~4.0；停鼓过夜，第二天转20min，排液。

⑥中和：水150%，温度常温，中和复鞣剂（DowellorNL20）2.0%，甲酸钠1.5%，转15min；碳酸氢钠1.0%，丙烯酸树脂（DowelltanRV13）2.0%，转60min，pH 5.5~5.8；丙烯酸复鞣剂3.0%，转动40min，测pH 5.5左右排液，加入温度30～35℃、100%～150%的水，水洗20～30min；排液。

注：丙烯酸复鞣剂可用其重量4倍、温度为45℃的热水乳化后再加入。

⑦填充、染色：水50%，温度30℃，聚合物树脂（Dowelltan NB）3.0%，转

30min；中分子丙烯酸树脂2.0%，大分子丙烯酸树脂2.0%，改性鱼油加脂剂1.0%，转60~90min；氨基树脂6.0%，分散单宁1.0%，栲胶4.0%，合成单宁5.0%，卵磷脂加脂剂2.0%，染料30%，转60min；补加50℃热水100%，转30min；甲酸0.6%（1∶10稀释），转30min，排水。

注：丙烯酸树脂、加脂剂可用4倍45℃热水溶解后加入。

⑧水洗：液比2.0，温度常温，转5min，排水。

⑨加脂：液比1.5，温度50℃，加脂剂（5007）3.0%，加脂剂（707）3.0%，加脂剂（DowellorFs 90）3.0%，丙烯酸树脂（TP30）3.0%，转60min；甲酸1.0%（1∶10稀释），转10min，甲酸1.0%（1∶10稀释），转20min；铬粉0.5%，转30min。

⑩水洗、出鼓搭马，静置过夜。

（3）整饰工艺

①挤水伸展：伸平展、死褶伸开。

②绷板干燥：尽量绷开，绷平展；烘房温度控制在30~40℃，抽风，缓慢干燥，干燥时间14~18h。干燥后静置，码放整齐。

③回潮：将适量的回潮液逐张均匀地喷洒在革的肉面，用塑料布将革盖严，以保证革均匀回潮，回潮时间在1天以上。

④振荡拉软：每2张革1组，革粒面对粒面，四肢各部位铺平送上传送带，振软1~2次。

⑤绷板：尽量绷开，绷平展；烘房温度控制在30~40℃，6~8h。

⑥分类：将革分为全粒面、半粒面和修面三类。

⑦修边：修去破洞、虚边和死褶，注意保持皮形完整。

⑧点补：上补伤膏。

⑨磨革：轻磨2次。

⑩刷浆：刷2次，涂饰配方见表2-4。

⑪烘干。

⑫喷硝化棉：涂饰配方见表2-4。

⑬静置、回软、绷板：静置8h，回软12h，绷板2~8h。

⑭喷底层浆：1次，涂饰配方见表2-4。

⑮熨平：温度80℃，压力6MPa，时间2s。

⑯喷面浆：1次，涂饰配方见表2-4。

⑰滚熨：温度70℃，压力6MPa。

⑱喷光手感剂：2次，涂饰配方见表2 -4。

⑲修边、分级、量尺、入库。

表 2-4　　沙发革涂饰配方　　单位：份

涂饰材料	刷浆	硝化棉	底层浆	面浆	手感剂
TAM（复合树脂）	800				
PT-4235（渗透剂）	8				
PU-8201（聚氨酯）	30		50		
颜料膏	150		100	100	
水		150	180	180	90
SB-100（丙烯酸树脂）	80		150	120	
SB-150（丙烯酸树脂）			250	300	
FI-50（油蜡）			40	40	
Soft S-C（柔软剂）	10		30	30	
SN-C（填料）	20		90	90	
450 W（硝化棉）		100			
HM-283（手感剂）					6
2229（手感剂）					2
C86M（消光剂）					70
1669（光亮剂）					30
水					12
AKU（固色剂）					3.5

4. 现象观察及数据测定

①观察复灰后裸皮膨胀程度，观察脱灰反软化和蓝湿革软化前后裸皮和革坯的状态。

②计算成革面积得率，讨论影响面积得率的因素。

$$面积得率=\frac{成品革面积}{原料皮面积}$$

③观察奶牛皮沙发革干燥后振荡、摔软、绷板等工序处理后皮革状态的变化。

④外观评价：根据奶牛皮平纹沙发革的外观质量要求，按统计方法做出评价。

5. 思考题

①讨论影响沙发革花纹均匀性、柔软性的主要因素及防止对策。

②有哪些工序致力于提高皮革的柔软性和丰满性？如何正确控制？

③试讨论本工艺的特点，并与鞋面革工艺进行对比。

④试讨论本工艺中几次分类挑选的目的和意义。

实验五　无铬鞣白色软鞋面革工艺

1. 实验目的

①掌握无铬鞣白色软鞋面革的生产工艺要点。

②初步掌握无铬鞣白色软鞋面革生产工艺的实际操作。

③初步掌握无铬鞣白色软鞋面革工艺中各工序的质量要求与检验标准。

④加深对无铬鞣法的理解。

2. 工艺要点

（1）鞣制工艺要点

①脱灰、软化工序可按牛鞋面革的正常工艺进行，浸酸时 pH 可适当高一点（pH 3.2~3.5），但一定要浸酸透心。

②加两性有机鞣剂 TWS 时液比控制在 0.5 左右，有机鞣剂 TWS 宜分 2 次加入，转动时间不得低于 180min，使鞣剂在皮内渗透彻底、分布均匀，鼓内温度基本保持在 22~25℃。

③提碱过程可以先快后慢，一般步骤是：先用碳酸氢钠提碱，每次 0.5%（溶解后鼓轴加入），间隔 15min，pH 提至 6.0 左右时，则减缓提碱速度，每次 0.3%（溶解后鼓轴加入），间隔时间 20min，待 pH 升至 7.0~7.2 时可改用碳酸钠提碱，每次 0.15%，间隔 20min，终点 pH 控制在 7.3~7.5。

④补热水升温，鼓内温度 40℃，转动 180min，停鼓过夜。提碱和升温的目的是促进鞣剂与胶原纤维的结合，使鞣制作用得到充分发挥。

⑤增强：pH 在增强工序中缓慢降至 4.3~4.7，利于白湿革的贮存和商品交易。白湿革出鼓后，宜于通风阴凉处密封避光保存。经过增强后，白湿革的脱水性和成型性好，利于挤水和削匀时的厚度控制。

（2）染整工艺要点

①白湿革陈化 3 天后即可进行染整，在南方湿热的夏季，建议贮存时间不要超过 60 天。

②回软时，加入回湿保护剂 BSP，使削匀革回湿均匀、快速，且不过多充水，同时可加甲酸调整 pH，生产紧实丰满型黄牛纳帕革 pH 控制在 4.5~4.6。

③填充时，先加入高鞣性的合成单宁，使白湿革进一步脱水并增强纤维分散均匀度，利于后续材料的渗透，增强填充性。丙烯酸复鞣剂有较好的填充性和选填性，提升革坯丰满度、肉感、回弹力及耐摔性的效果明显，故丙烯酸复鞣剂需分步加入，且总用量要足够。

④为促进复鞣剂的渗透，填充时液比最好控制在 0.5~0.8，并搭配适量油脂，鼓内温度 30℃左右为宜，主填充后停鼓过夜，使复鞣剂充分渗透并均匀分布，次日升温加甲酸固定。

⑤在加脂工序后再加入复鞣剂，起到补充填充的作用，进一步提升丰满紧实度、缩小部位差。包括主填充在内，复鞣剂应以有鞣性的合成单宁和丙烯酸树脂为主，氨基树脂等为辅，并尽可能多地搭配两性复鞣剂，如氨基树脂 MAU、蛋白填料 MN、两性丙烯酸树脂 R5522 等。

⑥为使革坯有较好的耐光性，应尽量选择结合性好、不易迁移、耐光性好的复鞣剂和加脂剂等材料。

⑦加脂结束后用铝鞣剂 T7020 进行复鞣，对之前的复鞣剂和加脂剂同时起到很好的固定作用，尤其是丙烯酸树脂的结合会更加牢固。革坯丰满紧实，有肉感，粒面平细。

⑧某些复鞣剂（如氨基树脂）甲醛含量较高，如对皮革游离甲醛含量有严格限制，应在染整末期加入甲醛捕捉剂 A9800 进行除醛操作，使甲醛含量降至规定的范围之内。

3. 工艺方案

原料：美国重磅阉公牛浸灰皮，剖层厚度 2.5~2.7mm。

鞣制工艺流程：水洗→预脱灰→脱灰→软化→水洗→浸酸→鞣制→增强→出鼓、陈放。

染整工艺流程：挤水、削匀、称重→回软→填充→加脂→复鞣→水洗→出鼓、搭马静置→挤水、伸展→真空干燥→挂晾干燥→回潮→振软。

（1）鞣制工艺操作

①水洗：液比 3.0，温度 28~30℃，转 10min。

②预脱灰：液比 1.0，温度 30~32℃，无氨脱灰剂 TJ-A3607E 0.4%，非离子脱脂剂 0.05%，转 20min。要求：pH 9.0 左右，排液。

③脱灰：液比 0.5，温度 30~32℃，无氨脱灰剂 TJ-A3607E 1.2%，非离子脱脂剂 0.1%，转 20min 停 20min。要求：切口酚酞检查，无色或 1/5 红心，pH 8.3 左右。

④软化：在脱灰液中进行，软化酶（1000U）0.3%，转 15min 停 15min，再转 10min 停 10min。要求：粒面洁白，细致光滑，边腹部结实，pH 8.2 左右。

⑤水洗：液比 3.0，温度常温，转 10min，排液，再重复上述操作 2 次。

⑥浸酸：液比 0.5，温度 22~25℃，氯化钠 9%，非离子脱脂剂 0.1%，转 10min；甲酸（1∶3 稀释）0.4%，转 15min；硫酸（1∶15 稀释）0.8%，分 2 次加入，每次间隔 15min；加完再转 30min 停 30min，共 2 次。要求：溴甲酚绿检查切口，黄色全透，pH 3.2 左右。

⑦鞣制：在浸酸液中进行，耐酸加脂剂 47L 0.15%，转 15min；无铬鞣剂 TWS 2.5%，转 30min；无铬鞣剂 TWS 2.5%，转 3h；碳酸氢钠 3.0%（1∶15 溶解），分 6 次加入，每次间隔 15min；碳酸氢钠 1.5%（1∶15 溶解），分 5 次加入，每次间隔 20min；碳酸钠 0.3%（1∶15 溶解），分 2 次加入，每次间隔 20min，加完再转 40min，pH 7.3~7.5；加热水 200%，温度 40℃，时间 3h；停鼓静置 5h，转 30min。要求：pH 7.5~8.0，Ts≥80℃。

⑧增强：液比 1.5，温度常温，无铬鞣增强剂 TWB 2%，阳离子油 TJ-F720 0.5%，甲酸 0.3%（1∶3 稀释），转 40min；甲酸 0.3%（1∶3 稀释），转 20min；防霉剂 TJ-A2239 0.2%，转 40min；甲酸 0.3%（1∶3 稀释），转 40min；甲酸 0.3%（1∶3 稀释），转 40min。要求：pH 4.5~4.7。

⑨白湿革出鼓，测定 Ts，避光陈化。

（2）染整工艺操作

①挤水，削匀至 1.05~1.10mm，称重（作为以下用料依据）。

②回软：液比 2.0，温度 40℃，脱脂剂 DOC 0.2%，甲酸 0.3%（1∶3 稀释），回湿保护剂 BSP 1.5%，转 40~60min。要求：pH 4.5~4.7，排液，水洗。

③填充：液比 0.8，温度 30℃，聚合物加脂剂 GS606 2%，液体蛋白填料 MN 3%，转 30min；高鞣性合成单宁 TJ-R7210 5%，置换单宁 TJ-R369 2%，合成单宁 SYNTAN S 2%，转 60min；丙烯酸树脂 R83、AR、N-ATF 各 3%，转 90min；合成单宁 TJ-R7210 5%，置换单宁 TJ-R369 2%，氨基树脂 DA 4%，聚合物加脂剂 GS606 1%，转 60min；合成单宁 MRL 4%，白单宁 TJ-R772 4%，丙烯酸树脂 Relugan RV 4%，钛白粉 1%，转 90min；停鼓过夜，次日转 30min；加热水 100%，温度 50℃，转 5min；甲酸 2%（1∶3 稀释），分 3 次加入，每次间隔 15min。要求：pH 4.0 左右，排液。

④加脂：液比 1.5，温度 50℃，合成加脂剂 TJ-F5193 3%，加脂剂 MSG 2%，聚合物加脂剂 GS606 2%，液体蛋白填料 MN 3%，钛白粉 0.5%，转 40min；丙烯酸树脂 R83 3%，氨基树脂 MAU 3%，合成单宁 SYNTAN S 2%，转 60min；两性丙烯酸树脂 TJ-R5522 3%，丙烯酸树脂 Relugan RV 2%，转 40min；甲酸 1.8%（1∶3 稀释），分 2 次加入，每次间隔 15min。要求：pH 3.5 左右，排液。

⑤复鞣：液比 1.0，温度常温，铝鞣剂 TJ-T7020 3%，钛白粉 1%，转 90min；碳酸氢钠 2%（1∶15 溶解），分 4 次加入，每次间隔 15min，pH 3.6~3.7；热水 100%，温度 40℃，甲醛捕捉剂 TJ-A9800 2%，转 30min；阳离子油 GS 1%，硅柔软剂 TJ-A726 1%，转 10min。

⑥排液，水洗，出鼓，搭马静置。

⑦挤水、伸展，真空干燥（45℃，90s），挂晾干燥，回潮，振软。

4. 现象观察及数据测定

①测定并记录整个加工过程无铬鞣革的收缩温度。

②观察白湿革的颜色、粒面平细度等感官性能。

③检测填充、加脂过程中浴液的 pH，观察填充、加脂效果。

④对无铬鞣白色软鞋面革坯进行外观评价。

5. 思考题

①与铬鞣鞋面革制造工艺相比较，无铬鞣鞋面革制造工艺有哪些关键点？

②白色鞋面革在复鞣、填充和加脂时选择材料有什么要求？

③白色鞋面革与深色鞋面革在加工过程中，工厂如何保证革面的白色不被污染？

④请根据本实验及查阅资料设计一个无铬鞣羊皮服装革的制造工艺。

注：该工艺方案及工艺要点由四川亭江新材料股份有限公司晏岚高级工程师和李培瑞工程师提供，为制革厂实际生产工艺，特此致谢！

实验六　水牛软凉席革工艺

1. 实验目的

①掌握水牛软凉席革的生产工艺要点。

②熟悉水牛软凉席革产品的质量要求。

③掌握水牛皮的组织学特征和与之相对应的工艺措施。

④了解水牛皮与黄牛皮在制革加工过程中所采取操作的异同。

2. 工艺要点

（1）水牛皮组织结构特点

水牛皮具有以下组织学特征：粒面层较厚，毛被较为稀少，但毛根粗而深，竖毛肌粗大而发达，这就使得水牛皮表面粗糙、粒纹粗大；水牛皮粒面层中胶原纤维细小、编织紧密，网状层中胶原纤维粗大、编织疏松，加工过程中易造成粒面层偏紧但网状层偏松的现象；水牛皮纤维编织织角在18°~24°，几乎与粒面平行，使得水牛皮强度不及黄牛皮；由于水牛主要用于耕田等劳力，养殖时间长，饲养环境不如肉牛、奶牛优越，再加上水牛主要生活在热带、亚热带地区，生性喜欢下水，因此水牛皮粒面伤残较重。

由于水牛皮的上述组织学特征，其一般适用于加工底革、修面革等附加值较低的皮革。随着我国农业机械化程度的不断提高，水牛作为农用的情况越来越少，因此水牛皮的粒面伤残情况也越来越少，再加上水牛皮粒面花纹与黄牛皮迥然不同，目前水牛皮已经可以用于生产沙发革、凉席革等较高档的皮革产品，成革深受广大消费者的喜爱。

凉席革是我国传统的皮革产品，由于皮革是由亲水的胶原蛋白通过复杂的三维空间网络编织组成的，具有良好的吸湿排汗性，刚接触时没有竹制凉席的冰凉，使用过程中又可以一直保持凉爽干燥。自20世纪80年代以来，我国一直采用植鞣或铬-植结合鞣的方式生产凉席革，这些凉席革由于使用了大量的栲胶，质地较硬、颜色较深，使用后不能折叠收纳，不符合当今消费者的使用习惯。目前凉席革的要求是柔软可以折叠，颜色浅淡靓丽，没有异味，经久耐用，因此主要采用铬鞣为主的方法进行生产。

（2）水牛软凉席革工艺要点

针对水牛皮的组织学特征和软凉席革的独特性能要求，其加工过程中应注意的工艺要点如下：

①由于水牛皮网状层纤维束粗壮，而成革在厚度要求很厚的情况下对柔软度要求又很高，因此准备工段中应当尽量加重处理，以尽量完全除去纤维间质和非胶原蛋白，同时对胶原蛋白进行适度的水解，并对胶原纤维束进行良好的松散。但是，为了防止成革粒面层与网状层间连接过于脆弱而产生松面，对原料皮的膨胀不宜过度。

②由于凉席革较厚且对柔软度要求较高，在鞣后湿整理过程中宜采用分步加脂的方法，选择渗透性较好的加脂剂，让油脂可以完全渗透入革坯内部，充分润滑纤维。为了提高成革的柔软性，使凉席革可以折叠，复鞣剂以使皮革柔软绵泡的产品为主，少使用乃至不使用使成革紧实硬挺的复鞣剂。

③由于凉席革要求无异味且颜色浅淡，因此需要选择味道较轻且耐黄变的加脂剂，以合成加脂剂为宜，不宜使用天然油脂，以防在后续加工过程中油脂氧化出现异味并影响成革颜色。复鞣剂也应以颜色浅淡、耐热、耐光、耐黄变的产品为主。

④为了使凉席革经久耐用，外观时尚多变，成革需要进行适当的涂饰，但是涂层不宜过厚，以免影响凉席革的吸湿排汗性。在有条件的情况下，可以在中涂完成后进行印花或电脑喷绘操作，增加成革的艺术性。

3. 工艺方案

水牛软凉席革的整体工艺路线为：原料皮组批→预浸水→去肉→称重→主浸水→脱毛浸灰→片皮→称重→水洗→预脱灰→脱灰软化→浸酸→铬鞣→静置→挤水→削匀→称重→回湿→铬复鞣→中和→填充→加脂→挤水伸展→绷板干燥→摔软→绷板干燥→底涂→中涂→顶涂→分级入库。

①预浸水：温度27~29℃，液比2.0，德赛尔浸水助剂KF 0.2%、德赛尔杀菌剂KL 0.2%、德赛尔脱脂剂DN 0.2%、碳酸钠0.3%，转60min，要求浴液pH 8.0左右，之后转10min停50min，重复8次，静置过夜，预浸水时间22h左右；次日转20min，排液，闷水洗5min。

②去肉：在去肉机上采用两刀法去肉，要求皮下组织完全去尽。

③称重：修去虚边、浮肉，称重，作为以下用料依据。

④主浸水：温度27~29℃，液比2.5，德赛尔润湿剂WT-H 0.3%、德赛尔杀菌剂KL 0.2%、德赛尔脱脂剂DN 0.3%、碳酸钠0.3%，转30min，之后转10min停20min，重复8次；朗盛碱性酶X-Zyme UF 0.3%、碳酸钠0.2%，转60min，要求浴液pH 9.0~9.5，之后转10min停50min，重复8次，静置过夜，主浸水时间22h左右；次日转20min，排液，闷水洗5min。

⑤脱毛浸灰：温度22~24℃，液比1.0，德赛尔脱脂剂DN 0.2%、德赛尔浸灰助剂LM-5 0.8%、熟石灰0.5%、硫氢化钠1.2%，转30min停30min；硫化钠1.0%、硫氢化钠0.3%，转20min停20min，重复3次；硫化钠1.0%、熟石灰1.5%，转20min停20min，重复3次，检查脱毛情况，毛完全掉尽后方可继续补加熟石灰，否则继续转停结合直至毛完全掉尽；熟石灰1.5%，转20min停20min；35℃温水50%，转10min，之后转10min停20min，重复4次；35℃温水100%、德赛尔膨胀剂POU 0.5%、德赛尔脱脂剂DN 0.2%、德赛尔浸灰助剂LM-5 0.5%、35℃温水100%，转10min，调节鼓内温度为27~29℃，之后转10min停50min，重复6次，静置过夜，脱毛浸灰时间22h左右；次日转10min，排液，闷水洗5min。

⑥片皮：在灰皮剖层机上进行，先进行打底，剖层厚度9.0mm，要求打底后肉面肉膜除尽；再进行精片，片皮厚度5.5mm左右。

⑦称重：修去虚边、浮肉，称重，作为以下用料依据。

⑧水洗：冷水闷洗2次，每次10min。

⑨预脱灰：温度22~24℃，液比1.0，德赛尔脱灰剂TH 0.5%，转60min，要求浴液pH 9.5~10.0，排液，35℃温水闷洗5min。

⑩脱灰软化：温度32~34℃，液比0.8，德赛尔脱脂剂DN 0.2%、硫酸铵2.5%，转30min停30min，重复2次，要求浴液pH 8.0左右；硫酸铵0.5%、德赛尔软化酶U2 0.7%，转30min停30min，重复4次后检查软化终点，软化终点要求粒面滑爽，臀背

部无硬芯，粒面轻压有指纹，脖颈部皱纹不明显突出，边腹部不得出现烂面情况；软化结束后冷水闷洗 2 次，每次 10min。

⑪浸酸：温度 22～24℃，液比 1.0，氯化钠 7.0%，转 15min，要求浴液浓度大于 7.0°Bé；甲酸 0.5%（1∶10 稀释后鼓轴加入），转 30min；硫酸 0.6%（1∶20 稀释后鼓轴加入）、防霉剂 0.2%（10 倍 50℃乳化后鼓轴加入），转 60min；硫酸 0.6%（1∶20 稀释后鼓轴加入），转 120min，要求浴液 pH 2.6～2.8，之后转 5min 停 55min，重复 6 次，静置过夜，浸酸时间 14h 左右。

⑫铬鞣：温度 22～24℃，液比 0.7（浸酸废液），铬粉 6.0%，转 3h；甲酸钠 1.0%，转 60min；德赛尔提碱剂 MO 0.45%，转 4h，要求浴液 pH 3.8 左右，不符合要求则补加碳酸氢钠调整；70℃热水 100%，调节鼓内温度为 38～40℃，转 3h，静置过夜，铬鞣时间 22h 左右，次日转 60min，出鼓搭马。

⑬静置：蓝湿革搭马静置至少 48h，搭马静置过程中需用塑料布包裹，避免边缘风干。

⑭挤水：用通过式挤水机，挤水时要求革身平整，尽量无褶皱，如果挤水过程中产生褶皱应尽快拉开，挤水后蓝湿革水分含量在 45%左右为宜。

⑮削匀：在削匀机上进行削匀操作，要求厚度 4.0mm 左右；削匀需进行 3 次，第一次削匀厚度 4.2mm 左右，第二次削匀厚度 4.0mm 左右，第三次不调整削匀机再削匀一次。

⑯称重：削匀后的蓝湿革修边，点张数并称重，作为以下用料依据。

⑰回湿：温度 42～44℃，液比 2.0，甲酸 0.2%（1∶10 稀释后鼓轴加入）、草酸 0.5%、德赛尔脱脂剂 DN 0.3%，转 2h，要求浴液 pH 3.2 左右，排液，闷水洗 10min。

⑱铬复鞣：温度 32～34℃，液比 0.8，达威丙烯酸鞣剂 RS16 1.5%（3 倍 60℃水稀释后加入），转 60min；甲酸 0.3%（1∶10 稀释后鼓轴加入），转 30min，要求浴液 pH 3.5 左右；朗盛蛋白填料 PFM-C 1.5%、铬粉 5.0%，转 3h；达威脂肪醛鞣剂 618 1.5%（4 倍冷水稀释后加入）、甲酸钠 2.0%，转 60min；碳酸氢钠 0.4%（1∶20 溶解后鼓轴加入），转 60min，要求浴液 pH 4.0 左右，不到要求则补加碳酸氢钠调整；60℃水 100%，调节鼓内温度为 40～42℃，转 60min，静置过夜，铬复鞣时间 18h 左右；排液，闷水洗 10min。

⑲中和：温度 33～35℃，液比 1.5，朗盛中和单宁 PAK-S 2.0%、甲酸钠 2.0%，转 40min；科凯丙烯酸鞣剂 TVP 2.0%（3 倍 60℃水稀释后加入）、成都睿琦化工加脂剂 F-16 1.0%（5 倍 70℃水乳化后鼓轴加入），转 60min；碳酸氢铵 1.0%、碳酸氢钠 0.8%，转 3h，要求浴液 pH 6.5 左右，之后转 10min 停 50min，重复 6 次，静置过夜，中和时间 22h 左右；次日转 20min，排液，闷水洗 2 次，每次 10min。

⑳填充：温度 32～34℃，液比 0.8，汤普勒丙烯酸鞣剂 R83 3.0%（3 倍 60℃水稀释后加入）、成都睿琦化工加脂剂 F506 0.5%（5 倍 70℃水乳化后鼓轴加入），转 2h；德赛尔氨基树脂鞣剂 LF 2.0%、达威合成鞣剂 RL52 2.0%、达威合成鞣剂 MM51 0.5%，

转 2h；斯塔尔氨基树脂 DCT-IT 2.0%、斯塔尔合成鞣剂 VW 2.0%、达威合成鞣剂 MM51 0.5%、成都睿琦化工加脂剂 F-16 0.5%（5 倍 70℃水乳化后鼓轴加入）转 3h，之后转 10min 停 50min，重复 3 次，静置过夜，填充时间 22h 左右；次日 70℃水 100%，调节鼓内温度为 45℃左右，转 10min；甲酸 0.8%（1∶10 稀释后鼓轴加入），转 40min，要求浴液 pH 3.5 左右；排液，闷水洗 5min。

㉑加脂：温度 50~52℃，液比 1.5，成都睿琦化工加脂剂 F505 2.0%、成都睿琦化工加脂剂 F506 3.0%、科凯加脂剂 FLS 3.0%、成都睿琦化工加脂剂 F-16 2.0%、防霉剂 0.3%，上述材料混合后搅拌均匀，5 倍 70℃水乳化后加入，转 2h；科凯丙烯酸鞣剂 TVP 1.0%（3 倍 60℃ 水稀释后加入），转 60min；甲酸 0.8%（1∶10 稀释后鼓轴加入），转 30min；朗盛合成鞣剂 BL 0.5%，转 30min；甲酸 0.8%（1∶10 稀释后鼓轴加入），转 60min，要求浴液 pH 3.4 左右，排液，闷水洗 2 次，每次 10min。出鼓，搭马，过夜。

㉒挤水伸展：在挤水伸展机上采用四刀法伸展，先两个边腹部横向伸展，再头尾纵向伸展，头尾伸展时均需要回一刀，挤水伸展后要求革身平整、无死褶。

㉓绷板干燥：用夹子将伸展后的湿革坯固定在绷板机板架上，绷板板架不开口，在 55℃下烘干。

㉔振荡拉软：在振荡拉软机上对革坯逐张进行拉软，根据革坯厚度调整振荡拉软机上下齿间距，每张革拉软 2 次，拉软后要求革身柔软、无硬边。

㉕摔软：革坯在摔软转鼓中摔软，温度 30℃、相对湿度 80%，时间 12~14h，直至革心活动、无硬心。

㉖绷板干燥：用夹子将摔软后的革坯固定在绷板干燥机上，绷板板架不开口，在 40℃下烘干 120min 后取下，修去虚边。

㉗底涂：涂饰配方见表 2-5，重喷 1 次，烘干，通过式熨烫机熨平，温度 80℃、压力 5MPa、速度 3m/min。

㉘中涂：涂饰配方表 2-5，重喷 1 次，轻喷 1 次，每次涂饰后烘干，如有条件，中涂完后可以印花。

㉙顶涂：涂饰配方见表 2-5，喷 2 次，每次涂饰后烘干，通过式熨平机熨平，温度 100℃、压力 3MPa、速度 5m/min。

㉚分级入库：根据粒面光泽、松面情况，以及柔软性、丰满性等对凉席革进行分级，点数量革，逐张平整堆放，入库存放。

表 2-5　凉席革涂饰配方表　单位：份

材料	底涂	中涂	顶涂
水	400	400	1000
BAYDERM Prebottom KUD-C 01		100	

续表

材料	底涂	中涂	顶涂
EUDERM Driver MOP-C	50	50	
EUDERM 770	80	80	
PRIMAL SB-150	120	120	
EUDERM Prebottom NB	50		
EUDERM Matt SN-C	60	60	
EUDERM Wax CL-C	50	50	
BAYSIN Lustre HT	80	80	
EUDERM Compact UP-FP	350	300	
阴离子颜料膏	100	100	
Melio Wax 182		50	
BAYDERM X-tra Finish TV			450
OPTI-Matt A-2000LV			550
AQUADERM Additive GF			16
ROSILK 2229 Feel modifier			4
AQUADERM XL DI 2			60

4. 现象观察及数据测定

①预浸水、主浸水和脱毛浸灰过程中实时检查水牛皮厚度和臀部切口，观察臀部切口颜色和感官性能。

②脱灰软化、浸酸和中和过程中用相应指示剂检查水牛皮臀部、颈部和边腹部切口颜色变化情况。

③测定蓝湿革和革坯的铬含量、铬分布均匀性和收缩温度。

④测定成品革的力学性能、雾化值、气味和耐光性能。

5. 思考题

①为什么水牛皮在浸水和脱毛浸灰等工序的浴液温度较高？

②结合本实验工艺，指出工艺操作中加强对水牛皮纤维松散的操作，并阐述其原理。

③传统的凉席革是以栲胶为主进行鞣制的，根据所学知识并查阅资料，试拟定以植鞣为主的水牛凉席革的工艺方案。

④随着无铬鞣技术的日渐成熟，对无铬鞣凉席革的需求也与日俱增，根据所学知识并查阅资料，试拟定无铬鞣水牛凉席革的工艺方案。

⑤根据本实验工艺并查阅文献资料，简要描述水牛皮与黄牛皮在加工过程中的异同。

第三章　毛皮工艺实验

实验一　毛被染单色实验

1. 实验目的

①掌握毛被组成，其绒毛、针毛、锋毛着色特点。

②掌握毛被染色常用染料种类、染色特性、适用范围。

③初步掌握毛被染色与皮板染色工艺区别，染色温度、pH、染色助剂等对毛被染色的影响。

2. 实验原理

毛被通常由绒毛、针毛和锋毛组成。毛纤维具有结构致密的鳞片层、皮质层和髓质层，其中鳞片层对染料渗透影响较大，皮质层对毛纤维着色浓厚程度影响较大。绒毛细、短、柔软，数量最多，单根毛上下粗细基本相同，带有不同弯曲，原色调较一致。绒毛鳞片结构较针毛和锋毛疏松，染料易渗透，容易着色。针毛一般呈直线形，其下段结构与绒毛较相似，上段呈纺锤形或柳叶形，整个针毛较绒毛粗长，较锋毛细短，针毛上段鳞片结构致密，染料不易渗透。锋毛粗长、鳞片结构致密，数量最少，最难着色。

毛纤维化学成分主要为角蛋白，富含胱氨酸和极性氨基酸，等电点在酸性范围，鞣前准备和鞣制工段对毛被及毛纤维性能的影响不及对皮板蛋白的影响大。

毛被染色过程包括毛纤维对染料的吸附、染料向纤维内部扩散、染料与纤维结合 3 个主要阶段。

通常用酸性染料、金属络合染料在酸性条件下染毛被，染料与毛纤维反应原理如下：

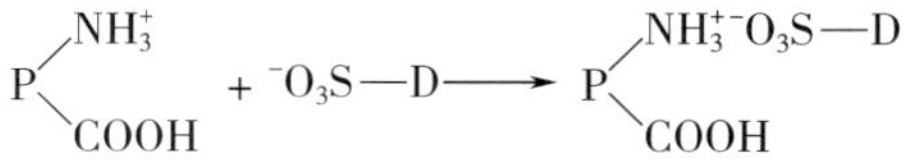

3. 仪器、药品及材料

小划槽（3~5L）	3台	毛皮铲软机	1台
转笼（Φ100cm×100cm）	1台	烫毛机	1台
木制转鼓（Φ100cm×100cm）	1台	烧杯（1000mL）	4个
托盘天平（精确至0.1g）	1台	量筒（100mL）	1个
普通台秤（精确至5g）	1台	棕刷	1把
酸度计	1台	喷壶	1个
希力系列毛皮染料（酸性染料）	适量	铂力络合染料T系列（金属络合染料）	适量
迪力毛尖染料S系列（荧光染料）	适量	毛皮匀染剂DL	适量
毛皮匀染剂DFL-Ⅱ	适量	铬粉（碱度33%~35%，Cr_2O_3含量24%~25%）	适量
威斯毛皮脱脂剂JA-50	适量	威斯毛皮脱脂剂TL-80	适量
工业甲酸（85%）	适量	工业氯化钠	适量
工业碳酸钠	适量	工业氨水	适量
工业酒精	适量	毛皮专用粗锯末	适量
精密pH试纸（0.5~5.0）	适量	铬鞣或醛鞣或结合鞣白色家兔皮坯	6张
铬鞣或醛鞣或结合鞣剪绒羊坯	1张		

4. 操作步骤

方案一：用酸性染料、金属络合染料、荧光染料染剪绒羊皮。

①选皮：选皮板柔软，皮形完整，无伤板、无严重裂面，毛绒密不顶绒，毛长不低于产品要求的铬鞣或醛鞣或结合鞣皮坯1张。

②分割、称重：将皮坯毛被朝下，平铺在实验台板上，先沿背脊线分割成2片，再将每片垂直背脊线均分成3块，共6块，标记为A_1、A_2、B_1、B_2、C_1、C_2。分别称重，作为以下操作用料依据。

③铬复鞣：液比20~25，氯化钠30g/L，铬粉（以Cr_2O_3计）3~5g/L。

下皮温度：38（夏季）~40℃（冬季）（铬鞣皮坯），32（夏季）~35℃（冬季）（其他方法鞣制的皮坯）。

铬复鞣及染色等以下操作在划槽中进行调温、调液比至规定值，加氯化钠和铬粉，划动均匀，用酸度计测pH，要求pH≤4。将皮块放入，划动30min，以后每隔2h划动5min。

总时间24h，出皮pH 3.8~4.0，Ts>95℃，出皮后控水、甩水。

④水洗：调液比至20，将复鞣后的皮块放入，划动洗涤10min，换水再洗涤，水洗至洗液中不显铬鞣剂的颜色。

⑤脱脂：液比20，温度45℃，毛皮脱脂剂TL-80 2.5g/L，时间30min。调温、调

液比至规定值，加脱脂剂，将皮块放入，划动 30min，排液。

⑥水洗：加常温水至液比 20，放入皮块，划动洗涤 10min，换水再洗涤，至少洗 2 次，出皮，甩水。

⑦染色：将 6 块皮 A（A_1、A_2）、B（B_1、B_2）、C（C_i、C_2）三组，分别用希力系列毛皮染料、铂力络合染料 T 系列的染料、迪力毛尖染料 S 系列的染料进行染色。

液比 20，温度 60～65℃，硫酸钠 5g/L，毛皮匀染剂 DFL－II 0.3（染黑色）～1.5mL/L（染彩色），染料 0.4～3.0g/L（染浅色少用，染深色多用），甲酸 1.7mL/L。

称取所需染料，放入烧杯中，分别用染料重 5 倍的温水将染料调成糊状，再溶解配成稀溶液备用。

量取所需甲酸，在烧杯中用甲酸体积 10 倍的水将甲酸稀释备用。

在划槽中加水、调温、调液比，加硫酸钠和匀染剂，划匀，放入皮块，划动 20min；缓慢加入溶解好的染料，划动 30（彩色）～40min（黑色），缓慢加甲酸 0.5mL/L（1∶10），划动 30min。检查，染料吸收应在 90% 以上，再缓慢加甲酸 1.2mL/L（1∶10），划动 40min，用酸度计测定染液 pH，要求 pH 3.5～3.8，出皮。

染色结束后从每组中取约 500mL 染色废液，做好标记，保留。

⑧水洗：排去染色废液，加水使液比达到 20，划动水洗 10min，重复 2 次，出皮，甩水。

⑨挂晾干燥：用夹子夹住皮边，挂晾在阴凉干燥处，全干。

⑩回潮静置：将 40～45℃热水均匀喷于皮板，板对板静置 24h。

⑪铲软：用铲软机或铲刀进行皮板铲软。

⑫转笼除尘：在转笼中转 30min。

⑬从每一组皮中取 1 块（A_1、B_1、C_1），做耐干擦和湿擦坚牢度实验，另外 3 块皮（A_2、B_2、C_2）做烫毛实验，并检测颜色耐熨烫坚牢度。

⑭烫毛：（配制烫毛液）在 1000mL 烧杯中加水 500mL，甲酸 100mL，酒精 150mL，搅匀。用棕刷或海绵刷将烫毛液均匀刷于毛被，毛对毛静置 30min。在烫毛机上烫毛，烫毛温度 150～170℃。

方案二：用酸性染料、金属络合染料、荧光染料染具有针毛和绒毛的皮（以家兔皮为例）。

①选皮：选白色家兔皮坯 6 张，要求皮板柔软，皮形完整，无伤板，毛被洁净，无掉毛，无锈毛，绒毛丰厚，针毛平齐。

②分组、称重：将 6 张皮坯标记为 A_1、A_2、B_1、B_2、C_1、C_2。分成 A（A_1、A_2）、B（B_1、B_2）、C（C_1、C_2）组，分别称重，作为以下操作用料依据。

③铬复鞣：液比 20～25，氯化钠 60g/L，铬粉（以 Cr_2O_3 计）4～5g/L。

下皮温度：38（夏季）～40℃（冬季）（铬鞣皮坯），32（夏季）～35℃（冬季）

（其他方法鞣制的皮坯）。划槽中加水，调温、调液比至规定值，加氯化钠和铬粉，划动均匀，用酸度计测 pH，要求 pH≤4。放皮，划动 30min，以后间歇划动。总时间 24h，鞣制结束时用酸度计测浴液 pH，要求 pH 3.8~4.0，Ts≥95℃，出皮、控水、甩水。

④水洗：投皮，调液比至 20，划动洗涤 10min；换水，再进行第二次洗涤，控水。

⑤脱脂：液比 20，温度 35~40℃，毛皮脱脂剂 JA-50 0.5mL/L，碳酸钠 1g/L，氨水 1mL/L，氯化钠 40~50g/L。调温、调液比至规定值，加入所需脱脂剂、碳酸钠、氨水和氯化钠，划匀，将皮放入，划动 30min。

⑥冲洗：排液，加热水使内温 30~35℃，液比达到 20，划动洗涤 15min，出皮，甩干。

⑦染色：将 3 组皮坯分别用希力系列毛皮染料、铂力络合染料 T 系列的染料、迪力毛尖染料 S 系列的染料染色。液比 20，温度 65℃，匀染剂 DL 1.2~1.5mL/L，硫酸钠 5g/L，染料 0.4~3.0g/L（染浅色少用，染深色多用），甲酸 2mL/L。

称取所需染料，在烧杯中分别用染料重 5 倍的温水将染料调成糊状，再溶解配成稀溶液备用。用甲酸体积 10 倍的水将甲酸稀释备用。

调温、调液比至规定值，加匀染剂和硫酸钠 5g/L，划动均匀，放皮，划动 20min，缓慢加入溶解好的染料，保温划动 60min，缓慢加入甲酸 1mL/L（1∶10），划动 30min，再缓慢加甲酸 1mL/L（1∶10）；升温至 70℃，划动 1h，用酸度计测定染液 pH，要求 pH 3.5~3.8，出皮。

染色结束后从每组中取约 500mL 废液，做好标记，保留备用。

⑧水洗：排液，加水至液比为 20，水洗 10min，重复 2 次，出皮，甩水。

⑨挂晾干燥：用夹子夹住皮边，挂晾在阴凉干燥处，全干。

⑩回潮静置：将 40~45℃热水均匀喷于皮板，板对板静置 24h。

⑪铲软：用铲软机或铲刀进行皮板铲软。

⑫转锯末：在转鼓中加锯末 5kg，放皮，转动 60min。

⑬转笼除尘：在转笼中转 30min。

观察三类染料染色的毛被色泽，并从每组中取 1 块皮，做耐干擦和耐湿擦坚牢度实验。

5. 现象观察及数据测定

将观察到的现象及测定数据记入表 3-1。

表 3-1　　毛皮染色实验记录表

项目	剪绒羊皮 A	剪绒羊皮 B	剪绒羊皮 C	兔皮 A	兔皮 B	兔皮 C
加甲酸前后毛被上染						
染色结束废液情况						

续表

项目	剪绒羊皮 A	剪绒羊皮 B	剪绒羊皮 C	兔皮 A	兔皮 B	兔皮 C
针毛、绒毛上染情况						
毛被色泽、光亮度						
耐干/湿擦坚牢度						
耐熨烫坚牢度						

①观察剪绒羊皮、家兔皮毛被组成，针毛和绒毛对染料的吸收情况、颜色深度和毛被的匀染性。

②观察 3 组家兔皮毛被色泽、光亮度等，比较染色后毛被的耐干、湿擦坚牢度。

③观察 3 组剪绒羊皮毛被色泽、光亮度等，并比较染色后毛被的耐干、湿擦坚牢度和耐熨烫坚牢度。

④用比色法（目视）测定染料的上染率，观察甲酸对染料上染率的影响。

⑤比较各类染料的优缺点。

6. 思考题

①比较酸性染料、金属络合染料、荧光染料的染色性能差异、价格和适用范围。

②比较毛皮的毛被染色与制革染色的操作区别，分析其原因。

③采取什么措施可使针毛和绒毛上色均匀一致？

实验二　毛皮“草上霜效应”制作

1. 实验目的

①掌握毛皮“草上霜效应”染料的性质和染色特点。

②实践、初步掌握毛皮“草上霜效应”制作原理与方法。

③了解毛皮“草上霜效应”在服装设计中的应用情况。

2. 实验原理

“草上霜效应”染料是从众多的染料中筛选出来的适合毛被染色且能够被还原剂或氧化剂拔白的染料，酸性染料、活性染料、分散染料中都有部分可以被拔白的染料。

拔白原理是利用还原剂或氧化剂在一定条件下破坏已经在毛纤维上着色的染料分子中的部分结构，使染料消色，并通过水洗或其他方法如转锯末将其除去，从而使刷过还原剂或氧化剂的毛纤维毛尖部分恢复显露原来的白色，从而产生“草上霜效应”，目前市场上的拔白剂属于还原剂类。

3. 仪器、药品及材料

小划槽（3~5 L）	3 台		
蒸汽发生器（设计压力 0.5MPa）	1 台	蒸汽室或蒸汽箱	1 组
喷壶或喷枪	1 把	木制转鼓（Φ100cm×100cm）	1 台
烧杯（200mL）	3 个	转笼（Φ100cm×100cm）	1 台
量筒（100mL）	1 个	毛皮铲软机	1 台
订书机	1 个	托盘天平（精确至 0.1 g）	1 台
玻璃棒	3 支	普通台秤（精确至 5 g）	1 台
酸度计（pH 1~14）	1 台	木板或三合板（50cm×50cm）	3 块
铬粉（碱度 33%~35%，Cr_2O_3 含量 24%~25%）	适量		
劳瓦森木炭灰（“草上霜效应”染料）	适量	劳瓦森米色 RN（“草上霜效应”染料）	适量
染色助剂 BH	适量	毛皮匀染剂 A	适量
润湿剂 HAC	适量	拔色剂 LCN-3	适量
甲酸（85%）	适量	氯化钠	适量
硫酸钠	适量	毛皮专用粗锯末	适量
精密 pH 试纸（0.5~5.0）	适量	铬鞣或醛鞣或结合鞣白色獭兔皮坯	6 张

4. 操作步骤

①选皮：选白色獭兔皮坯 6 张，要求皮板柔软，皮形完整，无伤板，毛被干净洁白，无掉毛、无锈毛，毛绒丰厚平齐。

②分组、称重：将 6 张皮分成 3 组，每组 2 张，做好标记，称重（作为以下用料依据）。

③铬复鞣：可采用浸铬液复鞣或刷铬液复鞣。

浸铬液复鞣（在划槽中进行）：液比 20~25，氯化钠 60g/L，铬粉（以 Cr_2O_3 计）4~5g/L。

下皮温度：38（夏季）~40℃（冬季）（铬鞣皮坯），32（夏季）~35℃（冬季），（其他方法鞣制的皮坯）。

调温、调液比至规定值，加入所需氯化钠和铬粉，划动均匀，用酸度计测 pH，要求 pH≤4。放皮，划动 30min，以后间歇划动，总时间 24h，鞣制结束时用酸度计测 pH，要求 pH 3.8~4.0，Ts≥95℃，出皮后控水、甩水。

刷铬液复鞣：将 250g 铬粉溶解于 6L 50℃左右的热水中，分 3 次均匀刷于皮板，每次间隔 4h。刷铬鞣液后板对板铺平，用塑料布盖好，保温 38~40℃，静置 24h 以上。

注：加工“草上霜效应”产品要经过汽蒸拔色，处理不当，很容易烫伤皮板，因此对皮坯要进行仔细的铬复鞣。要求皮板 Ts≥95℃或耐煮沸。

④水洗：调液比至 20，将皮放入划槽，划动洗涤 10min，换水，再洗涤 10min，充分水洗除去毛被和皮板上未结合的铬鞣剂。

⑤脱脂漂洗：液比 20，温度 30~32℃，甲酸 0.5mL/L，润湿剂 HAC 1.0~1.5g/L，氯化钠 40~50g/L。调温、调好液比至规定值，加甲酸和润湿剂，划匀，放皮划洗 30min。排去脱脂液，用清水大液比水洗至清爽，甩水。

⑥染色：将 3 组皮坯分别用劳瓦森米色 RN 染米色、劳瓦森木炭灰染浅灰色和深灰色。

染料：染米色 1g/L，染浅灰色 1.0g/L，染深灰色 3.5~4.0g/L。

称取所需染料，在烧杯中分别用染料重 5 倍的温水将染料调成糊状，再溶解配成稀溶液备用。调温至 70℃，液比 20，加硫酸钠 5g/L、染色助剂 BH 18/L 和匀染剂（A 0.5g/L），划匀，将皮放入划槽，划动 30min，加溶解好的草上霜染料，划动 2h；缓慢加甲酸 0.5mL/L（1∶10 稀释），划动 30min，再缓慢加甲酸 0.5~1.0mL/L（1∶10 稀释），划动 40min，用酸度计测定溶液 pH，要求 pH 3.6~4.0。

⑦洗浮色：向划槽中冲水降温至 32~36℃，加润湿剂 HAC 0.5~0.7mL/L，划洗 5~10min，排去染色废液。再用清水调液比至 20，划动洗涤 10min，出皮，甩干。

⑧挂晾干燥：用夹子夹住皮边，挂晾在阴凉干燥处，全干。

⑨回潮静置：将 40~45℃热水均匀喷于皮板，板对板静置 24h。

⑩铲软：用铲软机或铲刀进行皮板铲软。

⑪转锯末：在转鼓中加锯末 5kg，放皮，转动 60min。米色皮与灰色皮要分开转锯末，使毛被松散平顺，不串色。

⑫转笼除尘：在转笼中转 30min。

从 3 组中各取 1 张，测定皮样的耐干擦和耐湿擦坚牢度，用其余的皮张进行拔白实验。

⑬拔白

a. 配制拔白液（现用现配）：

· 米色皮拔白液配制：将拔色剂 8g 加入烧杯，再加 50℃的水 80mL，搅拌，使拔色剂溶解，缓缓加入 20mL 甲酸，搅匀。

· 浅灰色皮拔白液配制：将拔色剂 12g 加入烧杯，再加 50℃的水 70mL，搅拌，使拔色剂溶解，缓缓加入 30mL 甲酸，搅匀。

· 深灰色皮拔白液配制：将拔色剂 20g 加入烧杯，再加 50℃的水 60mL，搅拌，使拔色剂溶解，缓缓加入 40mL 甲酸，搅匀。

b. 拔色：将皮坯毛被朝上平铺在木板或三合板上，将毛被整理平顺，用订书机沿皮坯周边将皮子固定在木板上，订针距皮边5mm，订针间距5cm。将拔白液刷或喷于毛尖，连同木板一起置于蒸汽室中，通入压力为0.4~0.5MPa的蒸汽，于80~90℃汽蒸5~10min，取出，阳光下晾晒或干燥至干。夏天阳光充足时，也可以用在太阳下照射代替在蒸汽室汽蒸拔白。小心仔细拆下订书针，卸皮，严防撕破皮。

⑭水洗：给划槽中加水，至液比20，将皮坯放入划槽，划动水洗10min，甩水。

⑮挂晾干燥、回潮静置、铲软、转锯末和转笼，除尘操作方法同⑧~⑫。

5. 现象观察及数据测定

①观察加甲酸前后染料被吸收情况和毛被颜色变化，染色结束后比较3组实验染液的清亮程度。

②比较"草上霜效应"染料与酸性染料、金属络合染料、荧光染料染色时染料上染情况。

③测试染色后拔色前毛被的耐干、湿擦坚牢度，并与酸性染料、金属络合染料、荧光染料染的单色毛被颜色的坚牢度进行比较。

④考察毛被的匀染性和拔白度等。

6. 思考题

①比较"草上霜效应"染料与一般酸性染料、金属络合染料的上染性、匀染性和颜色坚牢度。

②分析拔白条件和影响拔白程度的因素。拔白时是否有毛尖不白或毛尖与毛根之间泛红现象发生？若有这种现象，分析原因。

③选择增白染色时的增白剂应注意什么问题？

④试将不同颜色的"草上霜效应"染料复配染色，进行"草上霜效应"制作，考察"草上霜效应"染料的配伍性能。

⑤通过调研和查阅相关资料，归纳、总结"草上霜效应"在服饰及其设计上的应用。

实验三 毛皮"微风效应"制作

1. 实验目的

①初步掌握毛皮防染剂的性质和特点。

②初步认识、掌握毛皮"微风效应"制作原理与方法。

③了解“微风效应”制作对毛被的要求。

④了解“微风效应”毛皮在服装设计中的应用情况。

2. 实验原理

“微风效应”制作是通过在毛被染单色前，先用防染剂对毛尖进行防染处理，减少染色时毛尖对染料的吸收和结合量，从而使毛尖颜色浅于其下段颜色。

防染剂结构不同，防染原理不同。一种是防染剂与毛纤维结合后在毛尖上形成物理阻隔层，阻止染料向毛纤维内部渗透；一种是防染剂与毛纤维发生化学反应，减少了染料在毛纤维上的结合点，使毛纤维与染料的反应能力下降；还有一种是调整毛纤维的表面电荷，抑制染料的渗透与结合作用。

3. 仪器、药品及材料

小划槽（10L）	3 台	烫毛机	1 台
皮铲软机	1 台	烘干机	1 台
离心甩水机	1 台	托盘天平（精确至 0.1g）	1 台
普通台秤（精确至 5g）	1 台	酸度计	1 台
烧杯（500mL）	3 个	量筒（100mL）	1 个
喷枪	1 把	Sinasol 系列酸性染料料（颜色任选）	适量
匀染剂 Dilevry FP	适量	防染剂 Desurny S	适量
脱脂剂 Ditony FH	适量	润湿剂 Dishior HAC	适量
甲酸（85%）	适量	加脂剂 Diliboil L-305	适量
铬粉（碱度 33%~35%，Cr_2O_3 含量 24%~25%）			适量
加脂剂 Diliboil L-303	适量	工业酒精	适量
精密 pH 试纸（0.5~5.0）	适量	铬鞣剪绒羊皮	2 张

4. 操作步骤

①选皮：要求毛被脱脂干净、烫直、剪平，毛纤维粗细适中；皮坯手感柔软、丰满、不松面、不分层，有一定弹性，草刺伤、痘疤少，无肋骨纹。将皮坯沿背脊线分割成 2 片，共取 3 片，做好标记 A、B、C。

②防染：配制 A、B、C 三种浓度的防染液。

A 液：Desurny S 100 份，水 0 份。直接量取 100mL 防染剂 Desurny S，备用。

B 液：防染剂 Desurny S 500 份，水 500 份。量取 100mL 水，放入 500mL 的烧杯中，加入 100mL 防染剂，搅匀，备用。

C 液：防染剂 Desurny S 300 份，水 700 份。量取 140mL 水，放入 500mL 的烧杯

中，加入 60mL 防染剂，搅匀，备用。

操作：将皮坯毛被向外平铺在工作台上，用喷枪将上述 A、B、C 三种溶液分别均匀地喷于 A、B、C 三片皮坯的毛尖上，交叉喷 2~3 次，尽量避免污染皮板。在烘干机内于 85℃烘干，要求干透。用烫毛机于 140~160℃烫毛，烫至毛尖呈现均匀的鹅黄色（正面看呈白色，45°角看毛尖微黄）。烫毛时，要尽快移动皮张，避免因局部温度过高将毛被烫焦。

③称重：将 A、B、C 三片皮分别称重，做好记录，作为以下操作用料依据。

④回湿、脱脂：液比 20，温度 40~45℃，脱脂剂 Diteny FH 0.5g/L，润湿剂 Dishior HAC 0.5g/L。调好温度和液比，加入脱脂剂和润湿剂，划动均匀，将皮坯放入，划动 40min，控水。

⑤水洗：液比 20，温度常温。调好液比，放皮，划动 10min。共洗 2 次。

⑥复鞣：液比 20，温度 38~40℃，加脂剂 Diliboil L-305 2g/L，加脂剂 Diliboil L-303 2.0g/L，铬粉 4.0g/L，甲酸 0.65g/L。

在划槽加水，调好温度和液比，加入加脂剂，划动均匀，将皮块放入，划动 45min，缓慢地加入甲酸 0.65g/L（用 10 倍的水将甲酸稀释后加入），划动 20min，用酸度计测定浴液 pH，要求 pH 3.8~4.0。加铬粉 4.0g/L，划动 60min。静置过夜，次日用酸度计测定浴液 pH，要求 pH 3.8~4.0，划动 15min，控水。

⑦水洗：液比 20，温度常温。给划槽加水，调好液比，放皮，划动 10min。共洗 2 次，甩干。

⑧染毛被：液比 20，温度 65℃，匀染剂 Dilevry FP 0.6g/L，Sinasol 系列酸性染料 1~3g/L（染浅色少加，染深色多加），甲酸 1.5g/L。

称取所需染料，在烧杯中用染料重 5 倍的温水将染料调成糊状，再稀释至稀溶液，备用。

调好温度和液比，加匀染剂，划动均匀，将皮块放入，划动 10min。加溶解好的染料溶液，划动 30min。缓慢加甲酸 0.5g/L（1∶10 稀释），划动 30min，再缓慢加甲酸 1g/L（1∶10 稀释），划动 60min，测定浴液 pH，要求 pH 3.6~3.8。

⑨洗浮色：液比 20，温度常温。排去染色废液，调好液比，将染色后的皮放入，划动 30min，出皮，甩水。

⑩挂晾干燥：用夹子夹住皮边，挂晾在阴凉干燥处，要求干透。

⑪回潮静置：将 40~45℃热水均匀喷于支板，板对板静置 24h。

⑫铲软：用铲软机或铲刀进行皮板铲软。

⑬烫皮。

a. 配制烫毛液：甲酸 0.5~1 份，水 3 份，酒精 1~1.5 份。量取水 300mL，加入烧杯，再加酒精 100~150mL，甲酸 50~100mL，搅匀备用。

b. 将皮坯毛被朝上平铺在工作台上，将烫毛液刷于毛被，毛对毛静置 20min。

c. 在烫毛机上于 120~140℃烫毛被。

5. 现象观察及数据测定

①观察在染色过程中毛尖及其下段毛纤维颜色变化。

②观察 A、B、C 三片皮坯的“微风效应”效果，比较“微风效应”与“草上霜效应”的区别。

③测定毛尖与其下段毛纤维颜色色差，考察其与“微风效应”之间的关系。

6. 思考题

①联想自然界的鲜花和古诗词中有关“月色”“鲜花”“花气”“春风”等的描写，体会“微风效应”的含义。

②分析“微风效应”不明显或不均匀的原因。

③体会“微风效应”染色工艺与染单色工艺控制的区别。

实验四　毛皮“一毛双色效应”制作

1. 实验目的

①掌握各种类型的“一毛双色效应”制作原理与方法。

②能够初步运用“一毛双色效应”“微风效应”“草上霜效应”制作方法和原理进行毛皮花色设计和工艺方案设计。

③了解“一毛双色效应”在各种毛皮流行花色如“梦幻效应”“印花效应”“扎染效应”“剪花效应”制作中的作用。

2. 实验原理

底色浅面色深且面色能够完全包含底色的“一毛双色效应”制作原理：当面色能够完全包含底色时，如面色为酒红色，底色是浅粉色，或者面色为深棕色，底色为浅棕色、黄色、粉色等，则采用叠加的染色方法，即采用染单色的方法染好底色，干燥，整理好毛被，再给毛尖喷色，使之与底色叠加后生成较底色更深的面色。

底色深面色浅且底色能够包含面色的“一毛双色效应”制作原理：当底色能够包含面色时，采用耐拔色染料如金属络合染料与“草上霜效应”染料配伍进行毛被染单色（底色），干燥、整理，进行毛尖拔色，拔去毛被面层的“草上霜效应”染料，使毛尖颜色变浅（面色）。配色时用耐拔色染料配面色，与“草上霜效应”染料叠加后生成底色要求的深色。

底色面色互不包含的“一毛双色效应”制作原理：当底色面色互不包含时，先用“草上霜效应”染料染底色，经干燥、整理毛被，进行毛尖拔白，即先将毛被做成“草上霜效应”，再用毛尖染料对毛尖进行喷染制作面色。

3. 仪器、药品及材料

小划槽（3~5 L）	3 台		
划槽（10L）	1 台	蒸汽发生器（设计压力 0.5MPa）	1 台
汽蒸箱或汽蒸室	1 组	转笼（Φ100cm×100cm）	1 台
木制转鼓（Φ100cm×100cm）	1 台	毛皮铲软机	1 台
离心甩水机	1 台	喷枪	1 把
托盘天平（精确至 0.1g）	1 台	酸度计	1 台
普通台秤	1 台	烧杯（500mL）	3 个
量筒（100mL）	1 个	玻璃棒	3 支
木板或三合板（50cm×50cm）	3 块	订书机	1 个
甲酸（85%）	适量	氯化钠	适量
毛皮脱脂剂	适量	碳酸钠	适量
氨水	适量	硫酸钠	适量
粉状铬鞣剂（碱度 33%~35%，Cr_2O_3 含量 24%~25%）	适量		
匀染渗透剂 PENETRATOR M	适量	匀染剂 LEVEL A	适量
酸性染料 ALIZARINE 红 T-2	适量	荧光品红 RF（耐拔色染料）	适量
“草上霜效应”染料 LOWACENE 黑-F	适量	“草上霜效应”染料 LOWACENE 黑-C	适量
“草上霜效应”染料 LOWACENE 红-BC	适量	酸性刷毛染料 BRUSHING 黄-F	适量
酸性刷毛染料 BRUSHING 棕-PD	适量	助溶剂 SOLVENTC -10	适量
酸性刷毛染料 BRUSHING 红 ACG	适量	拔色剂 LCN-3	适量
刷涂助剂 BRUSHING ASSIST B	适量	精密 pH 试纸（0.5~5.0）	适量
铬鞣或醛鞣或结合鞣白色家兔皮坯	9 张		

4. 操作步骤

（1）准备阶段

①选皮：选铬鞣或醛鞣或结合鞣白色家兔皮坯 9 张，要求皮板柔软，皮形完整，无伤板，毛被洁净，无掉毛，无锈毛，绒毛丰厚，针毛平齐。

②分组、称重：将 9 张皮坯分成 A、B、C 组，每组 3 张皮，做好标记，分别称重（作为以下操作用料依据），统一按下列步骤在 10L 的划槽中进行操作。

③铬复鞣：液比 20~25，氯化钠 60g/L，铬粉（以 Cr_2O_3 计）4~5g/L，温度 38

（夏季）~40℃（冬季）（铬鞣皮坯），32（夏季）~35℃（冬季）（其他方法鞣制的皮坯）。

调温，调液比，加氯化钠和铬粉，划动均匀，用酸度计测 pH，要求 pH≤4。投皮，划动 30min，以后每 2h 划动 5min。总时间 24~36h，鞣制结束，用酸度计测浴液 pH，要求 pH 3.8~4.0，Ts>95℃，出皮后控水、甩水。

④水洗：液比 20，温度常温，10min，水洗 2 次。

⑤脱脂：液比 20，温度 35~40℃，毛皮脱脂剂 JA-50 0.5mL/L，碳酸钠 1g/L，氨水 1mL/L，氯化钠 40~50g/L。划匀，投皮划动 30min，排水。

⑥冲洗：液比 20，温度 30~35℃，划动洗涤 15min，出皮，甩干。

（2）“双色效应”制作

将 A、B、C 三组皮坯分开，分别按下述方案一、方案二、方案三，在 3~5L 划槽中进行操作。

①方案一：制作底色浅粉色、面色酒红色，即面色能够完全包含底色的“一毛双色效应”。

a. 染色：液比 25，温度 65℃，氯化钠 5g/L，匀染渗透剂 PENETRATOR M 0.7g/L，匀染剂 LEVEL A 0.7g/L，酸性染料 ALIZARINE 红 T-2 0.1g/L，甲酸 2mL/L。

称取所需染料，在烧杯中用染料质量 5 倍的温水将染料调成糊状，再稀释至稀溶液，备用。

给划槽加水、调温、调液比，加所需匀染剂和氯化钠，划动均匀，将皮坯放入划槽，划动匀染 15min，将溶解好的染料缓慢加入划槽，划动 45min，缓慢加入甲酸 1mL/L（1∶10 稀释），划动 45min 后，第二次加甲酸 1mL/L（1∶10 稀释），划动 45min，出皮。

b. 水洗：排去染色废液，加水至液比为 20，投皮，划动水洗 10min，重复 2 次，出皮、甩水。

c. 挂晾干燥：用夹子夹住皮边，挂晾在阴凉干燥处，全干。

d. 回潮静置：将 40~45℃热水均匀喷于皮板，板对板静置 24h。

e. 铲软：用铲软机或铲刀进行皮板铲软。

f. 转锯末：在转鼓中加锯末 5kg，投皮，转 60min。

g. 转笼除尘：在转笼中转 30min。

h. 喷毛尖。

·配制毛尖染色液：将酸性刷毛染料 BRUSHING 棕-PD 20g 和红 ACG 4g 溶于 400mL 热水中，使其充分溶解后，加入冷水 400mL，助溶剂 SOLVENTC-10 65mL，刷涂助剂 BRUSHING ASSIST B 65mL，甲酸 20mL，搅拌均匀。

·喷毛尖染色液、汽蒸：将皮坯毛被朝上平铺在木板或三合板上，将毛被整理平顺，用订书机沿皮坯周边将皮子固定在木板上，订针距皮边 5mm，订针间距 5cm。将配好的毛尖染色液喷或刷于毛尖上，在蒸汽室中于 75℃蒸 10~15min。

i. 晾干：将皮坯连同木板或三合板从蒸汽室中取出，在室外晾干，小心仔细拆下订书针，卸皮，不得撕破皮。

j. 转锯末、转笼除尘，操作同 f 和 g。

②方案二：制作毛尖品红色、底色黑色，即底色能够包含面色的“一毛双色效应”。

a. 染色：液比 25，温度 65℃，匀染剂 LEVEL A 0.5mL/L，硫酸钠 5g/L，荧光品红 RF（耐拔色染料）1g/L，“草上霜效应”染料 LOWACENE 黑-F 6g/L 和黑-C 6g/L，甲酸 2mL/L。

分别称取染料，在烧杯中用染料质量 5 倍的温水分别将各种染料调成糊状，再稀释至稀溶液备用。

调好液比、温度，加匀染剂、硫酸钠，划匀，将皮放入划槽，划动 10min，缓缓加入溶解好的荧光染料，划动 30min，缓慢加入甲酸 0.5mL/L（1∶10 稀释），再划动 30min，将溶解好的两种“草上霜效应”染料缓慢加入划槽，划动 30min，再缓慢加入甲酸 0.5mL/L（1∶10 稀释），划动 30min，再缓慢加入甲酸 1mL/L（1∶10 稀释），划动 60min，出皮。

b. 清洗：排去染色废液，加水至液比为 20，投皮，划动水洗 10min，重复 2 次，出皮、甩水。

c. 干燥：用夹子夹住皮边，挂晾在阴凉干燥处，全干。

d. 转锯末：在转鼓中加锯末 5kg，投皮，转 60min。

e. 转笼除尘：在转笼中转 30min。

f. 整理毛被。

g. 拔色。

· 配制拔色液：在烧杯中，将拔色剂 LCN-3 40g 溶于 300mL 水中，加甲酸 200mL。

· 喷拔色液、汽蒸：将皮坯毛被朝上平铺在木板或三合板上，将毛被整理平顺，用订书机沿皮坯周边将皮子固定在木板上，订针距皮边 5mm，订针间距 5cm。将配好的拔色液喷或刷在毛尖上，连同木板置于汽蒸室内于 70℃汽蒸 5min。

h. 晾干：将皮坯连同木板或三合板从蒸汽室中取出，在室外晾干，小心仔细拆下订书针，卸皮，不得撕破皮。

i. 转锯末、转笼除尘，操作同 d 和 e。

③方案三：底色浅粉色、面色黄色，即面色与底色互不包含的“一毛双色效应”。

a. 染色：液比 25，温度 60℃，匀染剂 LEVEL A 0.5mL/L，硫酸钠 5g/L，“草上霜效应”染料 LOWACENE 红-BC 0.6g/L，甲酸 1.5mL/L。

称取所需染料，在烧杯中用染料质量 5 倍的温水将染料调成糊状，再稀释至稀溶液备用。

调好温度和液比，加匀染剂和硫酸钠，划匀，将皮放入划槽，划动30min，缓慢加入溶解好的“草上霜效应”染料，划动30min，缓慢加入甲酸0.5mL/L（1∶10稀释），划动30min后，第二次加甲酸1mL/L（1∶10稀释），划动60min，出皮。

b. 清洗：排去染色废液，加水至液比为20，将皮放入，划动水洗10min，重复2次，出皮、甩水。

c. 干燥：用夹子夹住皮边，挂晾在阴凉干燥处，全干。

d. 转锯末：在转鼓中加锯末5kg，放皮，转60min。

e. 转笼除尘：将皮放入转笼中转30min。

f. 整理毛被。

g. 拔色。

·配制拔色液：将拔色剂LCN-3 40g溶于200mL水中，加甲酸135mL，搅匀。

·喷拔色液、汽蒸：将皮坯毛被朝上平铺在木板或三合板上，将毛被整理平顺，用订书机沿皮坯周边将皮子固定在木板上，订针距皮边5mm，订针间距5cm。将配好的拔色液喷或刷于毛尖上，在蒸汽室中于70℃汽蒸5min。将皮坯连同木板或三合板从蒸汽室中取出，在室外晾干，小心仔细拆下订书针，卸皮，不得撕破皮。

h. 水洗：调液比20，温度常温，投皮，划动10min，出皮、甩水。

i. 干燥、整理好毛被：操作同c。

j. 喷面色。

·配制毛尖染色液：将酸性刷毛染料BRUSHING黄-F 10g溶于400mL热水中，使其充分溶解后，加入冷水400mL，助溶剂SOLVENTC-10 65mL，刷涂助剂BRUSHING ASSIST B 65mL，甲酸20mL，搅拌均匀。

·喷毛尖染色液、汽蒸：将皮坯毛被朝上平铺在木板或三合板上，将毛被整理平顺，用订书机沿皮坯周边将皮子固定在木板上，订针距皮边5mm，订针间距5cm。将配好的毛尖染色液喷或刷于毛尖上，深度至拔白的位置，蒸汽室中于75℃蒸10～15min。将皮坯连同木板或三合板从蒸汽室中取出，在室外晾干，小心仔细拆下订书针，卸皮，不得撕破皮。

k. 转锯末、转笼、整理：操作同d～f。

5. 现象观察及数据测定

①观察用不同方法制作“一毛双色效应”时，毛尖颜色变化及效果。

②比较三种方案的优缺点。

③根据制作“一毛双色效应”的原理和不同染料性能，设计其他制作“一毛双色效应”方法。

6. 思考题

①自然界哪些动物毛被具有“一毛双色效应”或“一毛多色效应”？设计“一毛多色效应”制作方案。

②毛皮作为一种服装面料，与其他服装面料相比有什么优势？如何使毛皮花色效应在体现毛皮服饰高贵、典雅、雍容华贵的同时，更加符合现代人的审美需求？

实验五　毛革两用皮“毛板异色”染制

1. 实验目的

①掌握染制毛板异色工艺原理与控制方法。

②基本掌握蛋白质等电点、溶液 pH 对皮板和毛被染色的影响。

③初步掌握皮板染料和毛被染料的结构与性能差异。

2. 实验原理

利用毛纤维与皮板纤维的蛋白质等电点的差异，在染色过程中，通过调整染液 pH 达到控制毛被与皮板表面电荷的差异，从而控制阴离子型染料对毛纤维和皮板纤维的上染能力。

利用皮板染料分子大、毛被染料分子小的特点，控制染料对皮板、毛纤维的渗透性。

利用毛纤维鳞片层结构特点和染色温度高低，控制染料对毛纤维和皮板纤维的渗透性。在浴液低温条件下，毛纤维鳞片层处于封闭状态，不利于分子较大的皮板染料向毛纤维内部渗透；高温条件下，毛纤维鳞片张开，比表面增大，有利于毛纤维吸收和结合染料分子。

在染毛时加入皮板防染助剂，染板时加入毛被防染助剂，进行皮板或毛被的防染，来达到“毛板异色”染色的目的。

3. 仪器、药品及材料

小划槽（10L 和 5L）	各 2 台	毛皮伸展机	1 台
玻璃棒	3 支	木制转鼓（Φ100cm×100cm）	1 台
烧杯（500mL）	3 个	离心甩水机	1 台
酸度计	1 台	托盘天平（精确至 0.1g）	1 台
喷枪	1 把	普通台秤（精确至 5g）	1 台
量筒（100mL）	1 个	甲酸（85%）	适量
氯化钠	适量	碳酸钠	适量

氨水（25%）	适量	硫酸钠	适量
碳酸氢钠	适量	甲酸钠	适量
铬粉（碱度 36%~38%，Cr_2O_3 含量 24%~25%）	适量		
匀染剂 LEVEL A 或匀染剂 LEVEL P	适量	皮板匀染剂 FF	适量
染色助剂 EL	适量	茜素染料（要求所选用的茜素染料与皮板染料具有不同的颜色）	适量
劳瓦纽皮板染料	适量	匀染剂 M（工业级）	适量
加脂剂 SUEDOL SP	适量	精密 pH 试纸（0.5~5.0）	适量
铬鞣或醛鞣或结合鞣剪绒羊皮	2 张		

4. 操作步骤

（1）方案一

①选皮、分割：选毛革两用剪绒羊皮坯 1 张，要求毛纤维粗细、密度适中、脱脂干净、烫直、剪平；皮板手感柔软、丰满、不松面、不分层，有一定弹性，草刺伤、痘疤少，无肋骨纹，绒头均匀细致。将皮坯沿背脊线分割成 2 片，标记为 A_1 和 A_2。

②称重：分片称重，作为以下用料依据。

用 10L 的小划槽进行下列操作。

③铬复鞣：液比 20，温度 38~40℃，铬粉 10g/L，氯化钠 50g/L。

调好温度和液比，加氯化钠和铬粉，划动均匀，用酸度计测定浴液 pH，要求 pH≤4，将皮坯放入划槽，划动 120min，静置过夜，次日要求 pH 3.8~4.0，划动 15min，控水。要求皮板 Ts>95℃，无绿毛现象。

④水洗：液比 20，温度常温。调好液比，放皮，划动 10min，换水进行第二次水洗，充分洗涤，将毛被上的浮铬洗干净，甩水。

⑤染毛被：液比 20，温度 65℃，氯化钠 5g/L，匀染剂 LEVEL A 或 P 0.7g/L，茜素染料 0.5~3.0g/L（颜色任选，染浅色染料用量少，染深色染料用量多），甲酸 1g/L。

称取所需染料，在烧杯中用染料质量 5 倍的温水将染料调成糊状，再稀释至稀溶液备用。

调好液比和温度，加入氯化钠、匀染剂，划动均匀，将皮块放入划槽，划动 15min，缓慢加入溶解好的染料，划动 30min，缓慢加入甲酸 1g/L（1∶10 稀释），划动 30min，出皮。

⑥清水洗：液比 20，温度 35℃。调好液比和温度，将皮坯放入划槽，划动洗涤 30min，出皮，甩水。取出标记为 A_1 的皮块，按步骤⑪~⑭进行干燥、整理。对标记为 A_2 的皮块继续进行下列步骤的操作。按 A_2 皮块重计算水量和材料用量，换用 5L 小划槽。

⑦中和：液比 20，温度 35℃，碳酸氢钠 2g/L。调好液比和温度，加碳酸氢钠，划匀，将 A_2 皮块放入划槽，划动 120min，控水。

⑧水洗：液比 20，温度 35℃。调好液比和温度，投皮，划动洗涤 30min。

⑨染皮板：液比 20，温度 37℃，氨水（25%）1.5mL/L，染色助剂 EL 1.25g/L，劳瓦纽皮板染料 2g/L（要求与染毛被的茜素染料具有不同的颜色），加脂剂 SUEDOL SP 2g/L，甲酸 2g/L。

称取所需染料，在烧杯中用染料质量 5 倍的温水将染料调成糊状，再稀释至稀溶液备用。

调好液比和温度，加氨水和染色助剂，划匀，将皮块放入划槽，划动 30min，用酸度计测定浴液 pH，要求 pH 8.5~9.0，缓慢加入溶解好的皮板染料，划动 30min；在烧杯中用加脂剂质量 10 倍的 50℃热水将加脂剂乳化，加入划槽中，划动 120min，缓慢加入甲酸 1g/L（1∶10 稀释），划动 30min，再缓慢加入甲酸 1g/L（1∶10 稀释），划动 60min，出皮。

⑩清洗：液比 20，温度 35℃。调好温度和液比，将皮块放入划槽，划动 30min，出皮，甩水。

⑪干燥：用夹子夹住皮边，挂晾在阴凉干燥处，全干。

⑫回潮静置：将皮坯毛被朝下，平铺于工作台上，喷 45~50℃的热水，板对板静置过夜。

⑬摔软、伸展：将皮坯放入摔软转鼓，转动 60min，在伸展机上伸展。

⑭整理。

（2）方案二

①选皮、分割：选毛革两用剪绒羊皮坯 1 张，要求毛纤维粗细、密度适中、脱脂干净、烫直、剪平；皮板手感柔软、丰满、不松面、不分层，有一定弹性，草刺伤、痘疤少，无肋骨纹，绒头均匀细致。将皮坯沿背脊线分割成 2 片，标记为 B_1 和 B_2。

②称重：分片称重，作为以下用料依据。

用 10L 的小划槽进行下列操作。

③铬复鞣：液比 20，温度 38~40℃，铬粉 10g/L，氯化钠 50g/L。

调好温度和液比，加氯化钠和铬粉，划动均匀，用酸度计测定浴液 pH，要求 pH≤4，将皮坯加入划槽，划动 120min，静置过夜，次日要求 pH 3.8~4.0，划动 15min，控水，出皮。要求皮板 Ts>95℃，无绿毛现象。

④水洗：液比 20，温度常温。调好液比，放皮，划动 10min，换水进行第二次水洗，充分洗涤，将毛被上的浮铬洗干净，甩水。

⑤中和：液比 20，温度 35℃，碳酸氢钠 2g/L，甲酸钠 2g/L。调好液比和温度，加碳酸氢钠和甲酸钠，划匀，将皮坯放入划槽，划动 120min，出皮。

⑥水洗：液比 20，温度 35℃。调好液比和温度，将皮块放入，划动洗涤 30min。

⑦染皮板：液比 20，温度常温，氨水 1.5mL/L 或染皮板匀染剂 FF 1mL/L，劳瓦纽皮板染料 2g/L（与方案一选同一种皮板染料），加脂剂 SUEDOL SP 2g/L，甲酸 2g/L。

称取所需染料，用染料质量 5 倍的温水将染料调成糊状，再稀释至稀溶液备用。

调好液比和温度，加氨水或匀染剂，划匀，将皮块放入划槽，划动 30min，要求 pH 8.5~9.0，缓慢加入溶解好的皮板染料，划动 30min；在烧杯中用加脂剂质量 10 倍的 50℃热水将加脂剂乳化，加入划槽中，划动 120min，缓慢加入甲酸 1g/L（1∶10 稀释），划动 30min，再缓慢加入甲酸 1g/L（1∶10 稀释），划动 60min，出皮。

⑧清洗：液比 20，温度 35℃。调好温度和液比，将皮块放入划槽，划动 30min，出皮，甩水。取出标记为 B_1 的皮块，按步骤⑪~⑭进行干燥、整理。对标记为 B_2 的皮块继续进行下列步骤的操作。按 B_2 皮块重计算水量和材料用量，换用 5L 的小划槽。

⑨染毛被：液比 20，温度 60℃，匀染剂 M 1g/L，硫酸钠 5g/L，茜素染料 0.5~3.0g/L（与方案一选同一种毛被染料，染浅色染料用量少，染深色染料用量多，但必须与方案一用量相同），甲酸 1g/L。

称取所需染料，用染料质量 5 倍的温水将染料调成糊状，再稀释至稀溶液备用。

调好液比和温度，加入硫酸钠和匀染剂，划动均匀，将皮块放入划槽，划动 20min，缓慢加入溶解好的染料，划动 30min，升温至 65℃，再划动 40min，缓慢加入甲酸 1g/L（1∶10 稀释），划动 30min，用酸度计测定浴液 pH，要求 pH 3.6~3.8，出皮。

⑩清洗：液比 20，温度 35℃。调好温度和液比，将皮块放入划槽，划动 30min，出皮，甩水。

⑪干燥：用夹子夹住皮边，挂晾在阴凉干燥处，全干。

⑫回潮静置：将皮坯毛被朝下，平铺于工作台上，喷 45~50℃的热水，板对板静置过夜。

⑬摔软、伸展：将皮坯放入摔软转鼓，转 60min，在伸展机上伸展。

⑭整理。

注：学生最好采用不同的方案，并将实验结果进行比较。

5. 现象观察及数据测定

①观察比较 A_2 与 B_2 皮块毛被与皮板的色泽，不同染色方案中，皮板和毛被颜色清晰和均匀程度、调色的准确性。

②观察 A_1 皮块皮板着色情况和 B_1 皮块毛被着色情况。

③测定 A_1 皮块与 A_2 皮块毛被的色差，B_1 皮块与 B_2 皮块皮板的色差，考察染皮板或染毛被对毛被或皮板颜色的影响。

6. 思考题

①设计具有“草上霜效应”“微风效应”“一毛双色效应”的毛革两用皮染色方案。

②设计皮板具有“森林效应”或“染花效应”的毛革两用皮染色方案。

③体会染色方案、染液 pH、温度、操作方法等与染色效果的关系。

实验六 毛皮“印花”与“扎染”

1. 实验目的

①综合运用理论和实践知识，创新性地设计产品花色，能自行设计实验方案。

②加深对毛皮与自然、传统、时尚、潮流、个性间关系的认识。

2. 实验原理

“印花”实质是毛被局部的一毛双色、一皮毛尖多色，并形成某种设计图案，其原理是基于“单色”“草上霜效应”“微风效应”“一毛双色效应”“一毛多色效应”等结合起来，并配合印花版来巧妙结合和灵活运用而实现的。

“扎染”是利用缝制、捆扎等手段，控制染料对缝制、捆扎部位的渗透状态，达到局部不同程度的防染效果，形成花色图案。

3. 仪器、药品及材料

烧杯（200mL，2000mL）	各 1 个	量筒（100mL）	1 个
玻璃支	3 支	划槽（3~5L）	1 个
丝网印花版（花型任选）	1 块	蒸汽发生器（设计压力 0.5MPa）	1 台
汽蒸箱或蒸汽室	1 组	甩水机	1 台
托盘天平（精确至 0.1g）	1 台	订书机	1 个
木板或三合板（50cm×50cm）	3 块	转笼（Φ100cm×100cm）	1 台
木制转鼓（Φ100cm×100cm）	1 台	增稠剂	18g
酒精	100mL	酸性刷毛染料	20g
助溶剂 C-10	60mL	刷色助剂 B	60mL
甲酸	200mL	拔色剂 LCN-3	50g
防染剂	50g	茜素染料	10g
匀染剂 A	10g	硫酸钠	50g
精密 pH 试纸（0.5~5.0）	适量		

染制成单色的兔皮皮坯	1 张（或剪绒羊皮皮坯 0.5 张）
用“草上霜效应”染料染色的兔皮皮坯	1 张（或剪绒羊皮皮坯 0.5 张）
用“草上霜效应”染料与耐“拔色”染料染底色的兔皮皮坯	1 张
毛被具有“草上霜效应”或“微风效应”的兔皮皮坯	1 张
铬鞣白色家兔皮	2 张（或白色剪绒羊皮 1 张）
塑料绳	数根
缝衣针线	各 1 根

4. 操作步骤

（1）方案一

用毛尖染料印花。

①印花。

a. 配制印花液：用托盘天平称取增稠剂 18g，酸性刷毛染料 20g，用量筒量取酒精 100mL，助溶剂 C-10 60mL，刷色助剂 B 60mL，甲酸 20mL。将增稠剂放入 200mL 的烧杯中，用酒精将其稀释，得增稠液；将酸性刷毛染料放入 2000mL 的烧杯中，用 800mL 50~60℃热水将染料溶解，加入助溶剂、刷色助剂、甲酸、增稠液，混合均匀。

b. 印花：将染制成单色的兔皮坯毛被朝上，平铺于木板上，将毛被整理平顺，用订书机沿皮边将皮坯边固定在木板上，放置印花版，用印花辊蘸印花液，辊涂印花，去板。

c. 汽蒸：将印好花的皮坯连同木板放入蒸汽室或汽蒸箱中，于 75℃蒸 10~15min。取出晾干，小心将皮坯从木板上拆卸下来。

②水洗：在划槽中大液比水洗 10min，甩水。

③干燥：用夹子夹住皮边，挂晾在阴凉干燥处，全干。

④摔软：将皮放入摔软转鼓，摔软 30min。

（2）方案二

用“草上霜效应”染料染底色的皮坯，用拔色剂局部拔白形成白色霜花。

①印花。

a. 配制拔白液（印花液）：先分别配制甲液和乙液。甲液：水 200mL，甲酸 70mL，拔色剂 LCN-3 40g，将拔色剂放入 2000mL 的烧杯中，用 80℃水溶解，加入甲酸；乙液：酒精 40mL，增稠剂 5g，将增稠剂放入 200mL 的烧杯中，用酒精将增稠剂溶为糊状。将乙液缓缓加入甲液中，搅拌成均匀的胶状。

b. 印花：将用“草上霜效应”染料染色的兔皮皮坯毛被朝上，平铺于木板上，将毛被整理平顺，用订书机沿皮边将皮坯皮固定在木板上，放置印花版，用印花辊蘸印花液，辊涂印花，去板。

c. 汽蒸：将印好花的皮坯连同木板放入蒸汽室或汽蒸箱中，于 85～90℃蒸 10～15min，取出晾干，小心将皮坯从木板上拆卸下来。

②水洗：在划槽中大液比水洗 10min，甩水。

③干燥：用夹子夹住皮边，挂晾在阴凉干燥处，全干。

④摔软：将皮放入摔软转鼓，转 30min。

（3）方案三

用“草上霜效应”染料与耐“拔色”染料染底色的皮坯，局部拔色形成浅色花。

由学生自定具体操作方法。

（4）方案四

毛被具有“草上霜效应”或“微风效应”的皮坯，用毛尖染料印花。

由学生自定具体操作方法。

（5）方案五

通过印花的方法进行局部防染处理，之后染色，形成具有“微风效应”的花纹。

由学生自定具体操作方法。

（6）方案六

扎染。

①选皮：选取铬鞣白色家兔皮 1 张或白色剪绒羊皮 0.5 张，要求毛被脱脂干净，皮板 Ts>95℃。

②定位：将皮坯毛被朝下，画线确定扎花位置和尺寸大小。

③扎制或缝制：用塑料绳扎结花形或用针缝制花形。

④染色：液比 20，温度 60～65℃，硫酸钠 5g/L，毛皮匀染剂 A 0.5mL/L，茜素染料 0.4～1.0g/L（染浅色少用，染深色多用），甲酸 1.7mL/L。

称取所需染料，用染料质量 5 倍的温水将染料调成糊状，再溶解配成稀溶液备用。

调温、调液比，加硫酸钠和匀染剂，划匀，将扎好花的皮坯放入划槽，划动 20min，缓慢加入溶解好的染料，划动 30min，缓慢加甲酸 6.5mL/L（1∶10 稀释），划动 30min。再缓慢加甲酸 1mL/L（1∶10 稀释），划动 30min，出皮，甩水。

⑤水洗：排去染色废液，调液比 20，将皮坯放入，划动 10min，洗 2 次。

⑥甩水、干燥。

⑦拆结：将扎绳或缝线拆除。

⑧摔软：在转鼓中摔软 30min。

5. 现象观察及数据测定

①观察、对比扎染与印花效应成品毛皮的效果。

②对比、观察印花操作完成后与蒸汽操作完成后皮坯花纹的变化及异同。

6. 思考题

①试设计“梦幻（幻彩）效应”和“渐变效应”毛皮制作工艺。

②体会各种毛皮流行花色制作工艺原理，采用富有变化的表现手法，将毛皮染整艺术化。

第四章　毛皮工艺生产实验

实验一　兔皮醛铝结合鞣工艺

1. 实验目的

①掌握兔皮醛铝结合鞣的加工工艺要点。

②掌握兔皮醛铝结合鞣加工过程中的实际操作和各工序节点的质量控制要求。

③在实验过程中认识和感受兔皮的组织结构特点。

2. 工艺要点

兔的种类多，分布广，易饲养，繁殖快，剥量大。兔皮是数量最大、最普通的毛皮品种。用于毛皮加工的主要有普通家兔皮和獭兔皮，其中獭兔皮又是兔皮中档次最高的品种。獭兔皮毛被可以用“短、平、密、细、美、牢”六个字来概括。獭兔皮的毛被短而稠密，柔顺光亮，针毛退化与绒毛一般平齐，不突出于绒毛表面，不倒向。针毛较粗，光滑，坚挺，与绒毛数量比为1∶50。针毛在毛被中起支撑骨架作用，所以獭兔毛被直立耐磨。不同种类的兔皮毛被形状、颜色差异很大，皮板面积、厚薄各不相同，但兔皮的共性是皮板张幅较小，皮板纤维编织较紧密，皮下组织与网状纤维贴得紧，毛被的耐用系数较低。因此兔皮醛铝结合鞣工艺主要有以下要点：

①加强浸水和脱脂：浸水是毛皮加工的基础。在保证不掉毛的前提下，加强浸水，采取多次浸水和加入浸水助剂的方法，使皮板回鲜良好。兔皮虽然油脂含量不高，但通过加强脱脂（乳化、皂化脱脂相结合，皮板、毛被脱脂相结合，以及多工序分步脱脂），有利于松散皮板胶原纤维，保证毛被质量。

②手工揭里：兔皮皮下组织与皮板的网状层紧贴，特别是臀部位置。由于兔皮特有的组织结构特点，在现有设备条件下，只有通过手工揭里的方法，才能保证机器去肉时皮张的完整性，保证兔皮质量。

③去肉、削匀：兔皮纤维紧密，特别是獭兔皮和老兔皮，皮板又厚又紧实，必须用削匀的方法，才能达到皮板柔软、丰满的效果。

④软化、浸酸：软化是现代毛皮工艺的一个标志，浸酸是毛皮加工中的关键工序

之一。通过软化、浸酸技术使皮板柔软、丰满，皮板纤维分散良好，有利于提高产品质量。

⑤醛铝结合鞣：醛铝结合鞣非常适合鞣制白色和本色的皮张。兔皮主要是白色，所以用醛铝结合鞣工艺能使兔皮本色的优势和皮板柔软、丰满、出皮率高的特点得到充分发挥和体现。

⑥醛鞣：用脂肪醛代替甲醛鞣制，在保证毛被洁白度的同时降低皮板中的游离甲醛含量。

⑦加脂：加脂可以显著提高毛皮的感官质量，但要求加脂剂在皮板中渗透良好、分布均匀且对毛被没有亲和力。基于白色兔皮，无须染色，或采用涂刷加脂的方法（废工时，但加脂剂利用率高，节约用水，对环境污染小）；或采用浸加脂的方法（加脂剂利用率低，废液多，但简便、高效，如需染色时可在染色浴中同浴进行）。

3. 工艺方案

工艺流程：选皮→浸水→脱脂→复浸水→揭里、去肉→软化→浸酸→醛鞣→清洗→铝鞣、中和、增白→削匀→加脂→干燥→转木糠、光亮剂→铲软→整理入库。

①选皮：挑选毛被丰厚、平齐、不掉毛、皮形完整的肥板冬皮，并对皮张进行编号，组批；对皮张质量和加工全过程做详细记录。

②浸水：液比 20（以干皮重计，以下同），温度常温，润湿剂 HAC 1mL/L，时间过夜。

在划槽中按工艺条件调好水温及液比，加润湿剂，划动均匀，将皮完全浸没水中，皮板不能露出水面，浸泡 2~3h 后，间歇划动，过夜，次日排液。

要求：皮板浸软、浸透，无干疤。

注：视实验时皮张的数量多少、面积大小及实验目的选择划槽和加工设备的类型、容积及数量，如水浴锅、塑料桶等，容积可大可小，或一台或多台，以下实验同。

③脱脂：液比 20，温度 35~38℃，威斯脱脂剂 TS-80 0.5mL/L，威斯脱脂剂 JA-50 2mL/L，碳酸钠 0.5g/L，时间 60min。

在划槽中按工艺条件调好水温及液比，加威斯脱脂剂、碳酸钠（20 倍水溶解），划动均匀，届时排液，水洗。

要求：毛被洁净、光亮，无油毛，无锈毛。

④复浸水：液比 20，温度常温，氯化钠 20g/L，硫酸钠 20g/L，硫酸 0.3~0.5mL/L，威斯浸水酶 NM 0.5g/L，时间过夜。

在划槽中按工艺条件调好水温及液比，加氯化钠、硫酸钠，划动均匀、溶解，加硫酸（1∶20 稀释，冷却后分 2 次加入，每次间隔 30min），加威斯浸水酶，划动 20min，之后间歇划动，过夜，次日出皮。

要求：皮板回鲜良好，揭里容易。

⑤揭里、去肉：手工揭去兔皮皮里，要求从臀部向头部方向揭里，不得反向，注意用力适当，不要揭破皮，然后用去肉机、削匀机或大铲刀去肉。

要求：皮板肉渣油膜去净，边渣铲脱，皮板铲开铲泛，延伸性良好，不得铲伤、铲破皮板，保持皮形完整，破皮缝好。

⑥软化：液比 20，温度 32℃，氯化钠 30g/L，硫酸钠 30g/L，威斯脱脂剂 JA-50 0.5~1.0mL/L，甲酸（85%）2.0~3.0mL/L，威斯软化酶 ARS 1.0~2.0g/L，总时间 8~10h。

在划槽中按工艺条件调好水温及液比，加氯化钠、硫酸钠、威斯脱脂剂，划动均匀、溶解，然后边划动边投皮，投完皮后加甲酸（1∶5 稀释，分 3 次加入，每次间隔 30min），再划动 30min，要求 pH 3.0~3.5，加威斯软化酶，划动 60min，之后间歇划动，届时检查软化质量。

要求：用拇指推后肷能推掉绒毛，用手掌轻摩擦背脊针毛有轻微脱落，皮板松软，即软化完成。

⑦浸酸：在软化浴中进行，温度 32℃，威勒加脂剂 RAM-II 1.0~2.0mL/L，硫酸（98%）1.0mL/L，时间过夜。

在划槽中按工艺条件加威勒加脂剂、硫酸（1∶20 稀释，冷却后分 3 次加入，每次间隔 1h），划动均匀，要求 pH 2.3~2.5，划动 60min，之后间歇划动，过夜，次日晨出皮，离心甩水。

要求：浸酸均匀一致，皮板纤维分散良好，脱水良好。

⑧醛鞣：液比 20，温度 35℃，氯化钠 20g/L，硫酸钠 20g/L，威斯脱脂剂 JA-50 0.5mL/L，威斯脂肪醛 PF 4.0mL/L，碳酸钠 1.5~2.0g/L，pH 6.5~7.0，时间 48h。

在划槽中按工艺条件调好水温及液比，加氯化钠、硫酸钠、威斯脱脂剂、威斯脂肪醛，划动均匀、溶解，然后边划动边投皮，投完皮后再划动 60min，之后间歇划动，过夜，次日晨补温到 35℃，加碳酸钠（20 倍水溶解，分 3 次加入，每次间隔 2~3h），要求鞣制后期 pH 稳定在 6.5~7.0，之后间歇划动，过夜，次日晨出皮。

⑨清洗：液比 20，温度 40℃，威斯脱脂剂 JA-50 1.0mL/L，时间 30min。

在划槽中按工艺条件调好水温及液比，加威斯脱脂剂，投皮划动 30min，离心甩水。

⑩铝鞣、中和、增白：液比 20，温度 40~42℃，氯化钠 20~30g/L，硫酸 0.3~0.5mL/L，铵明矾 20g/L，威斯脱脂剂 JA-50 0.5mL/L，毛皮增白剂 WZS-II 0.3g/L，威佳漂白剂 F-IN 3~5g/L，pH（终）3.7~3.8，时间过夜。

在划槽中按工艺条件调好水温及液比，加氯化钠，划动均匀、溶解，然后边划动边投皮，投完皮后加硫酸（1∶20 稀释，冷却后分 2 次加入，每次间隔 1h），加铵明矾、威斯脱脂剂、毛皮增白剂、威佳漂白剂，划动 2~3h，之后间歇划动，过夜，pH（终）3.7~3.8，次日晨出皮，离心甩水。

⑪削匀：根据产品的要求，用圆盘削匀机削匀。

要求：整张皮板厚薄均匀一致。

⑫加脂。

a. 涂刷加脂：加脂剂配方（质量份）：威勒加脂剂 FLH 50~100，威勒加脂剂 SK 150，水 750~800（温度 45~50℃）。

将配方中的加脂剂用热水乳化（按质量比），均匀地刷在皮板上，板对板静置过夜，注意不得污染毛被。

b. 浸加脂：工艺方案如下：

· 漂洗：液比 10，温度 35℃，威斯脱脂剂 JA-50 0.1mL/L，润湿剂 HAC 0.2mL/L，时间 30min。

在划槽中按工艺条件调好水温及液比，加威斯脱脂剂、润湿剂，投皮划动 30min，排液，水洗。

· 中和：液比 10，温度 35℃，碳酸氢铵 1.0g/L，pH 5.0~5.5，时间 120min。

在划槽中按工艺条件调好水温及液比，加碳酸氢铵（20 倍水溶解，分 3 次加入，每次间隔 20min），再划动 60min，要求 pH 5.0~5.5，届时排液，水洗。

· 加脂：液比 10，温度 45~50℃，威勒加脂剂 FLH 5g/L，威勒加脂剂 SK 10g/L，甲酸（85%）1mL/L，pH（终）3.5~3.7，时间过夜。

在划槽中按工艺条件调好水温及液比，加威勒加脂剂（4 倍 50℃热水乳化），划动 90min，加甲酸（1：5 稀释，分 2 次加入，每次间隔 30min），再划动 30min，pH（终）3.5~3.7，届时排液，水洗，出皮，搭马静置过夜，次日离心甩水。

⑬干燥：烘干或自然挂晾干燥，烘干干燥时注意烘干室温度不能超过 45℃，皮板不宜过干；自然挂晾干燥时先干燥皮板至八成干，再干燥毛被至九成干，注意不得污染毛被，避免暴晒、雨淋。

⑭转木糠、光亮剂：将皮张装入转鼓，加含水量 20%~30%新木糠（或不含油脂的干净锯末），威勒光亮剂 HO-2R（每 100 张皮，新木糠 3kg，威勒光亮剂 HO-2R 50mL），转 3~4h，再用甩笼将木糠除去。

要求：毛被松散、灵活、光亮。

⑮铲软：在铲软机上将皮板铲软，铲平展。

要求：整张铲开，四边铲脱，不得有破皮和硬块。

⑯整理入库。

4. 现象观察及数据测定

①详细记录每道工序的现象和工艺条件（pH、温度、时间、材料用量、操作顺序

及控制要点等)。

②对比观察皮张脱脂后与揭里、去肉后的感官性能变化。

③对比观察皮张加脂干燥后，转木糠、光亮剂后，铲软后的感官性能变化。

5. 思考题

①兔皮加工为什么有揭里工序？揭里操作的注意事项有哪些？

②降低毛皮中游离甲醛含量或去除毛皮中游离甲醛的方法有哪些？

③加脂有几种方法？各有什么优缺点？

④兔皮为什么在加工中容易掉毛？采取什么措施可阻止掉毛？

⑤能否将醛铝结合鞣工艺推广到其他毛皮产品中去？

⑥通过数据整理，自我评述本实验的优缺点及改进措施。

实验二　铬鞣绵羊（盐湿皮）鞋里革工艺

1. 实验目的

①通过绵羊皮铬鞣工艺，了解和掌握铬鞣毛皮一般工艺和操作方法。

②了解毛皮铬鞣的特点。

2. 工艺要点

（1）绵羊皮的特点

绵羊种类很多，遍布世界，其中制作羊剪绒和毛革的主要原料皮是细毛羊皮、改良细毛羊皮和半细毛羊皮，美利奴羊是细毛皮的典型代表，我国进口的原料皮主要是澳大利亚美利奴羊皮。美利奴羊皮具有毛被洁白、光泽好，毛密度高、细度均匀，毛长而弯曲的特点。皮板的组织结构特点：①表皮薄，真皮层厚，乳头层比例大，占真皮层的50%~80%；②乳头层和网状层分界明显，在两层的交界处，有一层游离的脂肪细胞，胶原纤维稀少且编织疏松；③乳头层中毛囊簇众多、脂腺和汗腺丰富，弹性纤维较多。胶原纤维量较少，且编织不连续，在近表皮层胶原纤维编织紧密；④网状层胶原纤维束较粗，编织紧密且连续。以上毛被和皮板的组织构造特点，导致绵羊毛皮在加工过程中极易引起毛被结毛、乳头层和网状层分层、松面和裂面等问题，在加工过程中必须引起足够重视。

（2）鞣制方法的选择

鞣制方法较多，要根据目标产品的质量要求，结合鞣后毛皮染整工艺的要求，以及成本情况来确定鞣制方法。如果毛皮成品要求毛被颜色洁白的，一般不用铬鞣，可以用无铬鞣法。铬鞣工艺成熟、操作简单、应用灵活、适应性强、成品的稳定性能好，与其他鞣剂相比，鞣革具有优越的综合性能，被广泛用于毛皮鞣制中，铬盐鞣毛皮具有以下特点：

①皮板强度高，耐湿热稳定性能好；

②耐水洗性能好，漂洗不脱鞣；

③耐贮存、稳定性好，可以长期保存；

④毛与皮板结合牢固；

⑤皮板较厚，出皮率小；

⑥毛被和皮板带有颜色；

⑦铬鞣废液、固废处理不当会对环境有一定污染。

铬鞣总的发展趋势是在保证产品质量的前提下，向低铬、高吸收、快速鞣制方向发展，尽量降低铬鞣剂用量，提高铬的利用率，减少对环境的污染。绵羊皮铬鞣的工艺要点如下：

①认真刮毛（抓毛）：刮毛可以除去毛皮上的粪土、草刺和绣毛，防止去肉时伤皮，是对长而卷曲的毛皮的特有工序。主要采用水刮毛，具有质量好、效率高、污染低的优点。

②加强浸水：在保证不掉毛的前提下，加强浸水，采取多次浸水并加助剂等措施，使皮板回鲜良好。

③严把软化、浸酸质量关：软化、浸酸是毛皮加工中的关键工序，要求软化、浸酸后达到皮板柔软，纤维分散良好，pH 满足铬鞣要求。

④防掉毛：甲醛具有防腐、固定毛根、防止掉毛的作用，在毛皮加工过程中，尤其是在鞣前准备常被用到。但甲醛属于世界卫生组织公布的一类致癌物之一，必须慎用。

⑤铬鞣

a. pH：铬鞣历程要求先渗透后结合，pH 高低影响铬配合物分子的大小与皮胶原表面羧基的离解程度。铬鞣过程要求 pH 由低至高，即鞣制初期 pH 为 2.8~3.0，鞣制末期 pH 为 3.6~3.8。提碱用的碳酸氢钠要用水溶解稀释［1：(10~20)］，在划动下少量多次缓慢加入，慢慢提高浴液的 pH，以使鞣制里外均匀，避免产生表面过鞣和绿毛现象。

b. 温度：温度高有利于铬鞣剂向皮内渗透、铬配合物的水解与配聚，有利于铬与胶原的结合。鞣制过程温度要逐步提高，温度范围 30~40℃。

c. 浓度：铬盐用量影响皮板强度，产品种类不同，铬盐用量不同，铬粉用量一般为 0.5~5.0g/L（以 Cr_2O_3 计）。

d. 时间：鞣制前期鞣剂渗透较快，后逐渐变慢，鞣制中后期鞣剂结合量逐步增加。欲达到鞣制均匀，收缩温度合格，一般以 20~48h 为宜。

3. 工艺方案

工艺流程：组批→浸水→水刮毛→湿剪毛→一次脱脂→浸水→去肉→二次脱脂→软化、浸酸→鞣制→干燥→回潮→铲软→剪毛→干洗→漂洗→绷板干燥→剪毛、烫直毛→磨板（革）→染毛被→绷板（钉板）干燥→剪烫→整理→检验→量尺→入库。

①组批：挑选适合鞋里的皮张，组批、点数、称重（作为以下用料依据）。

②浸水：液比 20（或按 20~30L/张计，与毛的长度有关），水温 20~25℃，时间 2~5h，确保浸软后划动 10min，排液。

③洗毛。

a. 工艺：液比 20，温度 35~38℃，威斯脱脂剂 JA-50 0.5g/L，艾力润湿剂 HAC 0.5g/L，碳酸钠 0.5g/L，时间 60min。

按工艺要求调好水温及液比，加入脱脂剂、润湿剂和碳酸钠，划动到规定时间，水洗，出皮。

b. 水刮毛：将毛被向上，边冲水边刮毛被，要求依次全部刮到，刮到根部，刮去草籽、粪便、血污等；要求刮完后的毛被干净呈白色，不得刮伤毛被和皮板。

c. 甩皮：将皮张装入离心机中，装匀、装平衡，离心甩干，出皮，毛被抖散，码平。

④湿剪毛：用剪毛机剪毛留长至 15~20mm，一般比最终成品要求多出约 5mm 的长度。

⑤一次脱脂：液比 20，温度 38~40℃，威斯脱脂剂 TS-80 1.5g/L，碳酸钠 0.5~1.0g/L，时间 40~60min。

按工艺要求调好水温及液比，在划槽中加入脱脂剂和碳酸钠，划动均匀后，投皮，投皮后再划动 10min，以后间歇划动，到达规定时间出皮。要求毛被洁净、松散。

⑥浸水：液比 10，温度常温，浸水助剂 HAC 0.5g/L，杀菌剂 0.1g/L，过夜，pH 7.0 左右。

按工艺要求在划槽中加入常温水，加入化料，划动均匀后投皮，投完后划 10min，以后间歇划动（5min/4h），过夜，次日晨出皮。质量要求：皮张浸透均匀，无硬心。

在浸水液中，可加少量甲醛（0.3g/L 左右），能有效防止掉毛，尤其对保存不当或夏天及温度较高时，可起到固毛作用。

⑦去肉：大型去肉机采用四刀去肉法。小型去肉机（刀棍长度为 300~600mm），从中脊线开始，由臀部向头部方向依次灵活顺序去肉，要求肉渣去净，皮板铲开、铲泛，无硬脊，但不得铲伤、铲破皮张。如有破口，需按大约 3 针/cm 的针距缝好。

⑧二次脱脂：工艺条件与操作同⑤一次脱脂。

⑨软化、浸酸：液比 8~10，温度 25℃，氯化钠 40g/L，硫酸钠 40g/L，20min；甲酸 5g/L，硫酸（98%）3.0g/L，酸性蛋白酶（活力 800U）2g/L，软化 pH 3.0~3.3，浸

酸 pH 2.6~2.8，时间 40~48h。

操作：先加盐，后加酸和酶；先加甲酸后加硫酸，甲酸分 2 次、硫酸分 3 次加，酶在第一次硫酸后加入。

按工艺要求调好液比及水温，在划槽中加入氯化钠、硫酸钠，划匀后投皮，在划动下先慢慢加入 3g/L 甲酸（1：5 倍水稀释），划动 20min，再加入 2g/L 甲酸划动 20min，后缓慢加入 1.0g/L 的硫酸（1：20 倍水稀释），划动 30min。取少量的浸酸液稀释或浸湿、浸透酶制剂，在划动下加入，划动 60min，后间歇划动，6~8h 后检查毛被口松情况，若正常则过夜，若肷部毛略有松动，则立即加剩下的酸中止酶软化转入浸酸。次日早晨划动 20min 后，再加入 1.0g/L 的硫酸，先划动 60min，后间歇划动 3h；再加入剩下的硫酸 1.0g/L 间歇划动，过夜，第三日晨，划动 30min 后出皮，控水 2h 以上。

软化质量要求：在不掉毛的前提下，皮板柔软，皮纤维分散良好，透水气性良好，四折挤压肉面留下清晰的指纹印。

浸酸质量要求：皮板脱水性良好，浸酸均匀一致，pH 达到要求。

注意：甲酸和硫酸加入前，都要提前用水稀释并冷却，以防酸液烫皮。一般甲酸和硫酸的水稀释比例分别是 1：5 和 1：20。

⑩鞣制：液比 15，温度 30~38℃，氯化钠 40g/L，硫酸钠 40g/L，铬粉（Cr_2O_3 含量 23%、碱度 33%），80~100g/张或 5g/L，耐酸盐加脂剂 3~5g/L，碳酸钠（或碳酸氢钠）5~10g/L，分次加入，总时间 44~48h，pH 3.8~4.0。

操作：铬粉分 2 次加入，间隔 30min，乳化好的加脂剂在第二次加铬鞣剂时加入。

按工艺要求调好水温及液比，在划槽中加入氯化钠、硫酸钠，划动 10min 后投皮，划动下加入铬粉，继续划动 60min；2 次加铬粉、加脂剂，划动 60min，以后间歇划动，16h 后开始用碳酸氢钠（或碳酸钠）稀溶液［1：（10~20）溶解］，在划动下分 4 次缓慢加入，加完后划动 30min。使鞣制后期 pH 达到 4.0。第三日晨，划动 10min，pH 3.8~4.0，出皮，码皮，静置不得小于 24h。

质量要求：鞣制均匀，皮板呈淡蓝色，手感丰满、柔软有弹性。收缩温度达到产品规定要求，皮板捏白脱水良好。毛被洁净无绿毛，松散、灵活。

⑪挤水伸展（或离心甩水）、挂晾干燥：将挤水伸展（或离心甩水）后的铬鞣皮搭挂在横杆上晾晒或在干燥室内进行挂晾干燥。要求皮板平展向外，干燥均匀，七成干后再毛被向外晾晒，待到八九成干时将皮堆起来。

⑫回潮：用 42℃左右水均匀喷洒在皮板上，使皮板含水量达 25%左右，然后板对板、毛对毛码垛，塑料盖好封严，以防干边，过夜，次日检查，皮板拉开呈白色，而且回潮均匀为合格。

⑬铲软或伸展：用铲软机铲软（或伸展机伸展）。

操作：铲软机空载开机运转无异常现象后，再正式开机，待运转正常时，将皮张放在托带（供料装置）上，皮板向上，双手紧抓皮张的一端，踩动踏板，依顺序铲皮，要求将皮板铲开、铲软、铲泛，肉渣铲净，四周和脊线铲开，无硬边，无铲伤，破皮要缝好。

⑭剪大毛：将毛剪至产品规定长度，例如剪到 16mm（含皮板厚度在内）。

⑮干洗：在干剪机上将大油板皮挑出在干洗机中干洗，要求油脂的除去达到要求。

⑯漂洗：温度 45℃，脱脂剂 5g/L，碳酸钠 0.5～1.0g/L，时间 60min，pH 9.0 左右。

按工艺要求调好水温及液比，在划槽中加入脱脂剂和碳酸钠后划匀，边划动边投皮，达到规定时间，出皮，离心甩水。

⑰绷板干燥：干燥温度 40～60℃。

操作：将箱式绷板干燥机的绷皮网架从干燥机中拉出放平，然后将皮铺于网架上，皮板向上，用钩（夹）钩住皮的边缘（钩皮点离边缘 5～10mm）钩挂在网架上，要求将皮板绷平展，绷方正，绷紧适度。将网架垂直推入绷板干燥机内，至皮张全部干燥为止。

⑱剪毛、烫直毛：烫毛液配比为甲酸：酒精：水＝1：2：7（质量比），烫毛辊表面温度 130℃左右。

将烫毛液混合均匀后，刷于毛被上，要求刷均匀，刷至毛 1/2～2/3 深度，不得将液刷到皮板上。静置 10min 后，在烫毛机上烫毛，要求将毛被烫直、烫光亮、烫均匀，但不得烫黄、烫焦。然后用剪毛机剪毛，要求毛被平齐，剪至规定长度。

⑲磨板（革）：将皮板向下放在轮式磨革机上，用身体压住皮的一端，双手将皮的另一端拉平进行磨板。要求皮板磨均匀，绒头达到要求。

⑳染毛被：毛被染色与否，需要根据成品具体要求确定染色工艺。

㉑绷（钉）板干燥：同⑰绷板干燥。

㉒剪烫：同⑱剪毛、烫直毛。

㉓整理：梳毛、修边，按产品要求进行整理。

㉔检验：根据产品质量标准进行产品分级和鉴定。

㉕量尺：在量革机上测量面积。

㉖入库。

4. 现象观察及数据测定

①详细记录每道工序处理过程中毛被、皮板和溶液的颜色与状态的变化，测定原皮与成品的面积，并计算成品得率。

②铬鞣结束后，检查皮板的捏白情况，观察皮板切口的颜色，并测定鞣制前后原

皮的收缩温度。

③对比观察皮板和毛被，在剪大毛前后、烫直毛前后以及染色剪烫后的感官性能的变化情况。

5. 思考题

①毛皮与皮革加工工艺的主要异同点有哪些？

②毛皮加工过程回避用碱，但哪些工序又必须要用到碱？用碱时要注意什么问题？

③与制革的铬鞣相比，本实验的铬鞣有什么特点？铬鞣液能否循环使用？为什么？

④漂洗工序对毛被和皮板的质量有什么影响？

⑤试拟定兔皮铬鞣工艺，并指出工艺要点。

⑥根据实验结果，分析该工艺的优点与不足，提出改进措施。

实验三　猾子皮绒面毛革工艺

1. 实验目的

①掌握绒面毛革生产的一般工艺和操作要点。

②了解毛革两用皮的特点、加工的技术关键以及注意事项。

③基本掌握绒面毛革加工技术在其他毛革品种中的拓展与应用。

2. 工艺要点

（1）毛革特点

毛革是指对皮板经一系列化学、物理处理后，对其网状层加工处理的产品，包括绒面毛革和光面毛革，是国际流行的毛皮产品。毛革产品具有轻薄软韧、防水、易清洁、卫生性能好、正反两用的优点。毛革产品的特点是介于毛皮与革皮之间的产品，既具有毛皮的特性，又具有皮革的特点，加工的难度明显高于一般的毛皮。毛革的重点放在皮板的加工上，与皮革加工技术又有很大的区别。主要表现在：

①毛革是在保毛和护毛的前提下对皮板进行加工处理，因此制革的脱毛、浸灰等技术不能在毛革上使用，而且尽量回避用碱，因此增加了皮板的处理难度。

②由于毛被的存在，不能简单地使用制革设备处理皮板。

③毛革皮板本身部位差大，背脊厚硬，纤维紧密，腹肷松软，纤维疏松，不能使用制革的片皮机。而毛皮设备的功能又达不到处理要求，所以制革能做到皮板均匀一致，而毛革只能做到皮板厚薄相随。

④由于毛被和表皮层的存在，化工材料对皮板的渗透主要靠肉面，因而作用强度

大为减弱，使加工周期长于制革。

⑤毛被与皮板在毛革加工中互相影响和制约。

总之，在毛革加工过程中，不能简单地使用制革和毛皮的工艺、化工材料及设备，要综合考虑制定合适的毛革工艺。

（2）工艺要点

绒面毛革产品的工艺是在毛皮工艺的基础上发展起来的。毛革产品加工的关键工序是：鞣制（含复鞣）、加脂、起绒、染色。光面毛革和绒面毛革的生产关键点不同，前者是在皮板的网状层涂饰，而后者则是磨革。绒面毛革的加工技术要点如下：

①鞣制、复鞣：鞣制是将经过前期处理的皮纤维用鞣剂固定下来，满足毛革要求很高的相关指标（耐热、耐水、耐酸碱、耐有机溶剂以及抵抗外力作用等方面）。因此，在铬鞣的基础上，还要用铝、合成鞣剂等进行结合鞣、复鞣等操作，以达到皮板丰满、柔软、身骨好以及绒面匀细的要求，为染色创造良好条件。

②加脂：加脂是毛革生产不可缺少的工序。合理的加脂，将会大大改善毛皮的感官性能，提高皮板的力学性能。在加工中不能污染毛被，合理选择不污染毛被的加脂剂尤为重要。

③起绒：起绒是毛革产品必需的加工工序，通过磨革机起绒，要求绒面细致（细密）、均匀。一般多采用先湿磨后干磨的工艺。

④染色：毛革皮的染色是最复杂的。毛被和皮板都要染色，而且通过毛被和皮板的不同花色的变化可以生产出千变万化的花色品种。

由于染毛和染板的染料不同，一般的染色工艺是将染毛和染板的工艺分开进行。工艺流程有两种：①染毛→中和→染板；②中和→染毛→染板。工艺流程①可以使皮板染得深透，但对毛被颜色影响大；工艺流程②对皮板染色的渗透性不好，但对毛被颜色影响小。选择哪个工艺取决于毛革产品的质量要求。毛革染毛常用酸性染料，而染板的染料为皮板专用染料，对染板染料除了要求具备一般制革染料渗透性强、匀染性和染色坚牢度好等特点外，还要求不污染毛被（毛板同色例外）。

3. 工艺方案

（1）工艺流程

选皮、称重→预浸水→一次脱脂→浸水→去肉→二次脱脂→复浸水→软化、浸酸→鞣制→起绒→复鞣→水洗→中和→染色、加脂→干燥→回潮→转鼓摔软→甩笼→整理→入库。

（2）工艺条件与操作

①选皮、称重：选择皮形完整、皮板厚薄相随、针绒俱佳的肥板皮，以盐湿皮最好。

②预浸水：液比 20（以干皮重计，以下同），温度 25℃，润湿剂 0.5~1.0mL/L，杀菌剂 0.1g/L，时间 2~3h。

按工艺要求调好水温及液比，在划槽中加入润湿剂及杀菌剂，投皮，间歇划动至规定时间，出皮。

③一次脱脂：液比 20，温度 38~40℃，威斯脱脂剂 JA-50 2g/L，碳酸钠 0.5g/L，时间 60min。

按工艺要求调好水温及液比，在划槽中加入脱脂剂和碳酸钠，划动均匀，边划动边投皮，划动至规定时间出皮，水洗。

④浸水：液比 20，温度 20℃，硫酸钠 10g/L，威斯脱脂剂 JA-50 0.5g/L，艾力润湿剂 HAC 0.5g/L，防腐剂 0.1g/L，浸水酶 NM 0.5g/L，pH 5.0~6.5，时间过夜。

按工艺要求调好水温及液比，在划槽中加入硫酸钠、脱脂剂、润湿剂、浸水酶，划动均匀，30min 后间歇划动，过夜，次日出皮。

⑤去肉：将皮张在小去肉机上或手工去肉，要求将皮铲开、铲泛，肉渣去净，但不得伤皮和破皮板，破皮要用针缝好。

⑥二次脱脂：液比 20，温度 38~40℃，威斯脱脂剂（JA-50）1g/L，威斯脱脂剂 TS-80 2g/L，碳酸钠 0.5g/L，时间 60min。

按工艺要求调好水温及液比，在划槽中加入脱脂剂和碳酸钠，投皮，连续划动，至规定时间，控水。

⑦复浸水：液比 20，温度 20℃，氯化钠 20g/L，甲酸（85%）4.0~5.5mL/L，艾力润湿剂 HAC 0.5g/L，时间过夜。

按工艺要求调好水温及液比，在划槽中加入氯化钠、甲酸、渗透剂，划动均匀，边划动边投皮，投皮后划动 30min，以后间歇划动，过夜，次日出皮，甩水。

⑧软化、浸酸：液比 15，温度 30℃，氯化钠 60g/L，EDOLAN BSU 加脂剂 1.0g/L，甲酸（85%）5.0g/L，硫酸（98%）1.0mL/L，威斯软化酶 ARS1.5~2.0g/L 或 ACTAZYM A 酸性酶 2g/L（活力 800U），加脂剂 Coroil SKT 1mL/L，时间 48h。

按要求调好水温及液比，加入氯化钠划动均匀，划动下投皮，先加入甲酸 2.0~2.5g/L（1∶10 稀释），划动 60min，pH 4.0，加化开的酸性软化酶，划动 60min，以后间歇划动，过夜，次日晨划动 30min 后补温到 30℃，加甲酸 2.0~3.0g/L（1∶10 稀释），划动 30min，硫酸 1.0mL/L（1∶20 稀释），分 4 次加入，间隔 30min，调 pH 2.5，加入乳化好的加脂剂 Coroil SKT 划动 30min，以后间歇划动，过夜，次日晨划动 30min，出皮，静置 48h。

⑨鞣制：液比 15，温度 30℃，氯化钠 50g/L，甲酸（85%）0.5~1.0mL/L，铬铝鞣剂（Curlumin）AC 3mL/L 或露坦（Lutan）CRN 5g/L，兄弟 A 型铬粉 12g/L（Cr_2O_3 24%），甲酸钠 2g/L，碳酸氢钠 3~4g/L，加脂剂 Coroil SKT 1mL/L 或爱斯卡丹（Eskatan）GLS 2mL/L 或利宝定 PSE（BASF）2mL/L，pH 3.8～4.0。

按工艺要求调好水温及液比，在划槽中加入氯化钠和甲酸，划动均匀；在划动下投皮 60min（pH 3.0～3.2），加铬铝鞣剂，划动 120min；将铬粉分 2 次加入，间隔 30min，加完划动 90min，以后间歇划动，过夜。次日晨，再将甲酸钠（1：5 稀释）分 2 次加，每次加后划动 30min；加碳酸氢钠（1：20 稀释），分 4～5 次加入，每次间隔 1h，以后间歇划动，过夜；次日晨划动 30min，pH 3.8～4.0，水洗，出皮，搭马静置 48h。

⑩起绒：在湿磨革机上起绒，要求皮板肉面光洁，绒头细致、均匀。湿磨时注意边腹部位要轻磨，背脊、颈部和臀部可适当重磨，但都要防止破坏毛囊，露出毛根。然后挂晾干燥、回潮、铲软，再用干磨革机起绒，要求绒头细致、有丝光感。

⑪复鞣：液比 15，温度 35℃，氯化钠 30g/L，甲酸（85%）0.5mL/L，渗透剂 JFC 0.5mL/L，加脂剂 Coroil SKT 3mL/L 或结合型加脂剂 3mL/L，铬单宁 ACTAN OM 3.0g/L，铬粉 3g/L（碱度 33%），甲酸钠 2g/L，碳酸氢钠 1～2g/L，pH 3.8～4.0，时间过夜。

按工艺要求调好水温及液比，在划槽中加入氯化钠、渗透剂、甲酸、加脂剂，划动均匀，投皮，划动 30min，pH 3.5 左右，加铬单宁，划动 60min，加铬粉，划动 120min，分 2 次加入甲酸钠（1：10 溶解），每次加后划动 30min；再加碳酸氢钠（1：20 溶解），分 4 次加入，每次间隔 60min，调到 pH 3.9 左右，以后间歇划动，过夜。次日晨划动 30min，pH 4.0，出皮，搭马 24h。

⑫水洗：液比 20，温度 30℃，脱脂剂 1mL/L，时间 30min。

按工艺要求调好水温及液比，在划槽中加入脱脂剂，投皮划动 30min，控水。

⑬中和：液比 15，温度 32℃，甲酸钠 2g/L，碳酸氢钠 2g/L，pH 6.0～6.5，时间 2h。

按工艺要求调好水温及液比，分 2 次加入甲酸钠（1：10 溶解）、分 4 次加入碳酸氢钠（1：20 溶解），每次间隔均为 20min，划 2h，排水，温水洗 2 次。

⑭染色、加脂：液比 20，温度 25℃，皮板染料 1.0g/L，划动 60min，威勒加脂剂 SK 3mL/L，加脂剂 Coroil SKT 3mL/L，甲酸（85%）3mL/L，pH 3.6，总时间 3h。

按工艺要求调好水温及液比，投皮后划动 30min，加入事先溶解的皮革染料，划动 60min，加入乳化好的加脂剂，划动 60min，分 3 次加入甲酸（1：10 稀释），每次加后划动 30min，达到规定 pH 3.6，再划动 30min，控水，水洗，甩水，搭马。

⑮干燥、回潮、转鼓摔软、甩笼、整理、入库。

4. 现象观察及数据测定

①详细记录每道工序的实验现象和工艺条件（pH、温度、时间、液比、划动情

况、材料用量等），测定原皮和成品的面积，并计算成品得率。

②观察预浸水、浸水和复浸水溶液颜色和皮板的变化，对比2次脱脂后皮板与毛被的感官性能以及溶液颜色的变化，分析毛革生产工艺的特点和注意事项。

③比较湿磨和干磨后皮板的感官性能的变化情况。

5. 思考题

①毛革产品包括哪些？各有什么特点？其关键加工工序有哪些？

②毛革产品为什么强调进行浸加脂？对加脂剂有什么要求？

③毛革产品出现皮板发硬、毛被不灵活的原因是什么？预防措施有哪些？

④板毛皆染的绒面毛革产品，绒面出现色花现象的可能原因是什么？预防措施有哪些？

⑤绒面毛革和光面毛革的生产工艺有何异同点？

⑥试分别拟定兔绒面毛革和光面毛革的加工工艺。

实验四　青紫蓝兔皮褪色工艺

1. 实验目的

①掌握毛皮褪色工艺、操作方法及其注意事项。

②熟悉天然毛皮颜色的褪色、漂白原理及其实际应用。

③了解毛被褪色、漂色和漂白的涵义及其之间的关系。

2. 工艺要点

褪色是通过化学作用（如氧化作用）使有色毛被的天然色素脱色变浅或变白的过程。漂白是使白色毛被的轻微色素消退，从而提高其白度的过程。通过褪色和漂白，改善毛被的外观，增加花色品种，并为染色创造条件。

工艺要点如下：

①醛（甲醛、改性戊二醛）复鞣：通过醛复鞣保证皮板在氧化褪色过程中不被破坏，即通过醛鞣提高皮板的抗氧化能力。非醛鞣制的毛皮，尤其是铬鞣毛皮，在氧化褪色前必须进行醛复鞣。

②碱液净毛：在铁矾媒染前，用碱液适当处理毛皮，除了有脱脂、中和作用外，主要可提高蛋白的表面负电荷，增加毛被对铁矾的吸收，有利于媒染和染色。

③硫酸亚铁媒染：氧化褪色包括非催化氧化和有催化氧化褪色两种，过氧化氢因氧化褪色效果好、毛被质量高，在毛皮褪色中被广泛应用。过氧化氢不经媒染在碱性

条件下（pH 8～9）的非催化氧化褪色，虽过氧化氢与黑素的反应活性远远大于与角蛋白的反应，但褪色对毛的损伤作用仍较大，褪色效果不好，也不能将深色毛纤维褪到白色；而有催化氧化褪色，其催化剂中的二价铁离子是过氧化氢褪色的强催化剂，并主要能与黑色素相结合，皆有催化氧化剂活性和与黑素相互作用的能力。在氧化浴中，硫酸亚铁在氧化褪色过程中可起催化剂和富集过氧化氢的作用，使氧化体系对色素的选择性高，对角蛋白的破坏作用轻，氧化褪色的效果好。一般硫酸亚铁用量≤8g/L为宜。

④褪色：既可以用单一的过氧化氢褪色，也可以用过氧化氢与高锰酸钾结合褪色。

a. 过氧化氢褪色：毛被质量好，环境污染少，成本低。过氧化氢用量 30～50mL/L（可分次加入），温度 30～35℃，同时需加护毛剂，以保证毛被的质量。

b. 过氧化氢与高锰酸钾结合褪色：高锰酸钾脱色能力强，但它不能与未溶解的色素反应；而过氧化氢在 Fe^{2+} 催化下的氧化褪色，对色素的选择性高，对黑色素的破坏作用强。所以，先用过氧化氢处理，使黑色素颗粒溶解，再用高锰酸钾将溶解了的黑色素脱色，可以充分发挥二者的优点。

⑤漂白：氧化褪色后的溶液中会有未反应的过氧化氢和部分 Fe^{2+} 被氧化生成的 Fe^{3+}，Fe^{3+} 会使褪色后的毛被染上黄褐色，可用醋酸或甲酸防止 Fe^{3+} 盐的生成；多余的过氧化氢也会影响后续皮板和毛被的质量，在氧化褪色后，应经还原溶液处理和脱铁处理，增加漂白作用和褪色效果，常用还原剂例如保险粉（用量 5g/L 左右）和铁离子螯合剂等进行处理，最后再用温水充分洗涤。

3. 工艺方案

（1）工艺流程

组批→脱脂→水洗→醛复鞣→碱液净毛→铁媒染→褪色→洗涤→漂白。

（2）工艺条件与操作

①组批：按鞣后皮张大小、皮板厚薄、毛被松散、底绒丰厚、色泽等组批，称重（作为以下用料依据）。

②脱脂：液比 20，温度 32℃，氯化钠 50g/L，JA-50 脱脂剂 0.5mL/L，氨水 5g/L，时间 60min。

按工艺要求调好水温及液比，在划槽中加入氯化钠、脱脂剂、氨水，划动均匀，划动下投皮，划动 30min，以后间歇划动到规定时间，控水。

③水洗：液比 20，温度 30℃，氯化钠 25g/L，划动 20min，控水。

④醛复鞣。

方案一醛复鞣：液比 20，温度 32℃，氯化钠 40g/L，醛鞣剂 TAN EZN 10mL/L，时间 8h，后加入甲酸 2.0g/L（1∶10 稀释，分 2 次加入），pH 6.0～7.0，时间 24h。

按工艺要求调好水温及液比，在划槽中加入氯化钠，划动均匀，在划动下缓慢加入醛鞣剂，划动 30min，以后间歇划动 8h（或过夜），将甲酸（1∶10 稀释）分 2~3 次划动下缓慢加入，每次间隔 2~3h，鞣制后期 pH 6.0~7.0，至规定时间，出皮，静置，离心甩水。

方案二甲醛复鞣：液比 20，温度 32℃，甲醛 10g/L，氯化钠 40g/L，渗透剂 0.5g/L，碳酸钠 2.0g/L（分次加入），pH 7.8~8.2，时间 24h。

按工艺要求调好水温及液比，在划槽中加入氯化钠、渗透剂、划动均匀，在划动下缓慢加入甲醛，划动 30min，以后间歇划动 8h（或过夜），将碳酸钠（1∶10 溶解）分 2~3 次划动下缓慢加入，每次间隔 2~3h，鞣制后期 pH 7.8~8.2，至规定时间，出皮。静置，离心甩水。

⑤碱液净毛：液比 20，温度 25℃，氯化钠 40g/L，碳酸钠 2.0g/L，氨水（25%）4.0g/L，时间 1~2h。

按工艺要求调好水温及液比，在划槽中加入氯化钠、碳酸钠、氨水，划动均匀。在划动下投皮，投完皮再划 30min，以后间歇划动，至规定时间，水洗。

⑥铁媒染：液比 20，温度 32℃，氯化钠 40g/L，乳酸 1g/L，冰醋酸 1g/L，氯化铵 2.5g/L，硫酸亚铁 4g/L，pH 5~6，时间 6~8h。

按工艺要求调好水温及液比，在划槽中加入乳酸、冰醋酸、氯化铵，划动均匀后加入硫酸亚铁，划动 30min，后间歇划动（划动 10min/2h），至规定时间出皮，甩干。

注意：要求皮张不得露出液面，出皮后不得水洗，甩干后立即转入下个工序。

⑦褪色。

方案一过氧化氢褪色法：液比 20，温度 30℃，焦磷酸钠 15g/L，氯化钠 40g/L，甘油 15g/L，EDTA（二钠盐）1.3g/L，乳酸 1.5mL/L，过氧化氢（30%）30mL/L，时间 4h。

按工艺要求调好水温及液比，先用沸水把焦磷酸钠溶解后加入划槽，再加氯化钠、甘油，划动均匀，划动下投皮，划动 30min。加过氧化氢，分 3 次加入，间隔 60min，加完后划动 30min，以后间歇划动，至规定时间，控水。

方案二过氧化氢与高锰酸钾结合褪色法：先用过氧化氢处理，再用高锰酸钾褪色。

a. 过氧化氢处理：液比 20，温度 32℃，焦磷酸钠 15g/L，氯化钠 40g/L，漂白助剂 2.0g/L，甘油 15g/L，氨水（25%）1g/L，过氧化氢（30%）20mL/L，时间 4h。

按工艺要求调好水温及液比，先用沸水把焦磷酸钠溶解后加入划槽，再加氯化钠、漂白助剂、甘油和氨水，划动均匀，划动下投皮，划动 30min。加过氧化氢，分 3 次加入，间隔 30min，加完后划动 30min，以后间歇划动，至规定时间，控水，离心甩皮。

b. 高锰酸钾脱色：液比 20，温度 32℃，氯化钠 40g/L，高锰酸钾 4g/L，甲酸（85%）1.5g/L，时间 4h。

按工艺要求调好水温及液比，加入氯化钠、甲酸和已经溶解的高锰酸钾，划动均匀，划动投皮，划动30min，后间歇划动，至规定时间，控水。

⑧水洗：液比20，温度常温，氯化钠30g/L，划动15min。

按工艺要求调好水温及液比，加入氯化钠，投皮，划动20min，出皮，控水，甩干。

⑨漂白：液比20，温度32~35℃，氯化钠40g/L，焦磷酸钠1.5g/L，保险粉2.5g/L，甘油2g/L，冰醋酸0.6g/L，漂白脱铁剂（如Tamol Bleach IN或Blankit IN）6g/L（分3次加入），pH 6，时间4h。

按工艺要求调好水温及液比，加入氯化钠、溶解的焦磷酸钠、保险粉、甘油和冰醋酸，划动均匀，加入漂白脱铁剂（平分3次），间隔30min，以后每小时划5min，至规定时间，出皮。

注意：出皮后可以按常规进行加脂、干燥、整理等工序操作，也可以根据皮板的状态进行复鞣加脂等操作（例如⑩~⑭）。

⑩复鞣：液比20，温度30℃，氯化钠50g/L，甲酸（85%）0.5mL/L，明矾40g/L，甘油3g/L，pH 4，加脂剂GLH 4g/L，时间18~20h。

按工艺要求调好水温及液比，在划槽中加入氯化钠，划动10min，投皮后划动30min，边划动边加入甘油和明矾，明矾分2次加入，间隔2h，加完后再划动60min，过夜，次日升温到35℃，划动60min，再加入乳化好的加脂剂，划动60min，加入甲酸（1∶10稀释），分2次，间隔20min，调到pH 3.6，再划动30min，排液，水洗，出皮，静置，甩干。

⑪干燥：在温度40~44℃的干燥室内进行，先干燥皮板到大约七成干，再干燥毛被至八成干，不可过干或过湿。

⑫回潮：将30~35℃的水均匀喷在皮板上，然后板对板堆置，用塑料袋封闭，过夜。皮板水分大约在25%为宜。

⑬铲软：在铲软机上或用铲刀进行铲软，要把皮的各个部位均匀铲到，背脊铲开，注意保持皮形完整。

⑭整理、入库。

4. 现象观察及数据测定

①观察毛的颜色、毛被状态在各个工序处理过程中的现象变化以及处理后的变化。

②观察、测定漂白过程中以及漂白前后溶液的颜色和pH的变化。

③观察、测定毛皮在经过复鞣、媒染、褪色、漂白、复鞣加脂处理后，皮板的面积、收缩温度以及皮板感官性能的变化。

5. 思考题

①毛皮天然颜色的褪色机理是什么？

②影响毛皮褪色的主要影响因素有哪些？

③兔皮为什么在褪色前要用碱处理？

④硫酸亚铁在褪色中起到什么作用？过氧化氢、过氧乙酸和高锰酸钾氧化脱色各自的优缺点是什么？

⑤铁离子和锰离子对毛被颜色有何影响？用什么方法可以除去铁离子和锰离子？

实验五 水貂皮油鞣工艺

1. 实验目的

①掌握油鞣毛皮的一般工艺和操作要点。

②了解水貂皮的特点和油鞣毛皮的特点。

③了解水貂皮油鞣加工过程对皮板和毛被感官性能的影响。

2. 工艺要点

水貂皮是珍贵的高档毛皮，是国际裘皮市场三大支柱产品（水貂皮、波斯羔皮、蓝狐皮）之首，素有“裘皮之王”的美称。水貂皮的特点是：针毛光亮灵活，均匀平齐；绒毛稠密细软，色泽光润；皮板细韧紧实，保暖性极佳。水貂皮也是细毛皮中质量要求最高的一类毛皮，既要毛被松散灵活、光泽好，又要皮板轻薄柔软、延伸性高。

油鞣方法古老但却实用，目前的高档细毛皮仍使用油鞣法或铝-油结合鞣法。水貂皮油鞣技术具有工序繁多、控制严格、产品质量好等特点。同时，油鞣法化工材料用量大、机械处理设备多。

油鞣要点：

①油鞣剂中必须包含不饱和的动植物油，其中以含高碘值（140～160）和低酸值（≤15）的海产动物油为最好。目前以复合型的踢皮油为主的油鞣剂产品较多，例如：劳恩斯坦公司的水貂油 WL，泛博公司的威斯踢皮油 TP，司马公司的踢皮油 N11，德美公司的 DTFUR-3Q66 以及斯塔尔公司的踢皮油 Pelfour® 200/3 liq 等。

②空气是油鞣制所必需的。油脂经过氧化后变成具有鞣性的物质。如果将油鞣剂放在氮气中进行，则毫无鞣制效果，但过分氧化也不利于鞣制。

③空气的湿度很重要。当相对湿度为零时，鞣制几乎停顿；当相对湿度为 100% 时，海产动物油鞣制 15 天，皮吸收油量达 7.3%，收缩温度增加 15℃。表明空气的湿度有利于鞣制，而且必不可少，一般相对湿度以 80% 为宜。

④油鞣温度不得超过40℃。因为油鞣过程是放热反应，再加上油鞣过程的机械摩擦作用，会使温度升高，但过高的温度会使皮板收缩。

⑤pH对油鞣无明显影响，适用范围pH 2.0~9.5，但以7.0~7.5为佳。

⑥鞣制时间增加，皮板的收缩温度提高，大约鞣制15天收缩温度达到最高。用金属盐催化剂（Co、Mn）、增加空气湿度和踢皮作用可缩短鞣制时间。水貂皮的油鞣时间以24~48h为宜。

⑦油鞣后要恰当干洗。鞣制完成后用干洗机进行恰当的干洗，利用有机溶剂将油鞣过程中吸附的踢皮油和生皮中原有的油脂适当洗出。

⑧强化机械作用，可增加皮板的延伸性和可塑性。在鞣制前后加入伸宽、拉长、削匀、踢皮等机械作用，使皮纤维纵横向松动，纤维间隙增大，能够促进油鞣剂渗透，提高鞣制效果。

3. 工艺方案

（1）工艺流程

组批、称重→预浸水→甩水、翻皮→浸水→伸宽、削匀→脱脂→浸酸软化→铝鞣→甩水→转木糠、削匀、伸宽→干燥→转踢皮油→踢皮→转踢皮油、二次踢皮→拉绳、伸宽→干洗→拉绳、伸宽→踢粉→伸宽、削匀、拉长→皮板脱脂→拉绳→翻毛朝外→毛被脱脂→转锯末上光→转新锯末→转笼除锯末→翻板朝外→伸宽、拉长→翻毛朝外→梳毛→吹气除尘→检验、入库。

（2）工艺条件与操作

①组批、称重：将符合产品要求的水貂原料皮选出组成生产批，称重（作为以下用料依据）。

②预浸水：液比20，温度25℃，氯化钠20g/L，渗透剂HAC 1g/L，时间4h。

按工艺要求调好水温及液比，加入氯化钠和渗透剂，划动均匀，投皮，划30min，静置，出皮前划动10min，排液，水洗2次，出皮。

③离心甩水：翻皮板朝外。

④浸水：液比20，温度25℃，氯化钠30g/L，渗透剂HAC 2g/L，脱脂剂Eusapon OC 0.5g/L，时间过夜。

按工艺要求调好水温及液比，加入氯化钠、渗透剂和脱脂剂，划动均匀，边划动边投皮，划20min，以后间歇划动，停过夜。次日晨划动10min，出皮，离心甩水、转锯末20min。

⑤伸宽、削匀：在伸宽机上进行伸宽，要求将皮板伸宽，特别是头颈部，要将纤维伸开，但不得伸破。然后在削匀机上削匀，将头部、颈部和尾部的厚部削薄，注意要求削匀而不伤毛根。

注意：如果有浸水不良的皮张，则要在伸宽后，用转鼓转旧木糠，促进皮板回水。转鼓助浸工艺为：6 张/kg 湿木糠，干滚脱脂剂（Cutafix）LGF 4L/100kg 木糠，转 40min；甩笼 20min，削匀。

⑥脱脂：液比 20，温度 32℃，氯化钠 30g/L，脱脂剂 Eusapon OC 2.0g/L，碳酸钠 1.0g/L，时间 2~4h，甩水。

按工艺要求调好液比和水温，加入氯化钠、脱脂剂和碳酸钠，划动均匀，投皮，划动 20min，以后间歇划动，达到规定时间出皮，离心甩水。

⑦浸酸：液比 20，温度 32℃，氯化钠 40g/L，素波酶 A 4mL/L，乳酸（57%）4mL/L，甲酸（85%）5mL/L，过夜，甩水。

调好液比与水温，加入氯化钠，划动 10min，边划动边投皮，投完皮加乳酸，划动 30min，加素波酶，间歇划动 2h，加甲酸（分 2 次），间隔 60min，加完后再划动 30min，以后间歇划动，划动 5min/h，划动 6 次后，停过夜。次日晨划动 10min，pH 2.8，控水，离心甩水。

⑧铝鞣：液比 20，温度 32℃，氯化钠 40g/L，甲酸（85%）0.5g/L，铵明矾 40g/L 或铝鞣剂 AGS 10g/L，助鞣剂 B 4g/L，碳酸氢钠 1.0g/L，脂肪醛鞣剂 2g/L，加脂剂 GLS 3.0mL/L，时间过夜。

调好水温及液比，加入氯化钠、甲酸后划动均匀，在划动下投皮，投完皮后加助鞣剂 B，划动 20min；然后在 pH 3.0~3.3 下，分 2 次加入铝鞣剂，间隔 60min，加完铝鞣剂后再划动 60min，用碳酸氢钠（1∶20 溶解）分 3~4 次加入，间隔 30min，调至 pH 3.6，再划动 120min；再加入脂肪醛鞣剂，划动 60min；最后加入加脂剂，划动 30min，以后间歇划动，过夜。次日晨划动 10min，pH 3.6，控水，出皮；离心甩水。

⑨转木糠、削匀、伸宽：在转鼓中转旧木糠 30min，甩笼甩 30min；削匀，用圆盘削匀机，将皮板厚而紧实的部位削薄、削匀；在伸宽机上伸宽。

⑩干燥：在干燥室中干燥或自然挂晾，干燥至水分含量 25%~30%，伸长、拉宽。

⑪转油：温度 35~40℃，踢皮油活高（Walkol）R-1 40~60g/张，油鞣助剂（Macrol）LTM 4~6 g/张，时间 30min。

按工艺要求用热风加热转鼓至规定温度，将踢皮油和油鞣助剂混合，或在 40℃下刷于皮板上，加入热风转鼓中，转 30min，出皮。

注：踢皮油较多，除了活高（Walkol）R-1 和油鞣助剂（Macrol）LTM 外，还有泛博公司的 TP、德美公司的 DTFUR-3Q66、斯塔尔的 Pelfour® 200/3 liq 等产品，均可替代使用。踢皮油的用量一般公皮高于母皮。

⑫踢皮、转锯末：在踢皮机中踢 60~90min。转鼓转旧锯末 30min，甩笼甩 30min，静置 2h，在伸展机上伸宽。

⑬二次转油、踢皮：工艺同一次油鞣（见⑪），也可以适当减少油鞣剂用量，但要

求皮板鞣透。

⑭拉绳、伸宽：水貂皮穿过圆环状钢丝绳，来回拉动，将皮拉软，皮纤维拉松散；然后在伸宽机上伸宽。

⑮干洗：四氯乙烯（或三氯乙烯）2L/（kg油皮）。

按工艺要求投皮，密闭干洗鼓门，加四氯乙烯，干洗 2～6 min，干燥 30～60min，干洗后要求水貂皮含油量为16%～20%。

注意：三氯乙烯和四氯乙烯对人体毒性和环境污染问题要慎用。2017 年 10 月 27 日，世界卫生组织国际癌症研究机构公布的致癌物清单初步整理参考，三氯乙烯和四氯乙烯分别在一类和2A类致癌物清单中；2019 年 7 月 23 日，二者均被列入有毒有害水污染物名录（第一批）。三氯乙烯主要对中枢神经系统有麻醉作用，也可引起肝、肾、心脏、三叉神经损害；四氯乙烯也有刺激和麻醉作用。另外，二者的沸点相差较大，三氯乙烯沸点为87.1℃，四氯乙烯沸点为121.2℃，对回收和应用影响较大。

⑯拉绳、伸宽：水貂皮穿过圆环状钢丝绳，来回拉动，将皮拉软，皮纤维拉松散；然后在伸宽机上伸宽。

⑰转粉、踢粉：玉米粉30～50g/张，鼓转30min；踢皮，时间60min。

按工艺要求在转鼓中投皮、加入玉米粉，转动30min，然后不经转笼直接进踢皮机踢皮60min，出皮。

⑱伸宽、削匀、拉长：在伸宽机上伸宽，在圆盘削匀机上削匀，在拉长机上拉长。

⑲皮板脱脂：科托辉（Cutafix）LGF 3L/100kg，干木糠适量，时间120min。

按工艺要求在转鼓中投皮并加入干滚脱脂剂 LGF、干木糠，转 120min，甩笼30min。拉绳，翻毛被朝外。

⑳毛被脱脂：科托辉（Cutafix）LGF 2L/100kg，干木糠适量，或按每袋旧锯末（35kg）中加入有机溶剂1.5kg，时间3h。按工艺要求在转鼓中投皮并加入干滚脱脂剂LCF、干木糠，转3h，甩笼30min。

㉑转光亮：每袋旧锯末（35kg）中加入2L毛被光亮剂MF-3和2L水转匀，投皮，时间2h；转笼。

㉒整理：先在新锯末中转4h，甩笼；再按每袋锯末中加入750mL的上光剂GLO-MOR，转4h，甩笼60min；翻皮板向外，拉长、伸宽；翻毛被向外，在梳毛机上梳毛，吹气除尘。

㉓检验、入库。

4. 现象观察及数据测定

①详细记录每道工序的实验现象和工艺条件（pH、温度、时间、材料用量、加料顺序和操作要点）。

②测定水貂皮加工过程中长度和宽度的变化，并计算变化率，测定工序包括原皮、铝鞣前后、油鞣前后、踢粉前后、板毛脱脂前后、成品。其中长度以鼻尖至尾根为准，宽度测定3个部位的平均值（前腿腋窝、尾根部、尾根与前腿腋窝的中间处）；其中变化率均以原皮为计算基准。

③观察水貂皮在经过鞣前脱脂、油鞣、鞣后脱脂（毛被和皮板）处理后，其皮板和毛被感官性能的变化。

④观察水貂皮在经过干洗—拉绳、伸宽和踢粉—伸宽、削匀、拉长处理后，皮板的手感丰满、柔软、厚度、色泽等感官性能的变化。

5. 思考题

①水貂皮为什么被称为“裘皮之王”？水貂皮有哪些特点？

②水貂皮加工最容易出现皮板厚重、油脂含量高和毛被不灵活、光泽差的质量问题，试分析产生这些问题的原因。

③油鞣的主要影响因素有哪些？如何鉴定油鞣质量？

④结合油鞣机理，分析水貂皮的干洗程度对毛皮的质量有哪些影响。

⑤为什么说水貂皮的油鞣工艺繁杂？主要体现在哪些方面？

⑥油鞣与加脂有何异同点？油鞣取代加脂可行吗？为什么？

⑦水貂皮加工过程中出现溜针的原因是什么？应采取什么预防措施和补救方法？

实验六　牦牛装饰裘革工艺

1. 实验目的

①掌握牦牛装饰裘革生产工艺流程和工艺要点。

②掌握牦牛皮的组织学特征及加工中所采取相关操作的目的。

③掌握酸膨胀和碱膨胀的区别。

④了解大型原料皮加工裘皮的基本思路和方法。

2. 工艺要点

由于牦牛主要生长在高寒山区，且饲养以放养为主，生长周期较长，因此牤眼、牤底、草刺伤和擦伤等天然伤残较多。此外，由于牦牛多是由农牧民屠宰，没有集中统一宰杀，因此牦牛皮描刀伤多、皮与皮之间差异大，给生产高品质的牦牛皮革产品带来了极大的挑战。目前，国内主要利用牦牛皮生产植鞣底革、修面革等品质相对较低、附加值较小的皮革产品。为了提高牦牛皮制革的效益和附加值，牦牛皮也逐渐被加工成沙发革、软鞋面革等高品质皮革产品。但是，牦牛皮自身的伤残大缺陷极大地制约了其用于高档皮革制品生产的可能性。

牦牛皮毛被发达且强度较好，毛被由针毛和绒毛组成，针毛粗大而数量少，绒毛则又细又密，占到毛被总量的80%以上，具有生产制作裘革产品的基础条件。开发牦牛裘革产品，利用牦牛毛被发达的特点，可以有效地遮盖粒面伤残，提高产品品质；同时，牦牛裘革产品保持了牦牛皮天然的外观，具有显著的民族和地域特征，将为高品质牦牛皮产品的开发提供一个新的选择。

针对牦牛皮的组织学特征和牦牛装饰裘苣的性能要求，其加工过程中应注意的工艺要点如下：

①牦牛装饰裘革可作为挂毯、地毯等室内装饰用品，在挑选原料皮时需要选择毛被稠密、光泽好，脖颈、腹部有较长的鬃毛，能体现牦牛特点的原料皮，为了使最终成品更美观、更符合消费者的需求，一般不宜选择全黑色毛被的牦牛皮为原料，原料皮以盐湿皮为佳。选用盐湿皮作为原料，这是由于鲜皮经过盐腌，皮内部白蛋白、球蛋白等盐溶蛋白已部分除去，有利于准备工段中纤维间质的除去。而且，盐湿皮中含有氯化钠且失水相对较少，相比于甜干皮和盐干皮，在浸水操作中盐湿皮更有利于皮张的快速充水，恢复至鲜皮状态。牦牛皮毛被致密，会影响水从粒面的渗透，从而减缓生皮的回水过程，因此牦牛装饰裘革加工时浸水的时间较生产皮革制品要适当延长。在浸水过程中加入浸水的助剂和渗透剂，有利于生皮回水，浸水时再次补充氯化钠不仅有利于盐溶性纤维间质的溶出，还有助于防止细菌生长，避免浸水时间过长造成掉毛、皮质损失等缺陷。在浸水过程中要多停少动，以防止皮张在水分含量较少时胶原纤维折断，同时也防止毛被因长时间转动而结毡。

②牦牛裘皮游离脂肪含量不大，但是脂腺却相当发达，若皮内油脂不除去，会造成化工材料难以渗透入皮内，因此牦牛裘皮加工过程应当设置专门的脱脂工序。脱脂时采用较高温度（40℃），使用碳酸钠和表面活性剂联合脱脂，在短时间内处理（60min以内）脱脂，既保证油脂的除去，又不会影响到毛被的光泽，还可以防止脱出的油脂沉积到毛被上。在浸水和脱脂工序之间增加去肉的机械操作，去肉时采用四刀法去肉，可以使皮张厚处受到较强的机械作用，有助于松散纤维、减小部位差。去肉过程中的机械挤压将使脂肪细胞破裂，有利于后续的脱脂和浸水操作。

③牦牛皮厚度较大，毛被又密又长，在制裘加工中无论是划槽还是转鼓都不能长时间快速转动，这对化工材料的渗透是不利的。对牦牛皮先进行酸膨胀，再进行片皮操作，不仅可以使生皮厚度减小，有利于后续材料的渗透，缩短加工时间，节约化工材料，还可以减小部位差；同时，由于酸膨胀对牦牛皮胶原纤维的松散作用，既可以提高成品的柔软性和丰满性，又不会影响皮板的力学性能。由于牦牛皮粗针毛深入到皮板厚度的40%~50%，为了保证片皮后的成品不掉毛，片皮厚度以皮张厚度的1/3为

宜，片皮后要求肉面看不到毛根。

④采用作用较温和的537酸性蛋白酶进行软化，软化过程中酶可以部分水解弹性蛋白，有助于成品的柔软性和丰满性，还有利于得革率的提高。采用较低酶量、长时间软化，这样酶的作用比较温和，既有利于产品质量稳定，也可以使软化均匀。由于阴离子型表面活性剂是酸性蛋白酶活性的抑制剂，为使酶能有良好的活性，在前端工艺中应慎用洗衣粉等阴离子型表面活性剂。

⑤由于裘皮制作过程中没有碱膨胀，故酸性条件是裘皮松散纤维的主要途径。为使成品有良好的柔软性，在酸性条件下的处理时间，即酸膨胀、软化和浸酸的总时间应在72~96h，不能低于72h，在浸酸过程中使用有机酸（如甲酸）和无机酸（如硫酸），有机酸作用于胶原侧链，作用温和，无机酸作用于胶原主链，作用强烈，二者相互配合，可以防止只采用一种酸造成的浸酸不足或者过度的缺陷。浸酸结束后采用阳离子油预处理，可以润滑纤维，有利于铬鞣过程中铬的分布均匀和快速渗透。在浸酸后静置一段时间有利于纤维的进一步松散，同时适度的脱水有利于纤维孔隙度打开，有助于铬鞣过程。

⑥牦牛装饰裘革采用铬鞣。铬鞣剂渗透速度快、易于控制，成革收缩温度高、耐贮存。铬鞣初期在常温和低pH下进行，以抑制铬与胶原蛋白的结合，促进鞣剂渗透。铬鞣后提碱的pH不宜过高，否则皮板将结合较多的铬，使成革柔软性有所降低。高pH条件下铬也容易沉积在毛被上，影响成品观感。铬鞣过后采用酸进行回湿，可以洗去毛被上的浮铬，有利于毛被光泽和颜色艳丽，尤其是对于浅色裘革产品更有必要。

⑦中和有利于去除皮内的游离酸，使加脂剂的渗透更为深入，让整张裘革柔润丰满，具有油润感。同时，经过中和可以减少皮内游离酸含量，便于产品的长期贮存。加脂最好采用刷加脂，可以有效地解决部位差，相比于乳液加脂还可以节约50%左右的加脂剂。加脂剂宜采用复合配方，以渗透性较好、油润感强的硫酸化油为主，以渗透性好、可以辅助其他油脂渗透的磺化合成油为辅，配合上可以使绒面具有很强丝光感的卵磷脂组成复合加脂剂，使加脂效果具有不同加脂剂的优点，弥补使用单一加脂剂的不足。

⑧在干燥方式上，不应过早使用约束干燥，革在湿态下进行约束干燥会实现为过早定型，不利于成品柔软，裘革应在六七成干时再进行绷板干燥，这样既可以使成品平整又有利于成品的柔软性能。不同于皮革产品生产，裘皮生产过程中的干整理不仅要求皮板柔软丰满，还要求毛被蓬松光亮，因此牦牛装饰裘革干整理过程中还需进行梳毛操作，以清除之前加工中毛被结球的现象。梳毛后再滚锯末，提高毛被蓬松度和光泽度。

3. 工艺方案

牦牛装饰裘革的整体工艺路线为：

原料皮组批→预浸水→去肉→脱脂→主浸水→酸膨胀→片皮→消肿→软化→浸酸→阳离子油预处理→铬鞣→静置→称重→回湿→中和→加脂→干燥→干整理→分级入库。

①原料皮组批：选择毛被符合要求的牦牛盐湿皮，毛被颜色以白色为最佳，棕色、黄色、灰色等其他颜色次之，黑色毛被中带有其他颜色花纹的原料皮最差，一般用纯黑色毛被的牦牛皮加工成裘革产品。原料皮按照大小、厚薄基本一致的原则组成生产批，点张数后称重，作为以下用料依据。

②预浸水：液比 10，温度 20~22℃，JFC 1g/L、浸水杀菌剂 KF 1g/L、杀菌剂 FMN 0.5g/L，所有材料化开后投皮入鼓，转动 5min，之后每 1h 转动 3 min，重复 10 次，静置过夜，预浸水时间 20~22h；次日转动 5min，排液出皮，梳毛。

③去肉：采用四刀法去肉，去肉后修边、称重，作为以下用料依据。

④脱脂：液比 10，温度 40~42℃，非离子脱脂剂 2g/L，碳酸钠 0.5~0.8g/L，放入热水调节温度至规定值，材料化开后投皮，转动 20min，要求浴液 pH 9.5 左右，停 20min，转 20min，排液，温水闷洗 5min，冷水闷洗 5min。

⑤主浸水：液比 10，温度 23~25℃，氯化钠 20g/L，浸水杀菌剂 KF 1g/L，JFC 1g/L，非离子脱脂剂 0.5g/L，材料化开后投皮入鼓，转动 5min，之后每 1h 转动 3 min，重复 8 次，静置过夜，主浸水时间 18~20h；次日转动 5min，排液出皮，梳毛。

⑥酸膨胀：液比 10，温度 26~28℃，在鼓中放好水后加入氯化钠（要求氯化钠 10g/L）、JFC 2g/L，投皮后转动 5min；甲酸 2g/L（1：10 稀释后鼓轴加入），转 5min 停 30min，重复 2 次；硫酸 1g/L（1：20 稀释后鼓轴加入），转 5min 停 30min，重复 2 次；硫酸 1g/L（1：20 稀释后鼓轴加入），转 5min 停 60min，重复 6 次，要求加完酸后浴液 pH 1.8~2.0，不到则补加硫酸，过夜前要求皮张膨胀，边缘呈半透明现状，静置过夜，酸膨胀时间 18~20h；次日转 5min，排液出皮，梳毛，要求皮张均匀膨胀，呈现淡黄色至黄色半透明状。

⑦片皮：利用片皮机片除肉面，片皮厚度不超过总厚度的 1/3，不得伤及毛根，片皮过程中需在毛被上大量浇水，以防毛被长短不一致导致片伤。

⑧消肿：液比 10，温度 26~28℃，氯化钠 50g/L，硫酸钠 40g/L，材料化开后投皮，转动 5min，之后每 30min 转动 2 min，3h 后检查是否消肿，消肿后皮板应为乳白色，无透明感，完全消肿后排液，再进行软化操作，消肿废液按分析结果补加氯化钠和硫酸钠后可以重复使用。

⑨软化：36~38℃，液比 10，氯化钠 50g/L，硫酸钠 40g/L，JFC 1g/L，放入热水调节温度至规定值，材料化开后投皮，转动 10min；甲酸 2g/L（1：10 稀释后鼓轴加入），转动 5min，停 30min，转动 5min；硫酸 0.5g/L（1：20 稀释后鼓轴加入），转动 5min，停 30min，转动 5min，调节浴液 pH 2.3~3.0；537 酸性酶 15000U/L，转动

5min，之后每 1h 转动 3min，重复 6 次后保温静置过夜，总软化时间 16～18h，要求皮心活动、柔软，轻推边腹部绒毛有轻微松动，不掉毛。

⑩浸酸：在软化废液中进行，温度 36～38℃，硫酸 1g/L（1∶20 稀释后鼓轴加入），转 5min 停 30min，重复 2 次；硫酸 1g/L（1∶20 稀释后鼓轴加入），之后每 1h 转动 5min，要求加完硫酸后浴液 pH 1.5～2.0，重复 8 次，保温静置过夜，次日之后每 1h 转动 5min，重复 12 次后保温静置过夜，总浸酸时间 48h 左右。

⑪阳离子油预处理：在浸酸废液中进行，温度 36～38℃，阳离子油 1g/L（5 倍热水乳化后鼓轴加入），转动 5min，之后每 30min 转动 2 min，3h 后出皮，搭马静置 20～22h，搭马静置过程中皮张不得沾清水，以防酸肿；浸酸废液按分析结果补加氯化钠、硫酸钠后，调节 pH 至酸性酶最适 pH，同时全额补加酸性酶，可以重复用于软化、浸酸操作。

⑫铬鞣：30～32℃，液比 10，铬鞣剂 20g/L（以 Cr_2O_3 计 5g/L），JFC 1g/L，氯化钠 40g/L，硫酸钠 20g/L，放入热水调节温度至规定值，材料化开后投皮，转动 5min，每 1h 转动 5min，重复 6 次；甲酸钠 3g/L（5 倍水溶解后鼓轴加入），防霉剂 0.2g/L，转动 5min，以后每 1h 转动 5min，重复 6 次，保温静置过夜，次日检查皮张臀部切口为蓝色方可提碱，如尚未鞣透则不能提碱，铬鞣剂渗透时间 22～24h；分 6 次加入碳酸氢钠，每次 1g/L（10 倍水溶解后鼓轴加入），每次加完碳酸氢钠后加入后转动 10min 停 20min，重复 2 次，要求提碱终点浴液 pH 3.8～4.0，每 1h 转动 5min，重复 6 次，保温静置过夜，提碱固定时间 22～24h；次日转动 10min，出鼓搭马。

⑬静置：蓝湿革搭马静置至少 48h，搭马静置过程中需用塑料布包裹，避免边缘风干。

⑭称重：牦牛裘皮蓝湿革经梳毛后称重，作为以下用料依据。

⑮回湿：液比 10，温度 36～38℃，甲酸 0.5g/L，脱脂剂 0.1g/L，放入热水调节温度至规定值，材料化开后投皮，转动 5min，之后每 30min 转动 5min，重复 4 次，排液，闷洗 2 次，每次 5min。

⑯中和：液比 10，温度 32～34℃，甲酸钠 2g/L，碳酸氢钠 1.5g/L，放入热水调节温度至规定值，材料化开后投皮，转动 5min，之后每 1h 转动 3 min，重复 8 次，要求 pH 5.8～6.0，静置过夜，中和时间 16～18h；次日转动 5min，排液，闷洗 2 次，每次 5min；出皮后挂晾至六到七成干，水分含量约 40%。

⑰加脂：刷加脂剂。按 4 份硫酸化蓖麻油、2 份磺化合成油、1 份卵磷脂的比例配制复合加脂剂，复合加脂剂搅匀后用 5 倍的 70℃热水乳化，加入加脂液总重 0.5%的 JFC，趁热将加脂剂乳液涂于皮上，臀背部、颈部等厚处及硬处多涂，边腹部少涂，每张皮用复合加脂剂 500g 左右，涂完加脂剂后肉面相对沿背脊线对折，堆置 12h。

⑱干燥：加脂后的皮张肉面向外绷板干燥，绷板温度 50℃，直至皮板水分含量

14%～16%后取下，喷水回潮，在摔软转鼓中滚锯末 10～12h，转笼转动 30min 除去锯末，手工疏开毛球。

⑲干整理：在砂轮磨革机砂轮上缠 180 目砂纸后进行磨里，磨里时要求将肉面皮下组织去尽，不得磨破；在摔软转鼓中滚锯末 2h，转笼转动 30min 除去锯末，手工疏开毛球。

⑳分级入库：根据毛被光泽、蓬松度、皮板柔软度和丰满性、张幅和破损情况等对牦牛装饰裘革进行分级，逐张平整堆放，入库存放。

4. 现象观察及数据测定

①观察各工序加工过程中以及加工后皮板柔软度、丰满性等感官性能的变化，观察各工序加工过程中以及加工后毛被光泽、手感的变化情况。

②测定每个操作结束后浴液的 pH。

③在主浸水、软化、浸酸、铬鞣、中和后检查皮张颈部和臀背部切口，并用相应的指示剂检查切口 pH。

④测定消肿废液、浸酸废液中氯化钠和硫酸钠含量，测定铬鞣废液的中性盐和铬含量。

⑤测定铬鞣后、回湿后、中和后、加脂后裘革的收缩温度。

⑥测定牦牛装饰裘革成品皮板的收缩温度、抗张强度、撕裂强度、铬含量、油脂含量和灰分含量。

5. 思考题

①牦牛装饰裘革加工过程中能否使用碱膨胀？为什么？

②如果想生产无铬鞣牦牛装饰裘革，哪种鞣制方法较为合适？为什么？

③牦牛装饰裘革的加脂是否能在转鼓中进行乳液加脂？为什么？

④牦牛皮的组织学特点有哪些？牦牛装饰裘革加工工艺中采取了哪些有针对性的措施解决牦牛皮组织学特点上不利于成革质量的因素？

⑤结合所学知识和相关资料，阐述牦牛装饰裘革在加工过程中与细杂皮（如水貂皮、蓝狐皮）和绵羊裘皮加工的异同，并解释产生这些差异的原因。

附 表

附表 1 常用指示剂

指示剂	变色 pH 范围	颜色变化	溶液浓度
百里酚蓝	1.2~2.8	红~黄	20%酒精中 1g/L
二甲基黄	2.9~4.0	红~黄	90%酒精中 1g/L
溴酚蓝	3.0~4.6	黄~蓝	20%酒精中 1g/L
刚果红	3.0~5.2	蓝~红	水中 1g/L
甲基橙	3.1~4.4	红~橙黄	水中 10g/L
溴甲酚绿*	3.8~5.4	黄~蓝	50%酒精中 1g/L
甲基红	4.4~6.2	红~黄	90%酒精中 2g/L
石蕊	5.0~8.0	红~蓝	90%酒精中 3g/L
溴甲酚紫	5.2~6.8	黄~紫红	90%酒精中 0.4g/L
溴百里酚蓝	6.0~7.6	黄~蓝	20%酒精中 1g/L
中性红	6.8~8.0	红~黄橙	70%酒精中 1g/L
酚红	6.8~8.4	黄~红	90%酒精中 0.2g/L
O-甲酚红	7.2~8.8	黄~紫红	20%酒精中 1g/L
金莲橙 OOO	7.6~8.9	黄绿~粉红	水中 10g/L
酚酞	8.0~10.0	无色~蓝	50%酒精中 10g/L
百里酚蓝	8.0~9.6	黄~蓝	20%酒精中 1g/L
百里酚酞	9.4~10.5	无色~蓝	90%酒精中 1g/L
茜素黄 R	10.0~12.0	黄~棕红	50%酒精中 1g/L
金莲橙 O	11.3~13.0	黄~橙红	水中 1g/L

*颜色变化:	黄	pH	3.5 或低于 3.5
	黄~绿	pH	4.0
	绿	pH	4.5
	绿~蓝	pH	5.0

附表2　各种碱中和剂理论上的质量对应份数

对应产品份数 1份产品	氨水 (25%)	碳酸 氢铵	硼砂	醋酸 钠	碳酸 氢钠	甲酸钠	氢氧 化钠 (固)	亚硫 酸钠	硫代 硫酸钠	Neutrigan*	碳酸 钠粉
氨水（25%）	—	1.16	2.80	1.21	1.24	1.00	0.59	1.85	3.65	2.20	0.78
碳酸氢铵	0.86	—	2.41	1.04	1.06	0.86	0.51	1.59	3.14	1.87	0.67
硼砂	0.36	0.41	—	0.43	0.44	0.36	0.21	0.66	1.30	0.78	0.28
醋酸钠	0.83	0.96	2.33	—	1.02	0.83	0.49	1.54	3.03	1.80	0.65
碳酸氢钠	0.81	0.94	2.27	0.98	—	0.81	0.48	1.50	2.95	1.76	0.63
甲酸钠	1.00	1.16	2.80	1.21	1.24	—	0.59	1.85	3.65	2.20	0.78
氢氧化钠（固）	1.70	1.98	4.77	2.05	2.10	1.70	—	3.15	6.20	3.70	1.33
亚硫酸钠	0.54	0.63	1.51	0.65	0.67	0.54	0.32	—	1.97	1.17	0.42
硫代硫酸钠	0.27	0.32	0.77	0.34	0.34	0.27	0.16	0.51	—	0.60	0.21
*Neutrigan	0.46	0.53	1.28	0.57	0.57	0.46	0.27	0.85	1.68	—	0.36
碳酸钠粉	1.28	1.49	3.60	1.58	1.58	1.28	0.75	2.38	4.68	2.79	—

* Neutrigan 为巴斯夫公司中和剂产品。

附表3　熟石灰、生石灰在不同温度下的溶解度

温度/℃	$Ca(OH)_2$ 溶解度/(g/L)	CaO 溶解度/(g/L)	温度/℃	$Ca(OH)_2$ 溶解度/(g/L)	CaO 溶解度/(g/L)
0	1.72	1.30	30	1.44	1.09
10	1.66	1.25	40	1.32	1.00
15	1.62	1.22	50	1.21	0.92
20	1.56	1.18	60	1.08	0.82
25	1.49	1.13	100	0.69	0.52

附表4　波美度、相对密度和巴克度的换算式和对照表

波美度/°Bé	相对密度	巴克度/°Bk	波美度/°Bé	相对密度	巴克度/°Bk
0.1	1.007	0.7	11.0	1.0810	81.0

续表

波美度/°Bé	相对密度	巴克度/°Bk	波美度/°Bé	相对密度	巴克度/°Bk
0.5	1.0034	3.4	12.0	1.0890	89.0
1.0	1.0069	6.9	13.0	1.0971	97.1
1.5	1.0103	10.3	15.0	1.1138	113.8
2.0	1.0138	13.8	16.0	1.1223	122.3
2.5	1.0173	17.3	17.0	1.1310	131.0
3.0	1.0209	20.9	18.0	1.1398	139.8
3.5	1.0244	24.4	20.0	1.1578	157.8
4.0	1.0280	28.0	22.0	1.1763	176.3
4.5	1.0316	31.6	24.0	1.1955	195.5
5.0	1.0353	35.3	26.0	1.2153	215.3
6.0	1.0426	42.6	28.0	1.2357	235.7
6.5	1.0463	46.3	30.0	1.2569	256.9
7.0	1.0501	50.1	35.0	1.3182	318.2
7.5	1.0539	53.9	40.0	1.3810	381.0
8.0	1.0576	57.6	45.0	1.4500	450.0
8.5	1.0615	61.5	50.0	1.5263	526.3
9.0	1.0653	65.3	55.0	1.6111	611.1
9.5	0.0692	69.2	60.0	1.7059	705.9
10.0	1.0731	73.1			

注：$波美度（°Bé）= 145 - \frac{145}{相对密度}$　　$巴克度（°Bk）=（相对密度 - 1）\times 1000$

$相对密度 = \frac{巴克度}{1000} + 1$　　1°Bé 约等于 7°Bk（在低于 4°Bé 时误差较小，以后误差较大）。

附表 5　石灰乳液密度及成分对照表（20℃）

密度/(g/cm³)	ρ（CaO)/（g/L)	ω［Ca（OH)₂］/%	密度/（g/cm³）	ρ（CaO)/（g/L)	ω［Ca(OH)₂］/%
1.009	10	1.31	1.119	160	18.90
1.017	20	2.59	1.126	170	19.95
1.025	30	3.87	1.133	180	21.00

续表

密度/(g/cm³)	ρ(CaO)/(g/L)	ω[Ca(OH)₂]/%	密度/(g/cm³)	ρ(CaO)/(g/L)	ω[Ca(OH)₂]/%
1.032	40	5.13	1.140	190	22.03
1.039	50	6.36	1.148	200	23.03
1.046	60	7.58	1.155	210	24.04
1.054	70	8.79	1.162	220	25.03
1.061	80	9.96	1.169	230	26.01
1.068	90	11.14	1.176	240	26.96
1.075	100	12.29	1.184	250	27.91
1.083	110	13.43	1.191	260	28.86
1.090	120	14.55	1.198	270	29.80
1.097	130	15.67	1.205	280	30.71
1.104	140	16.76	1.213	290	31.61

注：石灰乳液中未溶解的 $Ca(OH)_2$ 呈浮悬状，要迅速测其密度。

附表 6 氯化钠溶液的相对密度和含量对照表（20℃）

相对密度	ω(NaCl)/%	ρ(NaCl)/(g/L)	相对密度	ω(NaCl)/%	ρ(NaCl)/(g/L)
1.005	1	10.1	1.109	15.0	166
1.013	2	20.3	1.116	16.0	179
1.020	3	30.6	1.124	17.0	191
1.027	4	41.1	1.132	18.0	204
1.034	5	51.7	1.140	19.0	217
1.041	6	62.5	1.148	20.0	230
1.049	7	73.4	1.156	21.0	243
1.056	8	84.5	1.164	22.0	256
1.063	9	95.6	1.172	23.0	270
1.071	10	107.1	1.180	24.0	283
1.078	11	118.0	1.189	25.0	297
1.086	12	130.0	1.197	26.0	311
1.093	13	142.0	1.200	26.4	318
1.101	14	154.0			

附表 7　提高铬盐鞣液碱度碳酸钠用量计算表

单位：%

碱度/%	纯度用量（按铬矾或红矾的质量计）			
	钾铬矾	钠铬矾	红矾钾	红矾钠
30	9.57	9.72	32.46	32.04
31	9.89	10.04	33.54	33.11
32	10.21	10.37	34.62	34.18
33	10.53	10.69	35.71	35.24
34	10.85	11.02	36.79	36.31
35	11.17	11.34	37.87	37.38
36	11.48	11.66	38.95	38.44
37	11.80	11.99	40.03	39.52
38	12.12	12.31	41.12	40.58
39	12.44	12.64	42.20	41.65
40	12.76	12.96	43.28	42.72
41	13.08	13.28	44.36	43.79
42	13.40	13.61	45.44	44.86
43	13.72	13.93	46.53	45.92
44	14.04	14.26	47.61	46.99
45	14.36	14.58	48.69	48.06
46	14.67	14.90	49.77	49.13
47	14.99	15.23	50.85	50.20
48	15.31	15.55	51.94	51.26
49	15.63	15.88	53.20	52.23
50	15.95	16.20	54.10	53.40

例：将钾铬矾配制的碱度为30%的铬鞣液提高其碱度为40%，所需碳酸钠为12.76−9.57＝3.19，即每100kg钾铬矾应加碳酸钠3.19kg。所用材料都按纯度为100%计。

附表 8　降低铬盐鞣液碱度硫酸用量计算表

单位：%

碱度/%	硫酸用量（按铬矾或红矾的质量计）			
	钾铬矾	钠铬矾	红矾钾	红矾钠
30	8.85	9.00	30.0	29.64

续表

碱度/%	硫酸用量（按铬矾或红矾的质量计）			
	钾铬矾	钠铬矾	红矾钾	红矾钠
31	9. 15	9. 30	31. 0	30. 63
32	9. 44	9. 60	32. 0	31. 62
33	9. 74	9. 90	33. 0	32. 60
34	10. 03	10. 20	34. 0	33. 59
35	10. 33	10. 50	35. 0	34. 58
36	10. 62	10. 80	36. 0	35. 57
37	10. 92	11. 10	37. 0	36. 56
38	11. 21	11. 40	38. 0	37. 54
39	11. 51	11. 70	39. 0	38. 53
40	11. 80	12. 00	40. 0	39. 52
41	12. 10	12. 30	41. 0	40. 51
42	12. 39	12. 60	42. 0	41. 50
43	12. 69	12. 90	43. 0	42. 48
44	12. 98	13. 20	44. 0	43. 47
45	13. 28	13. 50	45. 0	44. 46
46	13. 57	13. 80	46. 0	45. 45
47	13. 87	14. 10	47. 0	46. 44
48	14. 16	14. 40	48. 0	47. 42
49	14. 46	14. 70	49. 0	48. 41
50	14. 75	15. 00	50. 0	49. 40

例：将钾铬矾配制的碱度为40%的铬鞣液降低其碱度为30%，即每100kg钾铬矾应加硫酸11. 80 −9. 74 =2. 06（kg）。所用材料都按纯度为100%计。

参考文献

［1］ Wang Y，Huang W，Zhang H，et al. Surface charge and isoelectric point of leather：A novel determination method and its application in leather making［J］．Journal of the American Leather Chemists Association，2017，112(7)：224-231.

［2］ Zhang C，Hu J，Yu D，et al. Exploration of the diffusion，binding and crosslinking of chromium complex within hides during chrome tanning［J］．Journal of the American Leather Chemists Association，2019，114(5)：180-188.

［3］ Zhang C，Lin J，Jia X，et al. A Salt-free and chromium discharge minimizing tanning technology：The novel cleaner integrated chrome tanning process［J］．Journal of Cleaner Production，2016，112：1055-1063.

［4］ Zhang C，Xia F，Long J，et al. An integrated technology to minimize the pollution of chromium in wet-end process of leather manufacture［J］．Journal of Cleaner Production，2017，154：276-283.

［5］ Zhang J，Zhang C，Wu J，et al. The influence of microwave non-thermal effect on leather properties in drying［J］．Journal of the American Leather Chemists Association，2017，112：135-139.

［6］ 白坚．皮革工业手册——制革分册［M］．北京：中国轻工业出版社，2000.

［7］ 陈立军，张心亚，黄洪，等．高效清洁的皮革染色方法［J］．中国皮革，2005，34(17)：40-42.

［8］ 陈武勇，李国英．鞣制化学［M］．北京：中国轻工业出版社，2005.

［9］ 陈英．染整工艺实验教程［M］．北京：中国纺织出版社，2004.

［10］ 程凤侠，张岱民，王学川．毛皮加工原理与技术［M］．北京：化学工业出版社，2005.

［11］ 但卫华，程凤侠．制革化学及工艺学［M］．北京：中国轻工业出版社，2006.

［12］ 冯岱．黄牛平纹沙发革复鞣工艺控制要点［J］．中国皮革，2020，49(12)：55-56.

［13］ 高淑珍，赵欣．生态染整技术［M］．北京：化学工业出版社，2003.

［14］ 郭文宇，单志华．一种膦盐鞣剂的开发以及应用前景［J］．中国皮革，2004，33(3)：1-4.

［15］ 黄偲，屈莎莎，林蒋，等．皮革高效脱脂：I. 制革过程中皮内油脂成分随处理工序的变化及其对脱脂效果的影响［J］．皮革科学与工程，2016，26(2)：43-49.

［16］ 雷明智，刘忠卿，周博铨．进口蓝湿革制造缩纹家具革的工艺技术［J］．中国皮革，2014，13(4)：3-5.

［17］ 廖隆理．制革化学与工艺学（上册）［M］．北京：科学出版社，2005.

［18］ 廖隆理，陈武勇．制革工艺实验［M］．北京：中国轻工业出版社，2000.

［19］ 骆鸣汉．毛皮工艺学［M］．北京：中国轻工业出版社，2000.

［20］单志华．制革工艺学（下）［M］．北京：科学出版社，2001.

［21］单志华．制革化学与工艺学（下册）［M］．北京：科学出版社，2005.

［22］石碧，王学川．皮革清洁生产技术与原理［M］．2版．北京：化学工业出版社，2020.

［23］宋德伟，陈占光，刘英强，等．脂肪酶对典型动物、植物油脂的水解特性［J］．皮革科学与工程，2014，25(4)：21-26.

［24］宋心远．纺织品生态染色和染色新技术［J］．染料与染色，2003，40(2).

［25］王皓，张春晓，关艳芳，等．蓝湿革鞣后湿处理工序中pH值对铬释出的影响［J］．中国皮革，2014，43(9)：16-21.

［26］王琦研，段宝荣，段小宁，等．皮革阻燃技术的研究进展［J］．皮革科学与工程，2020，30(3)：28-34.

［27］魏世林，刘镇华，王鸿儒．制革工艺学［M］．北京：中国轻工业出版社，2001.

［28］沃爱平．毛皮工艺学［M］．北京：高等教育出版社，2002.

［29］夏福明，刘晋明，张春晓，等．基于芳香族磺酸的无盐浸酸和高pH值铬鞣技术研究［J］．皮革科学与工程，2018，28(1)：11-18.

［30］谢孔良，刘艳娜．丝绸染色新技术的进展［J］．纺织导报，2005，2：16-18.

［31］徐佳丽，汤杰，郑如兰，等．几种无铬鞣剂的鞣革性能的比较研究［J］．中国皮革，2015，44(6)：9-15.

［32］许晓红，毛洪超，陈敏，等．不同原料皮脂肪酶脱脂效果比较［J］．皮革科学与工程，2014，24(1)：28-31.

［33］叶步青，闫丽丽，隆佳君，等．浸酸铬鞣方法对铬鞣废液直接循环利用性能的影响［J］．皮革科学与工程，2021，31(1)：1-5.

［34］张东飞，张倖山，孔博丹，等．轻质牛皮鞋面革复鞣工艺研究［J］．皮革与化工，2013，30(4)：5-9.

［35］张金伟，陈小云，马成义，等．牦牛装饰裘革工艺［J］．中国皮革，2016，45(4)：1-4.